Computerphysik

Stefan Gerlach

Computerphysik

Einführung, Beispiele und Anwendungen

2., erweiterte Auflage

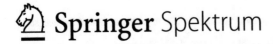 Springer Spektrum

Stefan Gerlach
Fachbereich Physik
Universität Konstanz, Konstanz
Deutschland

Ergänzendes Material finden Sie auf der Produktseite zum Buch auf http://extras.springer.com.

ISBN 978-3-662-59245-8   ISBN 978-3-662-59246-5   (eBook)
https://doi.org/10.1007/978-3-662-59246-5

Die Deutsche Nationalbibliothek verzeichnet diese Publikation in der Deutschen Nationalbibliografie;
detaillierte bibliografische Daten sind im Internet über http://dnb.d-nb.de abrufbar.

Springer Spektrum
© Springer-Verlag GmbH Deutschland, ein Teil von Springer Nature 2016, 2019

Planung/Lektorat: Margit Maly

Springer Spektrum ist ein Imprint der eingetragenen Gesellschaft Springer-Verlag GmbH, DE und ist
ein Teil von Springer Nature
Die Anschrift der Gesellschaft ist: Heidelberger Platz 3, 14197 Berlin, Germany

Vorwort zur zweiten Auflage

Obwohl erst drei Jahre seit der ersten Auflage vergangen sind, fanden zahlreiche kleine Korrekturen, Ergänzungen und Verbesserungen den Weg in die vorliegende zweite Auflage. Auch wenn der Umfang des Buches um einige Seiten gestiegen ist, hat sich jedoch am grundlegenden Konzept nichts geändert.

Ich habe die Gelegenheit genutzt, ein zusätzliches Projektkapitel zum Thema Daten- und Signalanalyse hinzuzufügen, da dies zum unbedingten „Rüstzeug" der Computerphysik gehört und mit Zunahme der verfügbaren Daten in allen Bereichen an Bedeutung gewinnt. In dem neuen Kapitel finden sich wichtige Themen wie Statistische Methoden, Datenanpassung, Filtermethoden und Bildanalyse, die in gewohnter Kürze vorgestellt und anhand von Beispielen verdeutlicht werden. Die dafür nötigen numerischen Methoden (Faltung, Korrelation, Methode der kleinsten Quadrate etc.) sind entsprechend im Numerik-Teil des Buches ergänzt worden. Entsprechende Übungsaufgaben runden das neue Kapitel und die zusätzlichen numerischen Methoden ab.

Ich gehe davon aus, dass die vielen Ergänzungen und Verbesserungen bei allen Lesern auf Wohlwollen stoßen werden, und hoffe, dass die neuen Kapitel und Abschnitte die Verwendung des Buches in Vorlesungen oder als Nachschlagewerk noch nützlicher machen. Jegliche Rückmeldungen und Verbesserungsvorschläge sind natürlich weiterhin erwünscht!

Konstanz   Stefan Gerlach
Frühjahr 2019

Vorwort

Dieses Lehrbuch möchte dem Leser eine Einführung in das noch junge Gebiet der Computerphysik geben. Es soll Studierenden der Physik und physiknaher Fächer als Begleiter, Nachschlagewerk und zur Vertiefung im Studium dienen, aber auch Dozenten bei der Vorbereitung von Vorlesungen zur Computerphysik eine Hilfe sein. Ziel des Buches ist es, die Methoden der Computerphysik und deren Anwendungen zu vermitteln und zu lernen, physikalische Probleme in ein Modell und anschließend in ein Computerprogramm umzusetzen, um so physikalischen Fragestellungen mithilfe des Computers nachzugehen. Ein wichtiger Schwerpunkt liegt dabei auf den Techniken (Programmierung, numerische Methoden etc.), ohne die die Computerphysik nicht möglich wäre. Da es im deutschsprachigen Raum bisher kein vergleichbares aktuelles Lehrbuch gibt, füllt dieses Werk damit eine große Lücke.

Entstanden ist dieses Buch aus der Überarbeitung eines Vorlesungsskriptes für die Vorlesungen „Einführung in die Computerphysik" und „Computerphysik I und II", welche seit mehreren Jahren für Studierende der Physik im vierten Semester an der Universität Konstanz von mir gehalten werden. Da es sich um ein einführendes Lehrbuch handelt, sind keinerlei Vorkenntnisse notwendig. Einzig in den Projekten werden Grundlagen aus den Einführungsvorlesungen der Physik verwendet.

Die Kap. 2 bis 7 befassen sich mit den Grundlagen des wissenschaftlichen Rechnens und geben eine Einführung in Linux und die Programmierung. Als Programmiersprachen werden C und Python verwendet, da beide sowohl innerhalb als auch außerhalb der Wissenschaft weitverbreitet sind. Spezielle wissenschaftliche Programmiersprachen wie z. B. Fortran bieten im Vergleich dazu kaum Vorteile und werden daher hier ausgeklammert. Auf Black-Box-Programme und -Methoden wird, soweit dies möglich ist, verzichtet. Stattdessen werden die grundlegenden Funktionen z. B. von Linux und die einfachsten numerischen Methoden besprochen und verwendet. In den Kap. 8 bis 12 folgt eine Einführung in die wichtigsten numerischen Methoden, wobei zunehmend speziell auf die physikrelevanten Verfahren eingegangen wird. Die Themen der Physik werden erst in den Projekten (Kap. 13 bis 18) aufgegriffen und anhand von Beispielen diskutiert. Im Vordergrund stehen dabei die Inhalte der Computerphysik.

Auf umfangreiche physikalische Diskussionen wird weitgehend verzichtet, da die Einführungsvorlesungen der Physik hierfür besser geeignet sind. Verzichtet wird auch auf komplizierte Herleitungen, was meiner Erfahrung nach den

Studenten (meistens) entgegenkommt. Dies schafft Raum, um vermehrt auf praktische Fragen und Anwendungen einzugehen, worauf es diesem Lehrbuch, neben der Vermittlung der Techniken, schwerpunktmäßig ankommt.

Auf einen Punkt möchte ich ausdrücklich hinweisen: Das Wichtigste beim Arbeiten mit dem Computer ist stets das selbstständige Ausprobieren und Üben. Nur so kann sich ein dauerhafter Lernerfolg einstellen. Zu allen Kapiteln gibt es daher Aufgaben mit steigendem Schwierigkeitsgrad zur Übung und zur Vertiefung. Dieses Buch muss im Übrigen nicht linear „durchgearbeitet" werden. Es kann z. B. mit den Projekten begonnen und auf die grundlegenden Kapitel zur Programmierung und zu den numerischen Methoden bei Bedarf zurückgegriffen werden.

Obwohl dieses Buch mit höchster Sorgfalt geschrieben und korrigiert wurde, wird es möglicherweise trotzdem Fehler enthalten. Verbesserungsvorschläge, Bemerkungen und sonstige Hinweise sind daher jederzeit willkommen.

Mein besonderer Dank gilt den Studierenden und Tutoren, die durch ihre Teilnahme und Mitarbeit an den Computerphysik-Vorlesungen an der Universität Konstanz sehr viel zu diesem Lehrbuch beigetragen haben. Auch die zahlreichen Diskussionen mit Kollegen und Mitarbeitern waren für die Entstehung des Buches sehr hilfreich. Dem Springer-Verlag möchte ich für die Anregung zu diesem Lehrbuch und die professionelle und reibungslose Unterstützung herzlich danken.

Ich würde mich freuen, wenn dieses Lehrbuch für möglichst viele Leser zu einem hilfreichen Begleiter wird.

Konstanz   Stefan Gerlach
Frühjahr 2016

Inhaltsverzeichnis

Abkürzungsverzeichnis

ASCII	*American Standard Code for Information Interchange*
BASH	*Bourne Again Shell*
BIOS	*Basic Input Output System*
BLAS	*Basic Linear Algebra Subprograms*
BTCS	*Backward Time, Centered Space*
CAS	Computer-Algebra-System
CFL	Courant-Friedrichs-Lewy(-Zahl)
CPU	*Central Processing Unit*
DFT	Diskrete Fourier-Transformation
DGL	Differenzialgleichung
FDTD	*Finite Difference, Time Domain*
FEM	Finite-Elemente-Methode
FFT	*Fast Fourier Transform*
FIFO	*First In/First Out*
FTCS	*Forward Time, Centered Space*
GCC	*GNU Compiler Collection*
GDB	*GNU Debugger*
GDGL	Gewöhnliche DGL
GMP	*GNU Multiple Precision*
GNU	*GNU's Not Unix*
GPL	*GNU General Public License*
GPU	*Graphics Processing Unit*
GSL	*GNU Scientific Library*
GUI	*Graphical User Interface*
HPC	*High Performance Computing*
HTML	*Hypertext Markup Language*
HTTP	*Hypertext Transfer Protocol*
IEEE	*Institute of Electrical and Electronics Engineers*
IPC	*Inter Process Communication*
LAPACK	*Linear Algebra Package*
LGS	Lineares Gleichungssystem
LIFO	*Last In/First Out*
LU	*Lower/Upper*(-Zerlegung)
MC	*Monte-Carlo*(-Simulation)

MD	Molekulardynamik
MKL	(Intel) *Math Kernel Library*
MPI	*Message Passing Interface*
MT19937	*Mersenne-Twister 19937*
NFS	*Network File System*
NUMA	*Non-uniform Memory Access*
OpenMP	*Open Multi-Processing*
OSI	*Open Systems Interconnection*
PDGL	Partielle DGL
POSIX	*Portable Operating System Interface*
RAM	*Random Access Memory*
RNG	*Random Number Generator*
SMP	*Shared Memory Processing*
SOR	*Successive Over Relaxation*
SSD	*Solid State Drive*
SSH	*Secure Shell*
TCP/IP	*Transmission Control Protocol/Internet Protocol*
USB	*Universal Serial Bus*

Einleitung 1

Inhaltsverzeichnis

Was ist Computerphysik? Diese Frage stellt sich natürlich als Erstes. Man könnte dazu die beiden Wortbestandteile von „Computerphysik" betrachten und vermuten, dass es sich um ein Teilgebiet der Physik handelt, das sich hauptsächlich mit Computern beschäftigt, genauso wie sich die Festkörperphysik mit Festkörpern oder die Astrophysik mit Sternen beschäftigt. Das stimmt so aber nicht. Die Computerphysik ist nicht nur ein Teilgebiet der Physik, sondern eine interdiziplinäre Wissenschaft zwischen Informatik, Mathematik und Physik und wird oft als das dritte Standbein der Physik, neben der Experimentalphysik und der Theoretischen Physik, bezeichnet. Es lohnt sich also, einen genaueren Blick darauf zu werfen, worum es sich bei der Computerphysik handelt. Darüber hinaus geht es in diesem Kapitel neben der Entwicklung der Computerphysik und ihren typischen Anwendungsfeldern um Computersimulationen und das wissenschaftliche Rechnen, ohne die die Computerphysik nicht möglich wäre.

1.1 Was ist Computerphysik?

Computerphysik (*computational physics*) beschäftigt sich mit dem Lösen von physikalischen Problemen mithilfe des Computers. Dabei werden Methoden der Numerischen Mathematik (kurz: **Numerik**) angewendet, um die auftretenden mathematischen Gleichungen für den Computer umzusetzen. Verwendet werden aber auch Erkenntnisse der Informatik (Hard- und Software, Programmierung, Visualisierung).

© Springer-Verlag GmbH Deutschland, ein Teil von Springer Nature 2019
S. Gerlach, *Computerphysik*, https://doi.org/10.1007/978-3-662-59246-5_1

Umgekehrt besitzen jedoch auch die bei der Umsetzung physikalischer Aufgaben auftretenden Probleme und die teilweise hohen Anforderungen großen Einfluss auf die Entwicklung von Numerik und Informatik.

In der Chemie und der Biologie besteht eine ähnliche Verbindung zur Mathematik und Informatik. Man spricht insoweit von Computerchemie *(computational chemistry)* und Bioinformatik *(bioinformatics, computational biology).* Interessanterweise finden sich in der Computerchemie und der Bioinformatik viele in der Computerphysik entwickelte Methoden in angewandter Form wieder, wie z. B. die Molekulardynamik und die Monte-Carlo-Methoden.

Man kann also zusammenfassen, dass die Computerphysik ein interdisziplinäres Fachgebiet zwischen Numerik, Informatik und Physik ist (s. Übersicht Abb. 1.1), das in ähnlicher Form auch in der Chemie und Biologie existiert.

Computer sind aus den meisten Gebieten der Physik nicht mehr wegzudenken. In Lehre und Forschung erweitern sie die Methoden und Anwendungen und damit die beiden klassischen „Pfeiler" der Experimentalphysik und der Theoretischen Physik. Mithilfe von Computern lassen sich Experimente optimieren und steuern, analytische und numerische Berechnungen durchführen und Simulationen (sog. „Computerexperimente") durchführen. Die Computerphysik durchdringt damit alle Gebiete der Physik und kann inzwischen als drittes Standbein neben der Experimentalphysik und der Theoretischen Physik bezeichnet werden. Die Erweiterung der klassischen Teilung in Experimentalphysik und Theoretische Physik durch die Computerphysik verdeutlicht Abb. 1.2.

An vielen Universitäten gibt es inzwischen Institute, die sich speziell mit Computerphysik und deren Anwendungen beschäftigen, und auch in der Lehre nimmt die Bedeutung verständlicherweise stetig zu.

Abb. 1.1 Einordnung der Computerphysik zwischen Informatik, Numerik und Physik

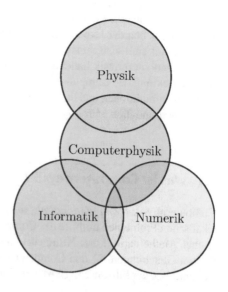

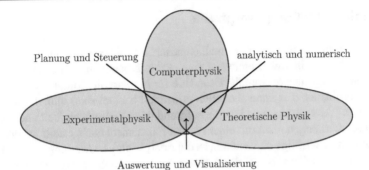

Abb. 1.2 Computerphysik als drittes Standbein und Bindeglied in der Physik

1.2 Entwicklung der Computerphysik

Die Computerphysik ist ein noch junges Gebiet der Physik. Ihre Entwicklung ist eng verbunden mit der Entwicklung von Hard- und Software seit den 1950er-Jahren, d. h. auch mit der Entwicklung der Informatik. Die Numerik, auf deren Methoden die Computerphysik ebenfalls zurückgreift, ist aber viel älter. Die ersten numerischen Abschätzungen wurden bereits vor knapp 4000 Jahren in Babylonien angewendet, um z. B. eine Näherung für die Quadratwurzel $\sqrt{2}$ zu bestimmen. Im alten Griechenland waren Näherungen für die Kreiszahl π oder von wichtigen Integralen bereits weitverbreitet.

Der entscheidende Faktor, der zum Durchbruch der Computerphysik im 20. Jahrhundert führte, war die enorme Leistungssteigerung elektronischer Rechner aufgrund der technologischen Entwicklungen auf dem Gebiet der Physik. Diese Entwicklungen betrafen nicht nur die Rechengeschwindigkeit von Prozessoren, sondern auch die Menge an Daten und die Miniaturisierung. Computer mit der Rechenleistung einer heutigen *Smartwatch* füllten vor 50 Jahren noch ganze Hallen und verbrauchten so viel Energie wie eine Kleinstadt. Heutige Supercomputer haben dagegen bei gleichem Energieverbrauch eine um den Faktor 10^{10} höhere Rechengeschwindigkeit als noch vor fünf Jahrzehnten. Da auch die Entwicklung in der Numerik nicht stehen geblieben ist, kann heute eine Vielzahl physikalischer (bzw. mathematischer) Probleme mit dem Computer gelöst werden, was der Computerphysik zu ihrer starken Verbreitung verholfen hat. Ein Ende der enormen Leistungssteigerung elektronischer Rechner ist nicht absehbar, sodass die Computerphysik auch heute noch ständig durch neue Entwicklungen beeinflusst wird und an Bedeutung gewinnt.

1.3 Inhalt der Computerphysik

Die meisten physikalischen bzw. mathematischen Probleme sind nicht exakt, d. h. analytisch lösbar. In vielen Fällen ist eine exakte Lösung aber auch zu aufwendig oder schlichtweg nicht notwendig. Grund hierfür ist meist die Komplexität oder Größe eines Problems, dies kann aber auch prinzipiell bedingt sein. Man denke nur an das Wetter. Wetterphänomene können aufgrund ihrer Vielschichtigkeit und großflächigen Auswirkungen nicht mit einem realen Experiment nachgestellt werden.

Eine weitere wichtige Anwendung ist die Analyse und Auswertung großer Datenmengen. Diese fallen z. B. bei der Planung, Steuerung und Auswertung von Experimenten an und müssen oft in Echtzeit verarbeitet werden. Beim *Large Haldron Collider* (LHC) z. B. werden die Messdaten mithilfe typischer Methoden einer aufwendigen Filterung unterzogen. Die Messdaten werden so deutlich reduziert und betragen „nur" noch ca. 15 PByte ($1{,}5 \cdot 10^{16}$ Byte) pro Jahr. Auch wenn klassische Experimente zu aufwendig oder unzugänglich sind (z. B. bei Strömungsvorgängen oder Fragen der Astrophysik), kann die Computerphysik mit „Computerexperimenten" weiterhelfen.

Ein wichtiger Anwendungsbereich der Computerphysik ist auch das exakte Lösen physikalischer Aufgaben. Die Fähigkeiten heutiger Computer erlauben das numerische bzw. sogar analytische Lösen vieler mathematischer Probleme in wenigen Sekunden. Dabei werden oft iterative Verfahren verwendet, die die Lösungen mit beliebiger Genauigkeit liefern. Aber auch die analytischen Möglichkeiten z. B. eines Computeralgebrasystems sind inzwischen immens.

1.4 Computersimulationen und wissenschaftliches Rechnen

Das wichtigste Hilfsmittel der Computerphysik sind sog. **Computersimulationen**. Die Grundlage einer Computersimulation ist immer ein Modell, welches ein Problem so weit reduziert, dass es möglichst einfach mathematisch beschrieben werden kann, aber immer noch die grundlegenden Eigenschaften des Problems widerspiegelt. Modelle vereinfachen also eine Fragestellung auf das Wesentliche und stellen einen idealisierten experimentellen Aufbau dar. Ein Modell kann dabei einem Experiment nachempfunden sein oder aus der Theorie stammen. Das Umsetzen eines Modells in ein Computerprogramm und dessen Ausführung und Auswertung ist damit mit einem realen Experiment vergleichbar. Analog zu einem realen Experiment kann eine Computersimulation daher in die Schritte Planung, Aufbau, Messung und Auswertung eingeteilt werden.

Die Methoden und Hilfsmittel dafür liefert das **Wissenschaftliches Rechnen** (*scientific computing*). Unter diesem Begriff werden die Techniken und Hilfsmittel zur Umsetzung und Lösung der jeweils betrachteten Aufgaben zusammengefasst. Von wissenschaftlichem Rechnen ist dabei deshalb die Rede, da es universell für Physik, Chemie und Biologie anwendbar ist. Es werden numerische Methoden mithilfe von Hard- und Software umgesetzt und angewendet. Aber auch die Aufbereitung und Darstellung der Ergebnisse spielen eine wichtige Rolle.

Eine Computersimulation hat gegenüber einem realen Experiment den Vorteil, dass alle Parameter beliebig verändert werden und damit neue Bereiche erschlossen werden können. Darüber hinaus können Details analysiert werden, die experimentell nicht zugänglich sind (z. B. einzelne Energiebeiträge). Eine Computersimulation kann aber auch mit dem Modell sukzessive verbessert und verfeinert werden und liefert damit nach und nach immer genauere bzw. bessere Ergebnisse.

Bei den Computersimulationen darf nicht vergessen werden, dass der richtige Umgang mit den Methoden der Computerphysik bzw. des wissenschaftlichen Rechnens viel Erfahrung und technisches Wissen voraussetzt, vor allem wenn die Fähigkeiten der numerischen Methoden und des Computers optimal genutzt werden sollen. Dies gilt nicht nur für Computersimulationen, sondern für die gesamte Computerphysik. Am Ende macht ein Computer nur das, was man ihm sagt. Er wird nie den Physiker und seine Fragestellungen ersetzen.

Teil I
Computergrundlagen

Hard- und Software

2

Inhaltsverzeichnis

Computer finden sich inzwischen in allen Bereichen des Lebens. Gerade in der Wissenschaft sind sie zu einem unverzichtbaren Bestandteil sowohl in der Lehre als auch in der Forschung geworden. Hierbei gibt es eine Vielzahl an täglichen Anwendungen:

- Kommunikation (E-Mail, Chat, VoIP, Foren),
- Informationsbeschaffung (Suchmaschinen, Wikipedia, Publikationen),
- Textverarbeitung (Hausaufgaben, Protokolle, Publikationen, Abschlussarbeiten),
- Multimedia (Grafiken, Audio- und Videobearbeitung, Animationen),
- Datenauswertung/„Taschenrechner" (für Experimente/Simulationen),
- Lösen von physikalischen Aufgaben (analytisch: Computeralgebra, numerisch: Simulationen),
- (Echtzeit-)Steuerung von Experimenten/Datenaufnahme und -auswertung.

Ein Computer lässt sich grob in Hardware („alles, was man anfassen kann") und Software („alles, was man nicht anfassen kann") einteilen. Diese beiden Bestandteile werden im Folgenden im Detail besprochen. In Abschn. 2.2 zur Software geht es dabei schwerpunktmäßig um die für den Betrieb eines Rechners wichtigen Betriebssysteme. Das besondere Augenmerk richtet sich anschließend auf das Betriebssystem Linux, welches in diesem Buch ausschließlich verwendet wird.

© Springer-Verlag GmbH Deutschland, ein Teil von Springer Nature 2019
S. Gerlach, *Computerphysik*, https://doi.org/10.1007/978-3-662-59246-5_2

2.1   Hardware

Die Hardware eines Computers besteht aus vielen unterschiedlichen Komponenten, die gut aufeinander abgestimmt sein müssen. Erst durch ein perfektes Zusammenspiel aller Komponenten lässt sich mit dem Computer sinnvoll arbeiten.

Als Benutzer sollte man die Komponenten seines Computers natürlich gut kennen, um diese effektiv nutzen zu können. Besonders im Bereich High-Performance Computing ist ein detailliertes Hardware-Wissen sehr wichtig.

Die wichtigsten Hardware-Komponenten und deren Aufgaben zeigt die folgende Liste:

- Hauptprozessor (**CPU**): Abarbeiten von Befehlen,
- Arbeitsspeicher (**RAM**): flüchtiger Arbeitsspeicher,
- Festplatte *(hard disc)*: dauerhafte Datenspeicherung,
- Mainboard: Verbindung von CPU, Speicher und Peripherie via *Southbridge* (und *Northbridge*),
- Grafikkarte (**GPU**): Grafikausgabe auf Monitor,
- Laufwerke: Floppy, CD, DVD,
- Einsteckkarten: Schnittstellen für Netzwerk etc.,
- Peripherie: Drucker, Maus, Tastatur etc. via **USB,** Firewire etc.

Der Hauptprozessor (CPU) ist die wichtigste Komponente eines Rechners, wenn es um die Performance von numerischen Berechnungen geht. Die Hersteller mit der größten Verbreitung bei Arbeitsplatzrechnern und im wissenschaftlichen Bereich sind Intel und AMD. Besonders bei Kleingeräten und bei Supercomputern findet man aber auch andere Hersteller wie z. B. ARM und PowerPC.

Eine CPU kann mehrere Rechenkerne *(cores)* und Zwischenspeicher *(cache)* besitzen, um die Datenverarbeitung zu beschleunigen. Ein großer Flaschenhals ist nämlich oft nicht die CPU, sondern die Zuführung der Daten zur CPU. Die CPU-Caches werden in Level eingeteilt. Der Level 1 Cache (L1) ist der schnellste und kleinste (z. B. 8 kB), da er direkt in den Prozessor eingebaut ist. Level 2 und Level 3 Cache teilen sich meist mehrere Kerne, dafür sind diese aber größer (z. B. 6 MB).

Der Arbeitsspeicher (RAM) ist ein flüchtiger Speicher, in dem die Software arbeitet, während der Rechner läuft. Er ist bei älteren Rechnern über die sog. **Northbridge** mit der CPU verbunden. Aus Performance-Gründen wurde in neueren Architekturen (z. B. Intel Core i7) der Speicher-Controller in die CPU verlegt und der RAM damit direkt mit der CPU verbunden. Auch die GPU ist bei vielen Prozessoren inzwischen Bestandteil des Hauptprozessors, d. h., eine Northbridge ist nicht mehr nötig. Bei einigen CPUs gibt es inzwischen sogar eine Zuordnung von Speicher zu einem bestimmten Rechenkern unter der Bezeichnung NUMA *(non uniform memory access)*.

Weitere Komponenten werden an die sog. **Southbridge** auf dem Mainboard angebunden. Dazu zählen Festplatten *(hard discs)* bzw. SSD *(solid state drives)*, USB-Geräte und Peripheriegeräte wie Drucker, Tastatur und Maus. Der typische Aufbau eines Mainboards ist in Abb. 2.1 zu sehen.

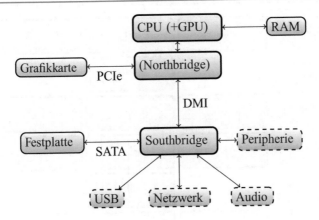

Abb. 2.1 Schematischer Aufbau eines Computers

2.2 Software

Neben einer geeigneten Hardware benötigt man auch entsprechende Software, um die Hardware zu betreiben und eine Verwendung durch den Benutzer zu ermöglichen. Viele Hardware-Komponenten enthalten auch eigene Software, die sog. **Firmware**, um deren Betrieb zu ermöglichen. Das **BIOS** *(basic input output system)* enthält die nötige Software zum Starten des Rechners, ist also sozusagen die *Firmware* des Rechners.

Die für den Benutzer und den Betrieb eines Rechners wichtigste Software ist jedoch das Betriebssystem. Dieses verwaltet alle Hardware-Ressourcen und stellt eine Umgebung für den Benutzer und entsprechende Schnittstellen bereit.

2.2.1 Betriebssysteme

Die Aufgaben eines Betriebssystems sind in der folgenden Liste zu sehen. Der eigentliche Betriebssystemkern, der diese Aufgaben erledigt, wird **Kernel** genannt. Die Schnittstelle zum Benutzer wird über sog. Systemaufrufe realisiert. Im weiteren Sinne zählt man aber auch alle Programme und Bibliotheken zu einem Betriebssystem.

- Hardware-Verwaltung (Treiber),
- Speicherverwaltung (Nutzung von Hauptspeicher und Auslagerungsspeicher),
- Benutzerverwaltung („Multiuser"-System, Rechteverwaltung),
- Prozessverwaltung („Multitasking"-Betrieb, Scheduler),
- Kommunikation (IPC *(inter process communication),* Netzwerk),
- Dateisystem (Abstraktion der Daten).

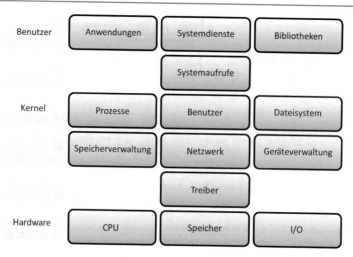

Abb. 2.2 Aufgaben und Schnittstellen des Linux-Kernels

Einen guten Eindruck, wie die Aufgaben des Linux-Kernels zusammenspielen, gibt die Übersicht in Abb. 2.2.

So wie es verschiedene Hersteller von Hardware gibt, findet man auch verschiedene „Hersteller" von Betriebssystemen. Obwohl auf Arbeitsplatzrechnern immer noch die proprietären Betriebssysteme von Microsoft vorherrschen, setzen sich immer mehr die UNIX-Betriebssysteme wie MacOSX oder Linux (genauer: GNU/Linux) durch. Besonders in der Forschung, auf Rechenclustern und im Entwicklungsbereich kommt man heute an Linux nicht mehr vorbei. Hier sind, aufgrund der Freiheit der Software, deutlich mehr Anwendungsmöglichkeiten und eigene Anpassungen möglich.

Natürlich gibt es für spezielle Anwendungsgebiete, wie z. B. Echtzeitanwendungen, eingebettete Geräte oder Großrechner spezielle Betriebssysteme, jedoch findet man fast überall auch eine Linux-Variante. Einen Überblick über die wichtigsten Betriebssysteme gibt die folgende Liste:

- UNIX-ähnlich:
  - BSD (FreeBSD, openBSD, netBSD etc.),
  - traditionelles UNIX (Solaris (Sun OS), AIX, IRIX, HP-UX),
  - MacOSX, iOS (BSD+Mach-Kernel),
  - GNU/Linux, Android,
- Microsoft:
  - DOS (MSDOS, FreeDOS),
  - Win9x (Windows 95, 98, ME),
  - Windows XP, Vista, 7, 8, 10,
  - Windows Server,
- Großrechnerbetriebssysteme (z. B. GCOS, z/OS),
- Echtzeitbetriebssysteme (z. B. QNX, OS-9).

Bei Linux wird der Kernel hauptsächlich von *Linus Torvalds* (* 1969) verwaltet, der die unzähligen Änderungen zusammenführt und regelmäßig eine neue Version des Linux-Kernels herausbringt. Hierbei sei nochmals betont, dass bei Linux auch der Kernel freie Software ist und deshalb viele Entwickler zu Verbesserungen beitragen können und dies auch tun.

2.3   Das Betriebssystem Linux

Linux besteht neben dem Kernel auch aus vielen Systemprogrammen und Bibliotheken, die meist aus dem GNU-Projekt stammen. Deshalb spricht man oft auch von GNU/Linux. Die grundlegenden Konzepte und Strukturen stammen aber von UNIX. Doch dazu mehr in Abschn. 2.3.1.

2.3.1   Zur Historie von Linux

Die eigentliche Geschichte von Linux begann im Jahre 1991, als Linus Torvalds ein UNIX-Betriebssystem für seinen neuen Heimcomputer (mit einem 386er Prozessor) suchte. Da es zu dieser Zeit aber nur sehr teure kommerzielle UNIX-Varianten gab und er als Informatikstudent eine Herausforderung suchte, begann er daraufhin, anhand des freien „Lehr-Betriebssystems" Minix ein eigenes Betriebssystem zu programmieren. Zuhilfe kam ihm dabei die hervorragende Sammlung von freier Software aus dem GNU-Projekt.

Eine Besonderheit von Linux war und ist seine offene Lizenz. Genauso wie das GNU-Projekt steht Linux unter der offenen Lizenz GPL. Die Offenheit des Quellcodes *(open source)* ist dabei der wichtigste Grund, warum neue Entwicklungen schnell in Linux Einzug halten und jeder die Möglichkeit hat, Fehler zu finden und auszubessern („freie Software"). Dies erklärt auch die bis heute anhaltende rege Beteiligung an der Entwicklung des Betriebssystems. Einen Überblick über die Geschichte von UNIX und Linux zeigt Tab. 2.1.

Tab. 2.1 Historischer Überblick zu UNIX/Linux

Jahr	Ereignis
1969	UNIX – Ken Thomson, Dennis Ritchie
1973	UNIX portabel in C geschrieben
1983	R. Stallman – GNU, freie Software/Open Source, GPL
1991	Linus Torvalds – Linux (GNU/Linux)
1996	Kernel 2.0 – modernes und freies Betriebssystem
1998/1999	KDE/GNOME – moderne grafische Oberflächen
2000	Beginnender Einsatz von Linux auf HPC-Clustern
Heute	Weite Verbreitung (Server, Handy, Desktop-PC)

2.3.2   Die Philosophie von UNIX/Linux

Die Grundsätze, die hinter UNIX und damit auch hinter Linux stehen, sind ein Grund dafür, dass es UNIX schon seit über 40 Jahren gibt. Diese Philosophie sei hier im Folgenden kurz zusammengefasst:

- Offenheit *(open source)*, beliebig veränderbar, freie Software (erst mit dem GNU Projekt),
- für fortgeschrittene Benutzer gedacht (das System macht, was der Benutzer sagt: „löschen = löschen"),
- ein Programm für einen Zweck – die Mächtigkeit entsteht durch Kombination von Kommandos (Prinzip der Modularisierung, definierte Schnittstellen),
- Portabilität – lässt sich leicht auf andere Hardware anpassen (Linux läuft auf Handys, Laptops, Arbeitsplatzrechnern, Servern, Supercomputern etc.),
- einfache Bedienung, Verständnis des Systems wichtig – „alles ist eine Datei".

2.3.3   GNU-Projekt

Das GNU-Projekt *(GNU is Not UNIX)* wurde 1983 von *Richard Stallman* (* 1953) gegründet. Damals gab es für Großrechner nur teure UNIX-Varianten der einzelnen Hersteller. Jedes kleine Programm musste teuer erstanden werden. Stallmans Idee war es, eine Lizenz zu erarbeiten, die es erlaubt, Software frei zu verteilen und es jedem Benutzer ermöglicht, die Software nach seinen Wünschen zu ändern und weiterzuverbreiten. Diese Lizenz wird als **GPL** *(General Public License)* bezeichnet.

Bis Anfang der 1990er-Jahre entstand eine Vielzahl an GNU-Software als Alternative zu UNIX-Programmen, nur ein Betriebssystem fehlte noch. Hier kam Linux genau zur rechten Zeit. Stallman selbst arbeitet schon seit mehr als 25 Jahren an einem GNU-Betriebssystem names „GNU Hurd", welches aber nicht mit Linux mithalten konnte.

2.3.4   Linux-Distribution

Neben dem Kernel und den Systemprogrammen und -bibliotheken sind zum Arbeiten natürlich noch eine (grafische) Oberfläche sowie entsprechende Anwendungen und Dokumentationen erforderlich. Dieses Gesamtpaket, d. h. die komplette Software, wird als Linux-Distribution bezeichnet.

Es gibt verschiedene Distributionen, die sich in der Auswahl der Software und der Konfiguration unterscheiden. Die bekanntesten sind Debian/Ubuntu, Red Hat/Fedora und SUSE/OpenSUSE. Diese sind für die meisten Rechnerarchitekturen verfügbar (32/64 bit, Intel/PowerPC/ARM etc.). Daneben gibt es auch noch Distributionen für spezielle Zwecke, z. B. als Live-Distributionen, d. h., das Betriebssystem startet direkt von einer DVD oder einem USB-Stick und kann so ohne Änderungen am Rechner verwendet werden. Auch für Multimediaanwendungen und für die Ausbildung gibt es spezielle Distributionen.

2.3.5 Grafische Oberfläche

Die traditionelle grafische Benutzeroberfläche von UNIX-Systemen ist das sog. X Window System (heute betreut von der X.Org Foundation). Es beinhaltet einen X-Server, der Treiber für die Ansteuerung der Grafikkarte und ein Netzwerkprotokoll zur Darstellung einer Benutzeroberfläche (Desktop) implementiert. Alle Programme mit grafischer Ausgabe sind dann sog. X-Clients und können auf dem X-Server ihre Fenster darstellen. Der X-Server bietet die Möglichkeit mehrerer virtueller Desktops, zwischen denen man wechseln kann. Auch lässt sich die Ausgabe von X-Clients von Rechnern auf einen anderen X-Server umleiten.

Als Benutzer kommt man heutzutage kaum noch mit dem X-Server direkt in Berührung, denn inzwischen wird die Benutzeroberfläche, auch GUI *(graphical user interface)* genannt, durch sog. Desktop-Umgebungen bzw. Fenstermanager realisiert, die auf dem X-Server aufsetzen. Hier sind vor allem KDE und Gnome bekannt. Diese erweitern die eher rudimentären Fähigkeiten eines X-Servers zu einer modernen grafischen Benutzeroberfläche.

2.3.6 Terminal

Neben einer grafischen Benutzeroberfläche gibt es unter UNIX/Linux auch sog. Terminals, d. h. eine textbasierte Benutzerschnittstelle. In einem Terminal läuft eine sog. **Shell,** die die Eingabe von Kommandos erlaubt und damit die interaktive Nutzung eines Rechners ermöglicht. Ein Terminal ist immer noch die Basisschnittstelle zwischen Benutzer und Rechner, da es ohne Grafik auskommt und auch über serielle Konsole oder über ein Netzwerk funktioniert. Der Begriff „Terminal" stammt übrigens aus Zeiten, da an einen Großrechner mehrere Arbeitsplätze mit je einem Monitor angeschlossen waren.

Das Terminal findet sich in heutigen Linux-Systemen in verschiedenen Formen wieder. Es gibt eine Reihe von virtuellen Terminals, die man mit *STRG+ALT+F1,* *STRG+ALT+F2* etc. erreichen kann. Die grafische Oberfläche (X-Server) läuft dabei meist auf Terminal 7. Auch hier lassen sich sog. Pseudo-Terminals öffnen, um mit dem Computer zu interagieren. Dafür gibt es Programme wie XTerm oder Konsole unter KDE.

Den schematischen Aufbau eines Linux-Systems aus Benutzersicht zeigt Abb. 2.3. Mit seiner Nutzung wird sich Kap. 3 im Detail beschäftigen.

Aufgaben

2.1 Finden Sie heraus, aus welchen Bestandteilen (CPU, RAM etc.) Ihr Rechner aufgebaut ist, ohne ihn zu zerlegen. Welche sind die wichtigsten Kenngrößen der einzelnen Komponenten?

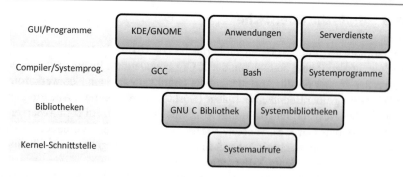

Abb. 2.3 Linux aus Benutzersicht

2.2 Die **Ausfallwahrscheinlichkeit** einer Festplatte kann mit der Formel

$$p(t) = 1 - e^{-t/MTBF} \tag{2.1}$$

berechnet werden. t ist die Laufzeit und *MTBF (mean time between failures)* die „Zerfallskonstante". Mit welcher Wahrscheinlichkeit fällt also eine Festplatte mit $MTBF = 2{,}5 \cdot 10^6$ h während der Lebensdauer von 5 Jahren aus?

2.3 Welche **Betriebssysteme** haben Sie schon verwendet? Welche Vor- und Nachteile können Sie nennen?

2.4 Welche sind die aktuellen Versionen der wichtigsten **Linux-Distributionen?** Welche verwenden Sie?

2.5 Welche **Desktop-Umgebung** bzw. Fenstermanager verwenden Sie auf Ihrem Rechner? Wechseln Sie auf ein virtuelles Terminal und zurück auf die grafische Oberfläche. Öffnen Sie auch dort ein (Pseudo-)Terminal.

Arbeiten mit Linux

3

Inhaltsverzeichnis

Wie Kap. 2 gezeigt hat, lässt sich ein modernes Linux-System bequem über die grafische Oberfläche bedienen. Für das Verständnis von Linux und das effektive Arbeiten mit dem Betriebssystem ist es jedoch sinnvoll, auch die textbasierte Schnittstelle, d. h. ein Terminal zu verwenden. Dieses Kapitel beginnt daher mit der Shell, die die Kommunikation zwischen Benutzer und System in einem Terminal übernimmt. Anschließend werden weitere Details rund um das Betriebssystem Linux besprochen.

3.1   Die Shell

Ein Linux-System lässt sich vollständig mithilfe einer Shell bedienen. Diese läuft in einem Terminal und nimmt von einem Benutzer Kommandos entgegen, die sie abarbeitet. Es handelt sich also um einen (erweiterten) Kommando-Interpreter. Eine Shell besitzt eine Reihe von Fähigkeiten, die das Arbeiten im Vergleich zur grafischen Oberfläche sehr effizient machen. Einen Überblick zeigt die folgende Aufstellung:

- Kommandos ausführen *(firefox)*,
- eingebaute Kommandos, Aliasse, Shell-Funktionen,
- Variablen (z. B. Umgebungsvariablen),
- Ein-/Ausgabeumlenkung, Kommandoverknüpfung *(pipe)*,

© Springer-Verlag GmbH Deutschland, ein Teil von Springer Nature 2019
S. Gerlach, *Computerphysik*, https://doi.org/10.1007/978-3-662-59246-5_3

- Jobverwaltung,
- Kommandovervollständigung, Joker *(wildcards)*,
- Kommando Historie,
- Skriptsprache für Programmierung.

Die Kommandos der Shell verfolgen dabei die UNIX-Philosophie „Ein Programm für einen Zweck" und „Mächtigkeit durch Kombination verschiedener Programme". Deshalb gibt es eine Vielzahl an Kommandos, die jedoch für ihren Zweck optimiert sind. Durch ihre Kombination kann man praktisch alle Aufgaben erledigen. Meist sogar schneller als mit der grafischen Oberfläche, denn die Tastatur ist schneller als die Maus.

Auch bei den Shells gibt es verschiedene Varianten. Die wichtigsten sind die **BASH** *(Bourne Again Shell)* und die TCSH *(TENEX C Shell)*. Diese unterscheiden sich leider stark in der verwendeten Syntax und den eingebauten Kommandos. In diesem Buch wird deshalb nur die unter Linux als Standard eingesetzte BASH verwendet.

3.1.1 Shell-Kommandos

Eine Shell erwartet vom Benutzer die Eingabe von Kommandos. Es wird lediglich ein sog. Prompt „$" dargestellt, der die Bereitschaft der Shell anzeigt. Die verschiedenen Shell-Programme bzw. Kommandos werden in Abschn. 3.1, 3.2 and 3.3 vorgestellt.

Das Verhalten eines Kommandos lässt sich über Optionen beeinflussen. Es gibt Kurzoptionen, die mit einem „-" beginnen und meist nur aus einem Buchstaben bestehen, und Langoptionen, die mit „--" beginnen. Zusätzlich kann man einem Kommando Argumente übergeben. Die Syntax eines Kommandos könnte also z. B. so aussehen wie in Listing 3.1.

Listing 3.1 Beispiel für die allgemeine Syntax eines Shell-Kommandos

```
$ kommando -a -b --long arg1 arg2
```

Da die Anzahl der Optionen von vielen Kommandos, besonders für ungeübte Benutzer, oft überwältigend ist, gibt es zu jedem Kommando eine Online-Hilfe in Form der sog. **Man(ual)-Pages** *(man pages)* sowie in den ausführlicheren Info-Pages. Diese kann man mithilfe von *man kommando* bzw. *info kommando* aufrufen und sich jederzeit über die genaue Arbeitsweise eines Kommandos informieren lassen. Benutzt man ein Kommando zum ersten Mal, kann es nicht schaden, vorher einmal einen Blick in die Man-Pages zu werfen.

Es gibt verschiedene Sektionen der Man-Pages, wobei die wichtigsten Shell-Kommandos in Sektion 1 zu finden sind (s. *man man*). Wenn man nicht genau weiß, wie ein Kommando heißt, kann man mit dem Kommando *apropos* danach suchen. Anhang A enthält die wichtigsten Shell-Kommandos für Linux im Überblick.

3.1.2 Shell-Variablen und -Aliasse

Eine Shell bietet die Möglichkeit, eigene Variablen zu verwenden. Eine Variable kann z. B. durch *VAR=test* definiert werden. Es ist Konvention, nur Großbuchstaben für den Namen einer Variablen zu verwenden, damit man diese besser von den meist kleingeschriebenen Kommandos unterscheiden kann.

Den Wert einer Variablen kann man mithilfe von *echo* ausgeben, indem man vor den Namen der Variablen ein *$* setzt und damit auf den Wert der Variablen zugreift. Listing 3.2 zeigt die beispielhafte Verwendung von Shell-Variablen.

Listing 3.2 Beispiel für die Verwendung von Shell-Variablen

```
$ TEST=Hallo
$ echo $TEST
Hallo
$ echo "$TEST Welt!"
Hallo Welt!
```

Eine Shell definiert selbst sog. Umgebungsvariablen, wie z. B. *HOME*, die man natürlich auch für sich verwenden kann. Tab. 3.1 zeigt eine Übersicht über wichtige Umgebungsvariablen. Eine Liste aller Variablen (und Funktionen) liefert das Kommando *set*.

Um Shell-Kommandos abzukürzen, gibt es den Alias-Mechanismus. Dabei definiert man einfach einen Alias für ein Kommando inklusive Optionen und Argumenten. Mit einer Liste von Aliassen für häufig verwendete Kommandos spart man sich wiederholte Schreibarbeit. Oft sind auch schon Aliasse vom System definiert, die man sich mit dem Kommando *alias* anzeigen lassen kann. Listing 3.3 zeigt die Verwendung von Aliassen in der BASH an Beispielen.

Listing 3.3 Verwendung von Aliassen in einer Shell

```
$ alias e='echo '
$ alias e
alias e='echo '
$ e 'Hallo Welt!'
Hallo Welt! $
```

3.1.3 Jobverwaltung

Eine Shell bietet auch eine Jobverwaltung. Das bedeutet, es ist möglich, verschiedene Kommandos bzw. Programme gleichzeitig laufen zu lassen. Ein Kommando, das in einer Shell gestartet wird, blockiert normalerweise die Shell so lange, bis es fertig ist. Man sagt, das Kommando läuft im Vordergrund. Man kann aber auch ein Kommando im Hintergrund laufen lassen, indem man beim Start ein *&* anhängt. Der Prompt erscheint dann sofort wieder, obwohl das Programm noch läuft, und man kann das nächste Kommando starten.

Tab. 3.1 Einige Umgebungsvariablen der Shell

Name	Beispielwert	Beschreibung
USER	stefan	Benutzername
HOME	/home/stefan	Eigenes Heimatverzeichnis
HOSTNAME	einstein	Name des Rechners
PS1	$	Prompt-String
LANG	de_DE	Spracheinstellung
?	0	Rückgabewert des letzten Kommandos

Das Kommando *jobs* zeigt die Liste der laufenden Jobs an. Mithilfe der Befehle *fg* und *bg* kann man Jobs in den Vordergrund bzw. Hintergrund schicken. Möchte man einen im Vordergrund laufenden Job in den Hintergrund schicken, so muss man ihn vorher anhalten. Das geht mit der Tastenkombination *STRG+z*. Mit *STRG+c* kann man einen im Vordergrund laufenden Job abbrechen, mit dem Kommando *kill* einen im Hintergrund laufenden Job. Mithilfe von *kill* lassen sich Prozesse beenden, aber dazu mehr in Abschn. 3.3.2. Listing 3.4 zeigt das Ganze im Überblick.

Listing 3.4 Jobverwaltung in der Bash

```
$ programm
STRG+Z
[1]+   Stopped   programm
$ bg
[1]+ programm &
$ jobs
[1]+   Running   programm &
$ kill %1
[1]+   Terminated
```

Mehrere Kommandos können mithilfe von *;* hintereinander ausgeführt werden. Möchte man ein zweites Kommando nur ausführen, wenn das erste erfolgreich war, verwendet man die logische Verknüpfung *&&*. *||* bewirkt dagegen, dass das zweite Kommando ausgeführt wird, wenn das erste fehlschlägt.

Eine Liste der bereits eingegebenen Kommandos kann man sich mit dem Befehl *history* anzeigen lassen. Man kann dann ein Kommando nochmals ausführen, indem man die angezeigte Kommandonummer mit einem vorgestellten *!* aufruft. Die letzten 100 (Umgebungsvariable *HISTSIZE*) Kommandos werden dabei beim Beenden der Shell in der Datei *.bash_history* gespeichert.

Tab. 3.2 Sonderzeichen für Dateinamen als Argumente

Zeichen	Beispiel	Bedeutung
*	file *	Alle Dateien (keine Dateien, die mit . beginnen)
?	ls ?.dat	Genau ein Zeichen
A,B	stat a,b*	A oder B
[A-B]	cp [a-m]*~	Alle Zeichen von A-B
[!A-B]	cp [!a-m]*~	Nur Zeichen, die nicht A-B sind

Tab. 3.3 Tastaturkürzel der Bash

Kürzel	Bedeutung
STRG+z	Job anhalten
STRG+c	Laufenden Job abbrechen
STRG+l	Säubert den Bildschirm (genauer: das Terminal)
STRG+d	Logout
STRG+r	Historie durchsuchen
ALT+.	Letztes Argument wiederholen
STRG+a/e	Cursor springt an den Anfang/ans Ende der Zeile
ALT+b/f	Cursor springt ein Wort zurück/vor
STRG+k/u	Löschen bis Anfang/Ende der Zeile
STRG+t	Zwei Buchstaben vertauschen
ALT+t	Zwei Wörter vertauschen

3.1.4   Shell-Expansion und Tastaturkürzel

Um die Eingabe von Kommandos und Argumenten zu vereinfachen, bietet die Shell eine Vervollständigung mit der Tabulatortaste an. Dieses hilfreiche Instrument findet sich auch in vielen Kommandozeilenprogrammen. Für die Angabe von Dateinamen als Argumente für Kommandos gibt es die Sonderzeichen in Tab. 3.2.

Abschließend zeigt Tab. 3.3 eine Liste mit nützlichen Tastaturkürzeln, die das Arbeiten in der BASH sehr vereinfachen.

3.2   Das Dateisystem

Ein Computer kann sehr große Datenmengen verarbeiten, die irgendwo strukturiert abgelegt werden müssen. Das geschieht z. B. auf einer Festplatte oder einem USB-Stick. Die Struktur, in der die Daten gespeichert werden, nennt sich Dateisystem (*file system*).

Wie unter UNIX üblich, gibt es bei Linux nur einen Verzeichnisbaum, der an der Wurzel „/" (*root*) beginnt. Alle (dauerhaften) Daten eines Linux-Systems werden also in einem Dateisystem abgelegt. Aber auch alle Geräte werden als abstrakte Dateien in diesen Verzeichnisbaum integriert. Weitere Datenträger können dann an

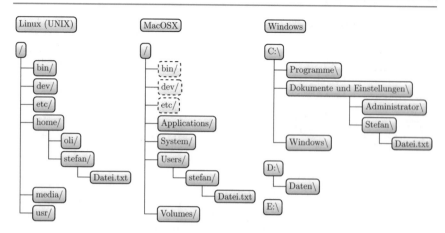

Abb. 3.1 Dateisystemstruktur der wichtigsten Betriebssysteme

bestimmten Stellen des Verzeichnisbaumes eingehängt werden *(mount)*. Einen Vergleich der Dateisystemstruktur der verschiedenen Betriebssysteme zeigt Abb. 3.1.

Alle Daten werden unter Linux in dem Verzeichnisbaum als Dateien gespeichert. Man unterscheidet folgende Typen von Dateien:

- reguläre Dateien *(file)*,
- Ordner/Verzeichnisse *(directory)*,
- Verweise/Verknüpfungen *(link)*,
- spezielle Dateien (Gerätedateien *(devices)*, IPC etc.).

Jede Datei besitzt einen Namen und bestimmte Attribute, die z. B. die Zugriffsrechte regeln. Als Datei- oder Verzeichnisname sind fast alle lesbaren Zeichen bis zu einer Länge von 255 Zeichen (abhängig vom Typ des Dateisystems) erlaubt. Es ist allerdings unüblich, Leerzeichen im Dateinamen zu verwenden, da man damit Probleme bei der Verwendung als Argumente von Shell-Kommandos bekommen kann. Verzeichnisse stellen die Struktur des Verzeichnisbaumes dar. Die Daten selbst sind in den regulären Dateien gespeichert. Verweise sind dabei nur Aliasnamen für Dateien.

Die Dateiendung ist unter Linux (meist) irrelevant. Man sollte sich aber an gewisse Konventionen halten und aussagekräftige Endungen verwenden (z. B. „*.txt*" für Textdateien), um schnell einen Überblick über den Inhalt von Dateien in einem Verzeichnis zu erhalten. Die Tab. A.1 und A.2 im Anhang zeigen eine Zusammenstellung der wichtigsten Shell-Kommandos für Dateien.

3.2.1 Wichtige Verzeichnisse

Jeder Benutzer besitzt sein eigenes Verzeichnis, das sog. **Home-Verzeichnis,** in dem er seine Dateien anlegen und verändern kann. Daneben gibt es nur wenige Verzeichnisse (wie z. B. */tmp*), in die ein normaler Benutzer Dateien ablegen oder die

Tab. 3.4 Wichtige Verzeichnisse eines Linux-Systems

Verzeichnis	Verwendung
/	Wurzelverzeichnis
/home	Homeverzeichnisse aller Benutzer
/usr	Lokale Software
/etc	Konfigurationsdateien
/tmp	Temporäre Dateien
/var	Temporäre Systemdateien
/dev	Gerätedateien
/root	Homeverzeichnis des Administrators
.	Aktuelles Verzeichnis
..	Übergeordnetes Verzeichnis
~	Abkürzung für das Homeverzeichnis

er verändern kann. Damit wird einerseits die Sicherheit des Systems gewährleistet, andererseits die Administration vereinfacht (Benutzerverwaltung, Backup etc.).

Die wichtigsten Ordner, die man auf jedem Linux-System findet, sind in Tab. 3.4 aufgelistet. Mehr Informationen dazu gibt es in der Man-Page von *hier*. Je nach Installation kann es aber auch Abweichungen geben, z. B. werden die Benutzerverzeichnisse oft auf einen Fileserver ausgelagert und befinden sich dann nicht mehr unter */home*.

Alle Dateien haben einen eindeutigen (absoluten) Pfad im Dateisystem (z. B. */home/user/datei.txt*). Man kann aber auch immer den sog. relativen Pfad, d. h. ausgehend vom aktuellen Verzeichnis, verwenden, z. B. *../user/datei.txt*.

3.2.2 Dateisystem – konkret

Als Beispiel sei der typische Fall angenommen, dass das Dateisystem auf einer Festplatte liegt. Festplatten werden über die Gerätedateien unter */dev/sda* etc. angesprochen. Auf der Festplatte befinden sich meist mehrere Partitionen, die in ein Dateisystem eingehängt werden. Diese werden einfach durchgezählt, also z. B. */dev/sda1*, */dev/sda2* etc.

Wie die Daten auf der Festplatte gespeichert werden, legt der Typ des Dateisystems fest. Aufgrund der vielen verschiedenen Medien (Festplatte, USB-Stick, DVD etc.) gibt es auch verschiedene Dateisystemtypen. Unter Windows verwendet man meist das NTFS- oder FAT-Dateisystem, unter Linux am häufigsten EXT4, XFS oder BTRFS. Für den Benutzer ist der Dateisystemtyp jedoch meist uninteressant, denn die Struktur des Dateisystems ist immer die gleiche. Das Anlegen und Verändern von Partitionen ist natürlich dem Administrator vorbehalten.

Einen guten Überblick über die verfügbaren Dateisysteme und Partitionen eines Linux-Systems erhält man mit dem Kommando *df*, wie in Listing 3.5 zu sehen.

Die Partitionen vom Typ *nfs4* sind Netzwerkdateisysteme *(network file system)* und werden von einem Server importiert.

Listing 3.5 Typische Ausgabe der Partitionsliste eines Linux-Systems mittels *df*

```
$ df -hT
Filesystem         Type   Size  Used  Avail  Use%  Mounted  on
/dev/sda3          ext4    30G   17G    12G   60%  /
/dev/sda6          btrfs  412G   83M   410G    1%  /tmp
/dev/sda2          ext4   240M   53M   171M   24%  /var
/dev/sda5          ext4   7.8G  1.5G   5.9G   20%  /usr
server:/software   nfs4   2.7T  506G   2.2T   19%  /software
server:/home       nfs4   5.5T  2.4T   3.2T
43%  /home/users
server:/data       nfs4   110T   68T    42T   62%  /data
...
```

3.2.3 Zugriffsrechte

Linux ist ein Mehrbenutzerbetriebssystem und verwendet deshalb eine Zugriffskontrolle für alle Dateien. Die Zugriffsrechte der Dateien dafür werden in deren Attributen gespeichert.

Jede Datei ist einem Benutzer *(user)* und einer Gruppe *(group)* zugeordnet. Typischerweise werden diese beim Anlegen der Datei festgelegt, können später aber auch geändert werden.

Die Zugriffsrechte pro Datei werden dann jeweils für den Benutzer, für die Gruppe und für alle anderen festgelegt. Dazu gehören bei regulären Dateien das Lesen, das Schreiben und das Ausführen der Datei. Für Verweise gelten die Rechte der Datei, auf die der Verweis zeigt. Die Zugriffsrechte kann man sich mit den Kommandos *ls -l* oder *stat* anzeigen lassen.

Die Zugriffsrechte einer Datei bestehen also aus 9 Werten und lauten z. B. *rwxr-xr-x*. Wie die Werte dabei zu interpretieren sind, zeigt Tab. 3.5. Das *sticky bit* bei Verzeichnissen bedeutet, dass nur der Besitzer einer Datei diese ändern oder löschen kann, und wird z. B. für das Verzeichnis */tmp* verwendet.

Tab. 3.5 Zugriffsrechte unter Linux

Typ	r	w	x	s	t/T
Datei	Lesen	Schreiben	Ausführen	Ausführen als Benutzer o. Gruppe	
Ordner	Inhalt anzeigen	Dateien anlegen oder löschen	Zugriff auf Dateien	Neue Dateien gehören dem Besitzer	*sticky bit*

3.2.4 Ein- und Ausgabeumlenkung

Viele Kommandos haben eine Eingabe und eine Ausgabe, die normalerweise auf dem Terminal stattfindet, sich aber auch direkt verknüpfen lassen. Damit können mehrere Kommandos kombiniert werden, und es ergibt sich eine Vielzahl an Möglichkeiten.

Um die Ausgabe eines Kommandos in eine Datei umzulenken, verwendet man den Operator > (zum Überschreiben) oder » (zum Anhängen). Genauso kann man die Eingabe eines Kommandos aus einer Datei mithilfe von < einlesen. In Listing 3.6 findet sich dazu ein Beispiel.

Listing 3.6 Verwendung von Ein- und Ausgabeumlenkung in einer Shell

```
$ date > date.txt
$ cat date.txt
Thu Mar 26 18:37:15 CET 2015
$ pwd >> date.txt
$ cat date.txt
Thu Mar 26 18:37:15 CET 2015
/home/stefan
$ cut -d' ' -f 4 < date.txt
18:37:15 /home/stefan
```

Möchte man die Ausgabe eines Kommandos mit der Eingabe eines anderen Kommandos direkt verknüpfen, kann man / verwenden, die sog. **Pipe.** Damit können auch mehrere Kommandos verknüpft und als sog. Filter verwendet werden, wie Listing 3.7 zeigt.

Listing 3.7 Typische Beispiele für die Verwendung der *Pipe* in einer Shell

```
$ date | wc
      1       6      29
$ ls -l | grep "\^{}d"
drwxr-x---  5 stefan users   4096 2015-03-20 11:32 bin
drwxr-x---  5 stefan users   4096 2015-03-20 11:35 tmp
$ find . -name "*.dat" | tee dat-files.txt
...
```

3.3 Benutzer und Prozesse

Linux ist ein Multiuser- und Multitasking-Betriebssystem. Es können also mehrere Benutzer und Programme gleichzeitig darauf arbeiten. Natürlich gibt es meist mehr laufende Programme (sog. Prozesse) als CPU-Kerne. Das Betriebssystem (genauer: der Scheduler) übernimmt also die Aufgabe, die Prozesse der einzelnen Benutzer gerecht auf die verfügbaren Ressourcen zu verteilen.

3.3.1 Benutzerverwaltung

Jeder Benutzer eines Linux-Systems besitzt einen sog. Account, der aus einem Login und einem Passwort besteht. Mit diesem meldet man sich an einem Rechner an. Ein spezieller Benutzer ist der Administrator, unter Linux typischerweise „root" genannt (nicht zu verwechseln mit der Wurzel eines Dateisystems). Dieser darf (lokal) auf alle Daten zugreifen, sollte also aus Sicherheitsgründen nur zu Administrationszwecken verwendet werden. Dadurch ist gewährleistet, dass normale Benutzer keine system-relevanten Dateien verändern können. Das erhöht nicht nur die Stabilität eines Systems, sondern gibt auch dem unerfahrenen Benutzer das Vertrauen, einen Rechner nicht „kaputt" machen zu können.

Intern wird jedem Benutzer eine eindeutige Benutzernummer UID *(user id)* sowie ein Home-Verzeichnis und eine Login-Shell zugeordnet. Außerdem kennt das Betriebssystem auch Gruppen, die mehrere Benutzer zusammenfassen. Dies wurde bereits bei den Zugriffsrechten in Abschn. 3.2.3 beschrieben.

Auch für die Benutzerverwaltung gibt es einige Shell-Kommandos, die in Tab. A.3 zu finden sind.

3.3.2 Prozesse

Ein Prozess ist, vereinfacht ausgedrückt, ein laufendes Programm. Jedes Programm, das gestartet wird, erzeugt also mindestens einen Prozess. Natürlich gibt es auch Systemprozesse oder Kernel-Prozesse, die sich um bestimmte Administrationsaufgaben kümmern. Hervorzuheben sind hier die sog. Dämonen *(deamons)* Prozesse, die sich um wichtige Systemdienste kümmern.

Ein Programm kann dabei ein Skript oder eine Binärdatei sein. Wichtig ist, dass die Datei ausführbar sein muss. Um ein Programm zu starten (d. h. einen Prozess zu erzeugen), muss die Shell die Datei aber zunächst einmal finden. Hier gibt es bestimmte Verzeichnisse, die typischerweise *bin* heißen (bzw. *sbin* für Systemprogramme). Der Pfad, in dem die Shell nach Programmen sucht, wird durch die Umgebungsvariable *PATH* festgelegt. Wenn man selbst Programme schreibt, ist es sinnvoll, das aktuelle Verzeichnis im Pfad zu haben (s. Aufgabe 3.2). Ansonsten muß man ein ./ vor das Programm setzen, um es auszuführen.

Jeder Prozess hat eine eindeutige Nummer PID *(process id)* und ist einem Benutzer zugeordnet. Das ist meist der Benutzer, der den Prozess gestartet hat. Daneben hat jeder Prozess noch einen sog. Nice-Wert, der die Priorität des Prozesses angibt und einen Status.

Der **Nice-Wert** ist eine Möglichkeit für den Benutzer, bestimmten Prozessen eine höhere Priorität zu geben. Genauer gesagt, beeinflusst der Nice-Wert, wie viel CPU-Zeit ein Prozess vom Scheduler anteilig erhält. Die möglichen Werte sind -19 bis $+19$, wobei -19 für maximale Bevorzugung steht. Den Nice-Wert kann man direkt beim Starten eines Programms mit dem Kommando *nice* angeben. Andernfalls ist der Wert 0. Benutzer dürfen den Nice-Wert aus verständlichen Gründen nur erhöhen, die Priorität ihrer Prozesse also nur verringern.

Tab. 3.6 Zustände von Prozessen unter Linux

Status	Kurzform	Bedeutung
Running	R	Laufender Prozess
Sleep	S	Schlafender Prozess
Stopped	T	Angehaltener Prozess
Wait	D	Wartender Prozess (z. B. auf Festplatte)
Zombie	Z	(Un-)Toter Prozess (nicht korrekt beendet)

Tab. 3.6 zeigt, welchen Status ein Prozess annehmen kann. Wie bereits gesehen, kann ein Prozess mit dem Kommando *kill* beendet werden. Genauer gesagt, schickt man damit dem Prozess ein Signal SIGTERM, sodass er sich selbst beenden kann. Daneben gibt es auch noch das Signal SIGKILL, das den Prozess sofort beendet, d. h., dem Prozess wird keine Gelegenheit mehr gegeben, sich selbst zu beenden. Mit den Signalen SIGSTOP und SIGCONT kann man jederzeit Prozesse anhalten (Zustand „T") und weiter laufen lassen. Diese Signale kann man auch mit *kill* schicken, indem man das Signal (bzw. dessen Nummer) als Option von *kill* angibt. Also schickt z. B. *kill -s SIGKILL 1234* dem Prozess mit der PID 1234 das Signal SIGKILL.

Tab. A.4 im Anhang zeigt die wichtigsten Befehle für Prozesse. In Abb. 3.2 ist z. B. die Ausgabe des Befehls *top* auf einem Standardrechner zu sehen. Hier erhält man auch einen guten Überblick über wichtige Systeminformationen und alle Prozesse.

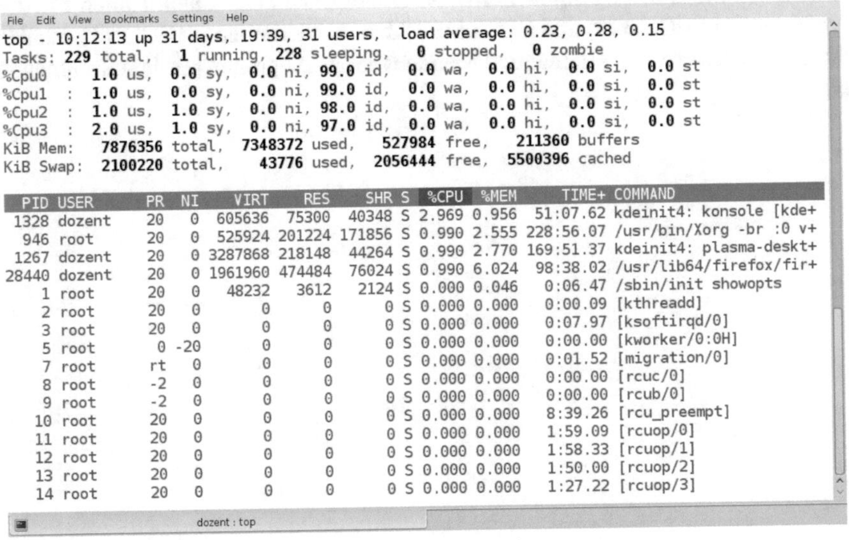

Abb. 3.2 Typische Ausgabe des Kommandos *top* in einem Terminal

Aufgaben

3.1 Öffnen Sie ein Terminal auf Ihrem Linux-System. Ändern Sie die Umgebungsvariable *PS1* und speichern Sie das aktuelle Datum in der Variable *DATE*.

3.2 Wie sieht bei Ihnen die Umgebungsvariable *PATH* aus? Ändern Sie diese Variable, damit auch im jeweils aktuellen Pfad gesucht wird.

3.3 Erklären Sie die Ausgabe des Kommandos *ls -l*.

3.4 Verwenden Sie die Kommandos *mkdir, cd, cp, rm* und *rmdir*, um ein Verzeichnis anzulegen, dort Dateien zu kopieren und zu löschen und am Ende aufzuräumen.

3.5 Erklären Sie den Unterschied zwischen *cd tmp* und *cd /tmp*. Was machen die Kommandos *cd ..* und *cd ˜*?

3.6 Mit dem Kommando *chmod* kann man die Zugriffsrechte von Dateien ändern. Erklären Sie die Syntax dazu und probieren Sie es aus.

3.7 Welche Informationen zeigt das Programm *top* in den Kopfzeilen? Was geben die Spalten an?

3.8 Starten Sie das Programm *firefox* im Hintergrund einer Shell. Halten Sie das Programm an (SIGSTOP) und lassen Sie es dann weiterlaufen (SIGCONT). Finden Sie die PID des Prozesses heraus und beenden Sie das Programm mit dem Kommando *kill*.

Teil II
Programmieren und Datenverarbeitung

Programmieren in C

4

Inhaltsverzeichnis

Ein wichtiger Teil der Computerphysik ist die Implementierung eines Programmes, d. h. das Programmieren selbst. Es gibt zwar Simulationspakete und Umgebungen, die spezielle Probleme ohne Programmierung lösen können, aber erst mit der Programmierung besteht die Möglichkeit, eigene Probleme zu implementieren und zu lösen.

Es gibt heute weit über 100 Programmiersprachen. Daher stellt sich die Frage, welche Programmiersprache man nehmen sollte. Empfohlen wird zunächst einmal die Programmiersprache, die man kennt. Das Umsetzen eines Algorithmus in ein lauffähiges Programm verlangt vom Autor gute Kenntnisse der Programmiersprache und Erfahrung, um typische Fehler zu vermeiden. Natürlich spielt auch die Eignung der Programmiersprache eine Rolle. Soll eine Idee ausprobiert werden, ist eine einfache und flexible Sprache erforderlich. Für aufwendige numerische Berechnungen muss jedoch auf besonders optimierte Sprachen zurückgegriffen werden. In der Wissenschaft ist beides wichtig. Es werden dort daher einerseits flexible Sprachen wie Python oder *Mathematica*, aber auch hochperformante Sprachen wie C oder Fortran verwendet. In Abb. 4.1 ist die chronologische Entwicklung der wichtigsten wissenschaftlichen Programmiersprachen wiedergegeben.

In diesem Buch werden die Programmiersprachen C und Python verwendet. C gehört schon seit einigen Jahrzehnten zu den am weitesten verbreiteten Programmiersprachen. Anders als Fortran wird C auch außerhalb der Wissenschaft verwendet, z. B. für Betriebssysteme oder Standardanwendungen. Die Performance-Unterschiede von C und Fortran sind jedoch marginal.

© Springer-Verlag GmbH Deutschland, ein Teil von Springer Nature 2019
S. Gerlach, *Computerphysik*, https://doi.org/10.1007/978-3-662-59246-5_4

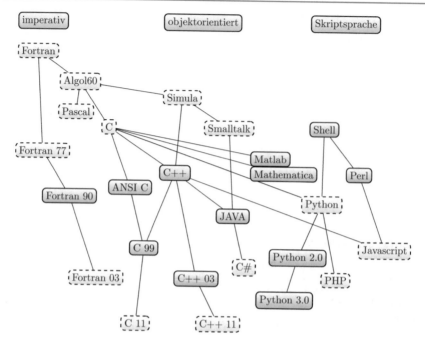

Abb. 4.1 Entwicklung der wichtigsten, für die wissenschaftliche Programmierung verwendeten Programmiersprachen

Der Nachteil von C im Vergleich zu Python ist, dass es sich bei C um eine etwas in die Jahre gekommene Programmiersprache handelt, die ursprünglich nur für Betriebssysteme konzipiert war. In der Wissenschaft wird daher oft auch die modernere (Skript-)Sprache Python verwendet (s. Kap. 5).

Wir beginnen nun zunächst mit den Grundlagen der Programmierung, ehe wir uns den Details der Programmiersprache C zuwenden.

4.1 Grundlagen der Programmierung

Man kann Programmiersprachen grob in Skriptsprachen und kompilierte Sprachen einteilen. Skriptsprachen benötigen einen Interpreter, der die Skripte sequenziell ausführt. Beispiele sind BASH-Skript, Python und Perl. Kompilierte Sprachen dagegen benötigen einen Compiler, der den Quellcode in ein Maschinen-ausführbares Programm übersetzt. Beispiele hierfür sind die Sprachen C, C++ und Fortran. Für jede kompilierte Programmiersprache gibt es Compiler unterschiedlicher Hersteller, die die Sprachspezifikation der Programmiersprachen umsetzen. Die einzelnen Compiler unterscheiden sich dabei anhand von Optionen und unterstützten Sprachfunktionen bzw. -erweiterungen.

Daneben kann man Programmiersprachen auch in imperative und objektorientierte Sprachen einteilen. Imperative Sprachen arbeiten mit Variablen und Anweisungen, objektorientierte Sprachen mit Objekten und Methoden. Objektorientierung bietet hauptsächlich bei größeren Projekten Vorteile, wir werden diese deshalb hier nicht verwenden.

Programmieren kann man grob als das Umsetzen eines Algorithmus in die Programmiersprache seiner Wahl beschreiben. Man schreibt daher ein oder mehrere Skripte bzw. Quelltexte in der Syntax der Programmiersprache, die man als den Quellcode zusammenfassen kann. Neben dem Schreiben des Quelltextes gehört natürlich auch die Planung und das Testen des Programms zur Aufgabe des Programmierers, was man unter dem Begriff *Software Engineering* zusammenfasst.

4.1.1   Software Engineering

Bevor man anfängt ein Programm zu schreiben, sollte man sich einige Gedanken über das Projekt machen. Sofort mit der Programmierung zu beginnen, ist ein beliebter Anfängerfehler. Man wird sehr schnell feststellen, dass eine sorgfältige Planung am Ende viel Zeit und Nerven spart. Besonders Projekte, an denen mehrere Entwickler arbeiten bzw. die über längere Zeit gepflegt/erweitert werden sollen, sind ohne vorherige Projektplanung kaum realisierbar. Folgende kurze Auflistung von Punkten, an die man bei einem Programmierprojekt denken sollte.

1. **Flexibel planen**
   - Aufgaben definieren („Input/Output"),
   - Problem abschätzen (Aufwand, Ressourcen),
   - verfügbare Software und Bibliotheken suchen,
   - Algorithmen und Datenstrukturen überlegen,
   - bei größeren Projekten:
     - Zeitplan/ z. B. Top-Down-Modell,
     - verteilte Versionsverwaltung (s. Abschn. 4.4.3).
2. **Sauber implementieren**
   - **Programmierstil** einhalten:
     - Einrückung und Klammersetzung,
     - Benennung von Variablen, Funktionen etc. konsistent und aussagekräftig,
     - Datenkapselung (Konstanten, Makros und Funktionen verwenden),
     - Programmfluss optimieren (Logik, Lesbarkeit),
   - Erweiterbarkeit:
     - möglichst allgemein implementieren,
   - Fehler suchen und korrigieren (s. Abschn. 4.4.2):
     - Compiler-Warnungen,
     - Syntaxfehler, Laufzeitfehler, logische Fehler,
   - Dokumentation aller Konstanten, Funktionen und Änderungen.

3. **Testen**
- Spezialfälle ausprobieren (kleine Systeme, bekannte Probleme),
- Parameterbereiche testen,
- Erhaltungsgrößen prüfen.

4.2   Einführung in C

Nun kommen wir zur Einführung in die Syntax der Programmiersprache C. Wir werden sehen, dass der Umfang der Sprache sehr überschaubar ist und innerhalb weniger Wochen gut beherrscht werden kann. Wir werden daher in C innerhalb kurzer Zeit auch kompliziertere Algorithmen sicher programmieren können.

4.2.1   Eigenschaften von C

C wurde bereits in den 1970er-Jahren entwickelt und ist eine imperative, kompilierte Sprache. Sie gehört damit zu den ältesten, heute noch benutzten, höheren Sprachen. Ihrer einfachen Syntax und Flexibilität hat sie zu verdanken, dass sie auch heute zu den am häufigsten verwendeten Programmiersprachen zählt.

Die Sprache C wurde im Jahre 1973 von *Brian Kernighan* (* 1942) und *Dennis Ritchie* (* 1941) entwickelt, um im Folgenden das Betriebssystem UNIX zum ersten Mal portabel mit einer höheren Programmiersprache zu implementieren. Die Spezifikation der Sprache von Kernighan und Ritchie legte auch lange Zeit den Standard „K&R"-C fest.

C wurde in den folgenden Jahren die Standarsprache, in der die meisten Programme unter UNIX geschrieben wurden, ab Anfang der 1980er-Jahre dann auch die GNU-Software. Im Jahre 1989 wurde die Sprache C als „ANSI C" standardisiert. Eine Überarbeitung der Sprache inklusive Verbesserungen und Ideen aus C++ wurde 1999 unter dem Namen C99 veröffentlicht. Inzwischen sind viele Eigenschaften von C auch in anderen Programmiersprachen (JAVA, Python, Matlab-Skript etc.) wiederzufinden. **C++** ist eine Erweiterung von C und unterstützt z. B. Objektorientierung. Der Name „C++" kommt aus der C-Syntax und wird sich später erschließen. Da C++ jedoch sehr komplex und damit für Anfänger fehleranfällig ist, beschränken wir uns auf C.

Ein Großteil der Programme unter Linux (auch unter MacOSX und Windows) sowie auch die Betriebssysteme selbst sind in C programmiert (bzw. in C++). Die Einsatzgebiete von C sind Betriebssysteme und Systemprogramme, aber auch Bibliotheken und Anwendungen. Auch im wissenschaftlichen Bereich hat C/C++ über die Jahre Fortran mehr und mehr verdrängt.

C ist eine kompilierte Sprache. Man benötigt daher einen Compiler, der den Quelltext in ein ausführbares Programm übersetzt. Bekannt sind vor allem die Compiler des GNU-Projektes **GCC** *(GNU compiler collection),* die praktisch überall verfügbar sind. Daneben gibt es aber auch freie Compiler wie Clang vom LLVM-Projekt oder kommerzielle Compiler z. B. von Intel oder PGI. Die einzelnen Compiler unterscheiden sich hinsichtlich der Optionen und unterstützten Sprachmerkmale. Es kann daher nicht schaden, sein Programm auch einmal mit einem anderen Compiler zu übersetzen.

4.2.2 „Hallo Welt!"

Nun ist es Zeit für unser erstes Programm. Wir beginnen mit dem typischen „Hallo Welt!"-Programm, d. h. einem Programm, das einfach den Text „Hallo Welt!" ausgibt. Listing 4.1 zeigt den C-Quelltext *(source code)*. Diesen können wir mit einem beliebigen Text-Editor (z. B. Kate, Vim oder Emacs) anlegen. C-Quelldateien haben typischerweise die Endung .c, d. h., wir speichern den Quellcode in der Datei *hallo.c*.

Listing 4.1 „Hallo Welt!"-Programm in C

```
/* 1. Beispiel: hallo.c */
#include <stdio.h>

int main() {
    printf("Hallo Welt!");

    return 0;
}
```

Nun müssen wir den Quelltext kompilieren, d. h. in ein ausführbares Programm *(executable)* übersetzen. Dafür benötigen wir einen Compiler, z. B. den GNU C-Compiler *gcc*. Der C-Compiler hat, genauso wie die Shell-Kommandos, Optionen, mit denen man das Kompilieren beeinflussen kann. Wir geben hier nur den Namen der Ausgabedatei mit der Option *-o* an und rufen *gcc -o hallo hallo.c* auf. Der Compiler erzeugt dann ein ausführbares Programm *hallo*, das wir wie jedes andere Kommando einfach mit *./hallo* in der Konsole aufrufen können (bzw. mit *hallo*, wenn das aktuelle Verzeichnis im Suchpfad ist).

Der Compiler nimmt uns dabei viel Arbeit ab. Was genau beim Kompilieren geschieht, zeigt Abb. 4.2. Der Präprozessor filtert den Quellcode, der Compiler übersetzt ihn in Assembler-Text und erst der Assembler macht daraus einen ausführbaren Maschinencode. Damit das Programm lauffähig ist, wird es am Ende noch mit den Systembibliotheken verbunden *(linking)*.

Abb. 4.2 Details der Übersetzung eines C-Quelltextes in ein ausführbares Programm

Tab. 4.1 Wichtige
Compiler-Optionen des GNU
C-Compilers

Option	Auswirkung
-o<name>	Name der Ausgabedatei angeben (sonst: a.out)
-Wall	Alle Warnungen ausgeben
-pedantic	Genaues Überprüfen der Syntax aktivieren
-std=<name>	Verwende bestimmten C-Standard (z. B. c89, c99)
-O, -O2, -O3	Compiler-Optimierungen aktivieren
-l<name>	Zusätzliche Bibliothek libname verlinken
-g	Programm mit Debugging-Informationen übersetzen
-p	Profiler verwenden
-fopenmp	OpenMP Unterstützung (s. Abschn. 7.2.2)

Tab. 4.1 zeigt einige wichtige Compiler-Optionen, die vom GNU C-Compiler unterstützt werden. Die vollständige Liste aller Compiler-Optionen ist sehr lang (mehr als 1000 Optionen!) und kann in den entsprechenden Man-Pages nachgelesen werden.

C-Programme sind frei formatierbar, d. h., es ist unerheblich, wie viele Leerzeichen oder Zeilenumbrüche man verwendet. Man sollte sich jedoch an einen guten Programmierstil halten, um die Lesbarkeit zu gewährleisten (s. Abschn. 4.1.1). Ein erfahrener C-Programmierer weiß: Ein Programm wird nur einmal geschrieben, aber viele Male gelesen und verändert.

Der Compiler versucht unter allen Umständen ein lauffähiges Programm zu erzeugen. Es lohnt sich daher, die Warnungen zu lesen und auch damit zu rechnen, dass einige Fehler erst zur Laufzeit auftreten.

4.2.3   „Hallo Welt!"-Programm erklärt

Jedes C-Programm hat eine *main*-Funktion. Diese ist der Startpunkt für das Programm. Alle Zeichen, die zwischen /* und */ stehen, sind Kommentare und werden ignoriert. Mit dem C99-Standard können auch C++-Kommentare (//) verwendet werden, um alle Zeichen bis zum Ende einer Zeile auszukommentieren. Damit lassen sich dann nur einzelne Zeilen auskommentieren. Wir werden für mehrzeiligen Text C-Kommentare und für Einzeiler C++-Kommentare verwenden.

Jede Anweisung wird in C mit einem ; beendet. Anweisungen für den Präprozessor beginnen mit dem Zeichen # (und enden ohne ;). Der Präprozessor hat folgende Aufgaben:

- Kommentare entfernen (/*...*/, //),
- Konstanten im Text ersetzen (#define N 100),
- Einfügen von Konstanten- und Funktionsdefinitionen (#include<stdio.h>),
- bedingte Kompilierung erlauben (s. Listing 4.2).

Listing 4.2 Bedingte Kompilierung mit dem Präprozessor.

```
#ifdef BIG
    a=10;
#else
    a=1;
#fi
```

Mit dem Präprozessor lassen sich globale Konstanten (und auch Makros) definieren, die im Quelltext einfach ersetzt werden. Es ist guter Stil, Konstanten und Makros zu verwenden und diese am Anfang des Programms zu definieren. Damit kann man die Definitionen leicht finden und nachträglich ändern. Um die Konstanten/Makros von Variablen zu unterscheiden, verwendet man (analog zu Shell-Variablen) für den Namen nur Großbuchstaben.

> **Achtung: Makros mit dem Präprozessor**
> Zu beachten ist, dass der Präprozessor eine reine Textersetzung vornimmt, d. h., aus *#define QUAD(x) x*x* wird im Text aus *QUAD(1+1)* dann *1+1*1+1*, was so sicher nicht gewünscht wird. Die korrekte Definition wäre deshalb *#define QUAD(x) ((x)*(x))*.

Die Funktion *printf()* dient in C der formatierten Ausgabe von Text und Variablen. Da diese nicht zur C-Syntax (genauer: zu den Schlüsselwörtern) gehört, müssen wir die **Header-Datei** *stdio.h* mit *#include <stdio.h>* einfügen, in der die Funktion definiert ist. Eine Übersicht über die wichtigsten Funktionen der C-Standardbibliothek und deren Anwendungen findet sich in Anhang B.

4.2.4   C-Variablen und -Operatoren

C gehört zu den Programmiersprachen mit sog. statischer Typisierung. Alle Variablen müssen vor der Benutzung mit einem Datentyp deklariert werden. Das funktioniert wie in Tab. 4.2 gezeigt.

Der Name einer Variablen sollte kurz und aussagekräftig sein. Dies hilft dabei, ein Programm schneller zu verstehen. Nur für Laufvariablen werden häufig einbuchstabige Namen wie i, j etc. verwendet. Natürlich darf man als Variablenname keine der Schlüsselwörter von C wie z. B. *int* einsetzen.

Variablen können durch verschiedene Operatoren verknüpft werden. Diese haben unterschiedliche Prioritäten, d. h., sie werden in einer bestimmten Reihenfolge ausgewertet. Hierbei gelten die üblichen Regeln (Punktrechnung vor Strichrechnung etc.), jedoch sollte man im Zweifel immer (runde) Klammern setzen, um Fehler zu vermeiden. Die wichtigsten Operatoren in C sind:

Tab. 4.2 Definition von Variablen in C

Syntax	Beispiel	Auswirkung
Datentyp Name;	*int i;*	Variable deklarieren
Name= Wert;	*i = 1;*	Wert einer dekl. Variablen festlegen
Datentyp Name= Wert;	*int i = 1;*	Variable dekl. und Wert festlegen
Datentyp Name= Wert,	*int i = 1, j = 2;*	Mehrere Variablen gleichen Typs
Name2= Wert2;		definieren

Tab. 4.3 Verkürzungen von Zuweisungen und Operationen in C

Abkürzung	Beispiel	Langform
+=	*i += 1*	*i = i + 1*
–=	*i –= 1*	*i = i – 1*
*=	*i *= 2*	*i = 2 * i*
/=	*i /= 2*	*i = i/2*
++	*i++*	*i = i + 1*
--	*i--*	*i = i – 1*

- Grundrechenarten (+, -, *, /, %),
- logische Verknüpfungen (&&, ||, !),
- bitweise Verknüpfung (|, &, ^, ~).

Weitere Operatoren werden wir später kennenlernen.

C kennt auch Verkürzungen von Zuweisungen und Operationen, wie in Tab. 4.3 zu sehen. Diese sind sehr praktisch und werden deshalb sehr oft verwendet. Damit sollte jetzt auch der Name „C++" als Erweiterung von C verständlich geworden sein.

4.2.5   Datentypen von C

C unterscheidet zwischen ganzzahligen und Fließkomma *(floating point)*-Zahlen. Ganzzahlige Datentypen sind *char, short, int* und *long* mit den Eigenschaften in Tab. 4.4. Es gibt jeweils eine Version mit Vorzeichen und eine ohne Vorzeichen (also *unsigned char* etc.). Wenn der Speicherverbrauch keine Rolle spielt, z. B. bei Laufvariablen, dann verwendet man meistens den Datentyp *int*. Die Minimal- und Maximalwerte sind als Konstanten in *limits.h* definiert. Im C99-Standard gibt es auch noch einen 8-Byte-Datentyp *long long* bzw. *unsigned long long*, den man aber nur selten benötigt.

Die Größe der ganzzahligen Datentypen ist nicht exakt festgelegt, sondern architekturabhängig. Die exakte Größe erhält man mit dem *sizeof*-Operator, d. h. z. B. *sizeof(int)*. Für ganzzahlige Typen mit fester Größe gibt es im C99-Standard zusätzlich die Typen *int8_t, int16_t, int32_t, int64_t* bzw. vorzeichenlos *uint8_t, uint16_t,*

Tab. 4.4 Ganzzahlige Datentypen in C (s. *limits.h*)

Datentyp	*char*	*short*	*int*	*long*
Größe/Byte	1	2	2 − 4	4 − 8
Typ. Größe/Byte	1	2	4	8
Min. Wert	−128 (CHAR_MIN)	−32768 (SHRT_MIN)	$-2,147 \cdot 10^9$ (INT_MIN)	$-9,22 \cdot 10^{18}$ (LONG_MIN)
Max. Wert	127 (CHAR_MAX)	32767 (SHRT_MAX)	$2,147 \cdot 10^9$ (INT_MAX)	$9,22 \cdot 10^{18}$ (LONG_MAX)
Max. Wert (*unsigned*)	255 (UCHAR_MAX)	65535 (USHRT_MAX)	$4,295 \cdot 10^9$ (UINT_MAX)	$1,845 \cdot 10^{19}$ (ULONG_MAX)

uint32_t, uint64_t. Diese sind in *stdint.h* definiert. Da der Compiler aber mit bestimmten Datengrößen eher umgehen kann, sollte man besser die ganzzahligen Typen mit einer Mindestgröße verwenden, d. h. *int_fast8_t, int_fast16_t, int_fast32_t, int_fast64_t* bzw. *uint_fast8_t, uint_fast16_t, uint_fast32_t, uint_fast64_t*.

Fließkommazahlen gibt es in einfacher und doppelter Genauigkeit als *float* und *double* (s. Abschn. 8.1.1). Eine Fließkommazahl kann man im Quelltext z. B. als *12345.0* oder in wissenschaftlicher Notation mit *1.2345e5/1.2345E5* angeben. Die Werte sind immer vorzeichenbehaftet. Der Datentyp *long double* wird sehr selten verwendet, da eine so hohe Genauigkeit kaum gebraucht wird oder mit speziellen Bibliotheken besser zu realisieren ist. In Tab. 4.5 sind die typischen Eigenschaften der Fließkommazahlen (s. Tab. 8.1) in C wiedergegeben. Die angegebenen Konstanten sind in *float.h* definiert.

In C gibt es zusätzlich einen typenlosen Datentyp names *void*. Dieser wird verwendet, wenn man keinen bzw. einen unbestimmten Datentyp benötigt. Weiterhin lassen sich auch zusammengesetzte Datentypen, sog. Strukturen, definieren. Dazu kommen wir in Abschn. 4.3.2.

Eine Typumwandlung *(casting)* von Variablen in andere Datentypen wird vom Compiler automatisch vorgenommen, ist aber auch explizit mit dem *()*-Operator möglich. Damit lässt sich z. B. die Variable definiert durch *short s=1;* einer Variablen anderen Typs zuweisen: *int a = (int) s;*. Dabei sollte man beachten, dass dadurch

Tab. 4.5 Fließkommadatentypen von C (s. *float.h*)

Datentyp	*float*	*double*	*long double*
Größe/Byte	4	8	10(16)
Min. Wert (Betrag)	$1,2 \cdot 10^{-38}$ (FLT_MIN)	$2,2 \cdot 10^{-308}$ (DBL_MIN)	$1,0 \cdot 10^{-4932}$ (LDBL_MIN)
Max. Wert	$3,4 \cdot 10^{38}$ (FLT_MAX)	$1,8 \cdot 10^{308}$ (DBL_MAX)	$1,1 \cdot 10^{4932}$ (LDBL_MAX)
Genauigkeit	6 Stellen (FLT_DIG)	15 Stellen (DBL_DIG)	18 Stellen (LDBL_DIG)
Fehler	10^{-5} (FLT_EPSILON)	10^{-9} (DBL_EPSILON)	10^{-9} (LDBL_EPSILON)

Informationen (z. B. Genauigkeit) verloren gehen können, bzw. ein Überlauf, d. h. ein Überschreiten des erlaubten Definitionsbereichs, auftreten kann. Es ist daher zu empfehlen, damit sparsam umzugehen.

Variablen sind grundsätzlich nur in dem Block verfügbar, in dem sie definiert wurden. Sie sollten aber auch nur dort definiert werden, wo sie gebraucht werden (Datenkapselung). Der C89-Standard legt fest, dass alle Variablen am Anfang eines Blockes definiert werden müssen. Erst mit dem C99-Standard kann man Variablen überall definieren, was die Übersichtlichkeit sehr erhöhen kann. Wir werden Variablen dann definieren, wenn wir sie brauchen.

Neben den Datentypen gibt es noch zusätzliche Schlüsselwörter, die das Verhalten einer Variablen beeinflussen. Sie werden bei der Definition einer Variablen vor den Datentyp gesetzt. Viele dieser Schlüsselwörter, wie *volatile* und *register* sind heutzutage nicht mehr nötig, da der Compiler sich darum kümmert. Das Schlüsselwort *static* jedoch legt fest, dass eine Variable einen festen Speicherplatz erhält, ihren Wert damit auch beim Verlassen des Blocks behält. Damit können wir z. B. überprüfen, ob eine Funktion zum ersten Mal aufgerufen wird.

4.2.6 Bedingungen

In C gibt es verschiedene Möglichkeiten, Bedingungen abzufragen, also z B. Werte von Variablen zu überprüfen. Die häufigste Methode ist die *if*-Bedingung. Die Syntax zeigen die Beispiele in Listing 4.3. Folgt nach der Abfrage nur eine Anweisung, können die geschweiften Klammern weggelassen werden.

Listing 4.3 Abfragen mit *if* in C

```
// Einfache Abfrage
if (a > 3) {
    printf("a ist größer als 3\n");
}

// Mehrfache Abfragen
if (a > 2) {
    printf("a ist größer als 2\n");
} else if (a > 1) {
    printf(" 2 > a > 1\n");
} else {
    printf(" a <= 1\n");
}
```

Für den Vergleich sind die Operatoren <, <=, >, >= (kleiner, kleiner oder gleich, größer, größer oder gleich) und ==, != (gleich, ungleich) zulässig. Mehrere Bedingungen können mit && (UND) und // (ODER) logisch verknüpft werden. Anstatt eines Vergleichs kann aber auch jeder beliebige Ausdruck verwendet werden. Der nachfolgende Block wird nur dann ausgeführt, wenn der Ausdruck ungleich *0* (FALSCH) ist.

Achtung: Vergleich von Fließkommazahlen
Ein Vergleich von Fließkommazahlen ist wegen der internen Darstellung (s. Abschn. 8.1.2) unzuverlässig und sollte vermieden werden. Anstelle von Bedingungen wie *a > 1.0* sollte daher besser *(a − 1.0) > DBL_EPSILON* verwendet werden bzw. die Funktionen *isgreater(x,y)* oder *isless(x,y)* aus *math.h*.

Für ganzzahlige Typen gibt es noch die *switch*-Bedingung, mit der man mehrere Einzelabfragen übersichtlich zusammenfassen kann. Ein Beispiel für die Syntax zeigt Listing 4.4. Werden in einem Block nach der *case*-Anweisung keine Variablen definiert, können die geschweiften Klammern weggelassen werden. Mehrere *case*-Blöcke können zusammengefasst werden; erst *break* beendet die Bedingung. Trifft keine Bedingung zu, wird die *default*-Anweisung ausgeführt.

Listing 4.4 Prüfen von Bedingungen mit der *switch*-Anweisung

```
switch(a) {
  case 1: {
    printf("a ist gleich 1\n");
  }
  break;
  case 2:
  case 3: {
    printf("a ist 2 oder 3\n");
  }
  break;
  default: {
    printf("a ist irgendetwas anderes\n");
  }
}
```

4.2.7   Schleifen

Die am häufigsten benötigte Art von Schleifen ist die *for*-Schleife über eine feste Anzahl von Iterationen. Ein Beispiel zeigt Listing 4.5. Die Laufvariable startet beim ersten Wert und wird bei jedem Durchlauf um 1 erhöht. Die Schleife wird dann so lange durchlaufen, bis die zweite Bedingung nicht mehr erfüllt ist. Wie bei der *if*-Bedingung, kann man die geschweiften Klammern weglassen, wenn nur eine Anweisung folgt. *for*-Schleifen sind auch mit Fließkommazahlen möglich, jedoch sollte man dabei auf den Vergleich von Fließkommazahlen bei der Abbruchbedingung achten.

Wenn die Anzahl der Durchläufe einer Schleife vorher nicht bekannt ist, kommt entweder die *while*- oder die *do-while*-Schleife zum Einsatz. Dabei wird die Laufvariable in der Schleife geändert. Welche von beiden Varianten man benötigt, hängt davon ab, wann man die Bedingung abfragen möchte. Die *do-while*-Schleife wird mindestens einmal durchlaufen und die Bedingung immer am Ende geprüft, bei der while-Schleife immer am Anfang. In Listing 4.5 gibt es dazu jeweils ein Beispiel.

Listing 4.5 Schleifen in C

```c
int i;
// for-Schleife
for (i=0; i<3; i++) {
    printf("for-Schleife\n");
}

// while-Schleife
while (i<6) {
    printf("while-Schleife\n");
    i++;
}

// do-while-Schleife
do {
    printf("do-while-Schleife\n");
    i++;
} while (i<9);
```

4.2.8   Funktionen

Zur logischen Gliederung eines Programms und Wiederverwendung von Berechnungen sollten unabhängige Teile in Funktionen zusammengefasst werden. Die somit erreichte Modularisierung kann die Pflege und Lesbarkeit eines Programms deutlich verbessern. Jede Funktion hat ihre eigenen Variablen. Benötigte Werte können dabei als Argumente übergeben werden.

Die wichtigste Funktion eines jeden C-Programms, die *main*-Funktion, haben wir schon kennengelernt. Diese erlaubt es, auch Argumente von der Kommandozeile zu übernehmen. Dazu muss man die Syntax erweitern zu *int main(int argc, char *argv[])*

{...}. Die Variable *argc* enthält dann die Anzahl der Argumente, *argv* ist ein Feld von Zeichenketten (s. Abschn. 4.3.1) und enthält die Argumente, auf die man mit *argv[0]*, *argv[1]* etc. zugreifen kann.

Wie man eine eigene Funktion definiert, zeigt Listing 4.6. Die Funktion trägt den Namen *funktion* und übernimmt ein Argument vom Typ *double*. Der Rückgabewert der Funktion ist vom Typ *int*. Die so definierte Funktion können wir danach im Programm beliebig verwenden, indem wir die Funktion mit den erforderlichen Argumenten aufrufen.

Listing 4.6 Eigene Funktion in C

```
int funktion(double a) {
    printf("Argument: %g\n", a);
        return 42;
}

int main() {
        int status = funktion(1.0);
}
```

> **Achtung: Argumente von Funktionen**
> Variablen, die man als Argumente übergibt, werden kopiert, d. h., deren Wert wird nach Verlassen der Funktion der gleiche sein, egal was in der Funktion geschieht. Wir werden später sehen, wie man Variablen an Funktionen übergeben muss, die man in der Funktion ändern möchte.

Wie bereits erwähnt, enthält C nur wenige Schlüsselwörter, und die meisten Anwendungen sind über Funktionen der C-Standardbibliothek realisiert. Die Definitionen dieser Funktionen werden mit den entsprechenden Header-Dateien eingefügt. Zum Beispiel können wir mit *#include <math.h>* alle Mathematikfunktionen (*sin, cos* etc.) im Programm verwenden. Jede Funktion der C-Standardbibliothek ist dabei in der Sektion 3 der Man-Pages dokumentiert. Eine Übersicht über die wichtigsten Funktionen der C-Standardbibliothek befindet sich in Anhang B.

> **Achtung: Verwendung von Mathematikfunktionen**
> Die Funktionen, die in *math.h* definiert sind, sind in einer Bibliothek ausgelagert, und diese muss beim Linken mit angegeben werden. Der Compiler-Aufruf wird damit z. B. zu *gcc -o programm programm.c -lm*.

4.3   C für Fortgeschrittene

Nun haben wir die wichtigsten Grundlagen von C kennengelernt. Im diesem Abschnitt betrachten wir noch die erweiterten Möglichkeiten der Sprache C.

4.3.1   Zeichen(ketten) und Felder

Der ganzzahlige Datentyp *(unsigned) char* wird hauptsächlich verwendet, um Zeichen darzustellen. Da es sich eigentlich um Zahlen handelt, benötigt man eine eineindeutige Zuordnung zwischen Zahlen und Zeichen. Dies ist die sog. ASCII-Tabelle (s. Man-Page *ascii*). Damit kann man bei *char*-Variablen nicht nur Zahlen verwenden, sondern auch einzelne Zeichen. Die Initialisierung *char c = 'A';* (entspricht *char c = 65;*) ist damit möglich.

Möchte man mehrere Variablen eines Typs zusammenfassen, erhält man ein **Feld** *(array)*. Mit *int a[6] = {1,2,3,4,5,6};* definiert man ein Feld namens *a* mit 6 Einträgen, die auf die angegebenen Werte gesetzt werden. Man kann die Größe des Feldes auch weglassen, wenn man ein Feld z. B. mit *int a[] = {1,2,3,4,5,6};* initialisiert, da der Compiler die Anzahl der Elemente selbst erkennt.

Achtung: Zugriff auf Elemente eines Feldes
Der Index eines Feldes in C beginnt bei 0 und nimmt damit die Werte von 0 bis $N - 1$ an, wobei N die Größe des Feldes ist. Auf die einzelnen Werte eines Feldes *a* der Größe N kann man mittels *feld[0], ..., feld[N-1]* zugreifen.

Ein Feld vom Datentyp *char* nennt man eine **Zeichenkette** *(string.)* In C wird eine Zeichenkette mit dem Sonderzeichen \0 abgeschlossen, lässt sich daher z. B. mit *char string[]={'H','a','l','l','o','\0};* initialisieren. Die kürzere Schreibweise *char string[]="Hallo";* ist äquivalent.

Auch mehrdimensionale Felder lassen sich definieren. Damit können wir Matrizen bzw. Tensoren einfach abbilden. Die Syntax lautet z. B. *int a[2][2] = {{1,2},{3,4}};* für eine 2 × 2-Matrix. Der Zugriff auf die Elemente des Feldes ist durch *a[0][0], ..., a[1][1]* möglich, wobei wieder jeder Index bei 0 beginnt.

4.3.2   Zusammengesetzte Datentypen

Die einfachen Datentypen von C sind ausreichend, um alle Probleme zu implementieren. Zur besseren Strukturierung der Daten gibt es aber zusammengesetzte Datentypen, die wir uns im Folgenden anschauen.

enum

Mithilfe von *enum* ist es möglich, einen eigenen Datentyp zu definieren, der eine endliche Menge von Objekten enthält. Der große Vorteil dabei ist, dass man die Objekte mit Namen ansprechen kann und damit eine deutlich bessere Lesbarkeit und Klarheit eines Programms erreichen kann.

Listing 4.7 zeigt, wie man einen Datentyp mit *enum* definiert und verwendet. Die bessere Lesbarkeit ist offensichtlich. Intern arbeitet *enum* mit dem Index, d. h., jedem Objekt wird eine Zahl zugeordnet (*rot=0, gelb=1, blau=2*), weswegen man diese auch in Bedingungen und Schleifen verwenden kann. Man kann mit *typedef* auch einen neuen Datentyp definieren, um die Schreibarbeit zu vereinfachen.

Listing 4.7 Verwendung von *enum* in C

```
enum Farbe{rot, gelb, blau};

enum Farbe f=rot;
/* oder
typedef enum Farbe farbe;
farbe f=rot;
*/

if (f == rot) {
    printf("Farbe ist rot\n");
}

switch(f) {
case rot:
    printf("ROT\n");
    break;
case gelb:
    printf("GELB\n");
    break;
case blau:
    printf("BLAU\n");
    break;
}
```

struct

Um mehrere Variablen mit unterschiedlichen Datentypen zu einem neuen Datentyp zusammenzufassen, gibt es sog. Strukturen. Das Schlüsselwort lautet *struct*. Im Beispiel von Listing 4.8 wird eine Struktur *Student* mit drei Feldern definiert und mit *typedef* zum Datentyp *student*. Bei der Initialisierung gibt man die drei Werte an und kann mittels . auf die einzelnen Felder zugreifen. Mit *struct* lassen sich beliebige, auch komplexere Datenstrukturen abbilden. Dem werden wir später häufig begegnen.

Listing 4.8 Verwendung von *struct* in C

```
struct Student {
   char name[10];
   char vorname[10];
   int alter;
};
typedef struct Student student;

student lisa={ßimpson","Lisa",8};

/* Zugriff auf ein Feld */
printf("Alter: %d\n", lisa.alter);
```

4.3.3 Zeiger

C wurde als Programmiersprache für Betriebssysteme entwickelt. Dabei muss man häufig nicht mit Variablen, sondern direkt mit deren Speicheradressen arbeiten. Die Sprache C bietet deshalb sog. Zeiger *(pointer)*, also Variablen, die eine Speicheradresse enthalten. Damit lassen sich einige Aufgaben sehr elegant umsetzen, z. B.

- Ändern von Daten in Funktionen erlauben (*call by reference*),
- Adresse statt Wert einer Variablen übergeben (spart das Kopieren),
- typloser Zeiger (*void **) für allgemeine Funktionen,
- dynamische Speicherverwaltung (s. Abschn. 4.3.4),
- komplexere Datenstrukturen (s. Abschn. 6.1.1),
- Zeiger auf Funktionen, um Funktionen als Argumente zu verwenden,
- (Rechnen mit Speicheradresse: „Zeigerarithmetik").

Einen Zeiger definiert man in C wie eine normale Variable, indem man dem Datentyp ein * anhängt. Die Deklaration *int* p;* definiert einen Zeiger *p*. Dieser enthält eine Adresse, an der eine Variable vom Typ *int* gespeichert sein soll.

Doch wie greift man auf den Wert zu, wenn man nur die Adresse hat? Dafür gibt es den Dereferenzierungsoperator *, der dem Namen der Variable vorangestellt wird. Den Wert, der an der Adresse *p* gespeichert ist, liefert daher **p*. Auch die Adresse einer Variablen kann man sich beschaffen, indem man den Adressoperator *&* verwendet. *&a* gibt damit die Adresse der Variablen *a* zurück, die man in einem Zeiger speichern kann. Listing 4.9 zeigt dazu ein kleines Beispiel.

Listing 4.9 Zeiger in C

```
int *p;   // p ist ein Zeiger auf einen int-Wert
int a=1, b;

p=&a;     // p enthaelt Adresse von a
b=*p;     // b bekommt Wert an der Adresse p

a=2;

printf("a = %d, b =  %d\n", a, b);
```

Man kann daher statt mit Variablen auch mit deren Adressen arbeiten. Zum Beispiel kann man ein Feld als Argument einer Funktion übergeben, indem man einen Zeiger auf das Feld verwendet. Dieser ist in C aber einfach der Name des Feldes. Listing 4.10 zeigt, wie das funktioniert.

Listing 4.10 Übergeben von Feldern mittels Zeiger in C

```
        printf("%d %d %d\n",a[0],a[1],a[2]);
}

int main() {
        int a[]={1,2,3};

        f(a);
}
```

Zusatzinformation: Zeiger und Strukturen
Auch bei Strukturen verwendet man gerne Zeiger, um nur mit den Adressen zu arbeiten. Der Zugriff auf ein Feld *feld* einer Struktur *a* ist damit über den Zeiger *a* **p* mit *(*p).feld* möglich. Da man dies häufig benötigt, gibt es dafür die Abkürzung *p->feld*.

4.3.4   Dynamische Speicherverwaltung

Bisher kennen wir nur Felder einer festgelegten Größe, die sich später nicht mehr ändern lässt. Man kann daher das Feld nicht vergrößern, falls es zu klein ist, aber auch nicht verkleinern, um z. B. Speicherplatz zu sparen. Mit Zeigern lässt sich jedoch eine dynamische Speicherverwaltung realisieren. Durch dynamische Strukturen wie verkettete Listen, Bäume etc. (s. Abschn. 6.1.1) kann man sogar eine sehr effektive Speichernutzung erreichen, da die einzelnen Objekte nicht mehr linear im Speicher liegen müssen.

Die wichtigsten Funktionen zur dynamischen Speicherverwaltung sind *malloc* und *free* (aus dem Header *stdlib.h*). Damit kann jederzeit Speicher angefordert bzw. freigegeben werden. In Listing 4.11 gibt es dazu ein Beispiel.

Listing 4.11 Dynamische Speicherverwaltung in C

```
#define N 100
double *a;

a = (double *) malloc(N*sizeof(double));
if(a==0) {
    printf("Fehler bei der Speicherreservierung\n");
}

a[99]=1;

free(a);
```

malloc erwartet die Anzahl an Bytes, die man reservieren möchte. Das ist bei einem Feld vom Typ *double* der Größe *N* also *N*sizeof(double)*. *malloc* liefert einen typenlosen Zeiger (*void **) zurück, sodass eine Typenumwandlung erforderlich wird. Das dynamisch erzeugte Feld kann man dann genauso verwenden wie ein normales Feld.

Achtung: Rückgabewert von *malloc*
Wie bei allen Funktionen sollte man den Rückgabewert von *malloc* prüfen. Falls kein Speicher reserviert werden konnte, liefert die Funktion den Wert *0* zurück. Ignoriert man das, führt ein Zugriff auf den Speicher unweigerlich zu Fehlern.

Mithilfe der Funktion *realloc* kann man ein Feld beliebig vergrößern oder verkleinern. Die gespeicherten Werte gehen dabei nicht verloren (beim Verkleinern natürlich nur bis zur neuen Größe).

Mit der Funktion *free(void *)* kann der Speicher wieder freigegeben werden. Ohne Freigabe bleibt der Speicher weiter reserviert und man verursacht ein sog. Speicherleck, d. h. eine Speicherreservierung ohne Nutzen. Das mehrfache Freigeben eines Speicherbereichs führt allerdings zu undefiniertem Verhalten.

4.4   Hilfsmittel für die Programmierung

Beim Programmieren treten immer wieder gleiche Abläufe auf, die man automatisieren sollte. Dafür gibt es Programme, die die meiste Arbeit bei Kompilieren, Fehlersuche und Versionsverwaltung übernehmen. Diese Programme wollen wir in diesem Abschnitt genauer betrachten.

4.4.1 Kompilieren

Das Kompilieren eines Programms wiederholt sich beim Programmieren sehr oft. Bei jeder Änderung muss man das Programm neu übersetzen, um es ausprobieren zu können. Das eigentliche Kommando dafür ändert sich aber nur selten. Von Vorteil wäre es daher, wenn man das Kompilieren automatisieren könnte und z. B. nur neu übersetzt, wenn sich etwas geändert hat. Um das alles zu realisieren, gibt es das Kommando *make*.

Kompilieren mit *make*
make wurde entwickelt, um immer wieder auftretende Arbeiten zu automatisieren. Besonders beim Kompilieren ist *make* daher sehr hilfreich. *make* arbeitet mit sog. Makefiles, die festlegen, was das Programm machen soll. Ist ein Makefile erst einmal erstellt, muss man nur noch *make* aufrufen und alles wird automatisch erledigt.

Ein typisches Makefile ist in Listing 4.12 zu sehen. Der Name des Makefiles sollte immer *Makefile* sein. Eine Anweisung in einem Makefile enthält ein Ziel *(target)* und dessen Abhängigkeiten *(dependencies)*, getrennt durch das Zeichen :. Wenn sich eine Datei, die bei den Abhängigkeiten aufgeführt ist, geändert hat, führt *make* die danach angegebenen Kommandos aus. Zu beachten ist, dass die Zeilen der Kommandos immer mit einem Tabulaturzeichen beginnen müssen.

Listing 4.12 Makefile *Makefile* zum Kompilieren von C-Programmen

```
CC=gcc
all: program1 program2

program1: program1.c
<TAB>    $(CC) -o program1 program1.c
program2: program2.c fun.c fun.h
<TAB>    $(CC) -o $@ program2.c fun.c

clean:
<TAB>    rm -f *.o *~
```

Ruft man *make* mit einem Ziel als Option auf, so wird nur dieses geprüft (ansonsten das Ziel *all*). In Listing 4.12 werden damit beim Aufruf von *make* die beiden Ziele *program1* und *program2* überprüft und gegebenenfalls die angegebenen Kommandos ausgeführt. Die Kommandos sind in dem Fall einfach die Kompilierung des Programms, d. h., ein Programm wird kompiliert, wenn sich mindestens eine Abhängigkeit geändert hat. Also genau das, was wir wollen.

Man kann in Makefiles auch Konstanten definieren (wie z. B. *CC*), um die Lesbarkeit zu verbessern. Auch einige spezielle Variablen sind verfügbar (z. B. *$@* für das aktuelle Ziel).

Auch für andere Aufgaben lässt sich *make* sinnvoll einsetzen, z. B. zum Übersetzen eines -Dokuments. Das nützliche Ziel *clean*, das beim Aufruf von *make clean*
dazu führt, dass temporäre Dateien gelöscht werden, ist gerade dafür sehr sinnvoll.

Zusatzinformation: C-Programme aus mehreren Dateien

Bei größeren Programmen ist es sinnvoll, den Quelltext auf mehrere Dateien aufzuteilen. Wie man
das macht, zeigt das Beispiel in Listing 4.13.
Eine Funktion wird in der Header-Datei *sinc.h* definiert. Die eigentliche Implementierung erfolgt
jedoch in der Datei *sinc.c*. Das *#ifndef/#define*-Konstrukt verhindert Probleme, wenn der Header
später mehrfach eingefügt wird. Dies geschieht zwangsläufig, wenn die Funktion in mehreren
Dateien benötigt wird. Im Hauptprogramm müssen wir dann nur die Header-Datei einfügen (mit
"..." statt *<...>* für eigene Header) und können die Funktion verwenden. Beim Kompilieren müssen
wir natürlich die Datei *sinc.c* berücksichtigen, d. h., wir kompilieren mit *gcc -o program program.c
sinc.c -lm*.

Listing 4.13 C-Programm aus mehreren Quelldateien

```
- - - - - - - - - - -
// sinc.h
#ifndef SINC_H
#define SINC_H

double sinc(double x);

#endif
- - - - - - - - - -
// sinc.c
#include <math.h>

double sinc(double x) {
        return sin(x)/x;
}
- - - - - - - - -
// program.c
#include <stdio.h>
#include "sinc.h"

int main() {
        printf("%g\n", sinc(1.0));
}
- - - - - - - - -
```

4.4.2   Fehlersuche

Das Suchen von Fehlern in einem Programm kann viel Zeit in Anspruch nehmen,
besonders wenn noch die nötige Erfahrung fehlt oder man Programmteile von anderen Programmierern verwendet. Das Suchen und Entfernen von Fehlern *(debugging)*
(ein Fehler in einem Programm wird „Bug" genannt) gehört zu den wichtigsten Aufgaben in der Implementierungs- und Testphase eines Programms.

Programmierfehler lassen sich grob in folgende Kategorien einteilen:

- **Syntaxfehler:** Tippfehler etc.,
- **Laufzeitfehler:** Speicherlecks, falsche Zugriffe und Endlosschleifen,
- **logische Fehler:** falscher Algorithmus oder Designfehler.

Syntaxfehler sind meist unproblematisch, da der Compiler sie erkennt und logische Fehler sind bei guter Planung vermeidbar. Man hat es daher meistens mit Laufzeitfehlern zu tun, die während eines Programmlaufes auftreten. Meist geben schon die Warnungen des Compilers Hinweise auf problematische Teile im Quelltext. Ansonsten kann man das Problem entweder mit der Ausgabe von entsprechenden Variablen eingrenzen oder man bemüht ein Debugging-Programm. Mit diesem lassen sich z. B. Werte von Variablen verfolgen und ein Programm an beliebigen Punkten anhalten. Wir werfen einen Blick auf den weitverbreiteten GNU Debugger (GDB).

GDB

Der GNU Debugger GDB ist ein Kommandozeilenprogramm, mit dem man Laufzeitfehler in einem Programm finden kann. Dazu kann man entweder ein Programm im Debugger laufen lassen oder die Probleme nach einem Absturz analysieren.

Damit der Debugger alle nötigen Informationen in einem Programm findet und anzeigen kann, sollte man das Programm dafür mit der Option *-g* kompilieren, sodass der Compiler die entsprechenden Laufzeitinformationen im Programm einbettet. Diese Option sollte man aber später wieder entfernen, da es die Performance des Programms beeinflussen kann.

Beim Absturz eines Programms kann ein sog. Speicherauszug *(core dump)* in der Datei *core* gespeichert werden. Dazu muss gegebenenfalls der Grenzwert für Speicherauszüge mittels *ulimit -c* erhöht werden. Mithilfe des GDB (Kommando *gdb*) und der Datei *core* lässt sich dann herausfinden, wo das Problem liegt, wie Listing 4.14 zeigt.

Das Programm *test* ist in der Funktion *f* in Zeile 11 im Quellcode mit einem Speicherzugriffsfehler *(segmentation fault)* „abgestürzt". Mit *backtrace* (kurz *bt*) können wir herausfinden, in welcher Reihenfolge die Funktionen aufgerufen wurden. Ein Blick auf die Variablen mittels *ptype* und *print* macht das Problem deutlich: *a* ist ein Integerfeld der Größe 2. Der Zugriff auf *a[2000000]* muss daher fehlschlagen.

Bei größeren Programmen ist es sinnvoll, mit Haltepunkten *(break points)* zu arbeiten. Das Programm wird dann beim Debuggen an dieser Stelle angehalten, und man kann sich einen Überblick über die Werte von Variablen verschaffen. Mithilfe von *break main.c:10* kann man einen Haltepunkt setzen und durch *run* das Programm neu starten. Es läuft dann genau bis zum angegebenen Haltepunkt.

Listing 4.14 Analysieren eines Programmfehlers mittels GDB

```
$ gcc -g -o test test.c
$ ulimit -c 1000
$ ./test
Segmentation fault (core dumped)
$ gdb ./test core
...
Core was generated by './test'.
Program terminated with signal 11, Segmentation fault.
#0   f () at test.c:11
11                    a[2000000]=1;
(gdb) bt
#0   f () at test.c:11
#1   0x00000000004004b6 in main () at test.c:3
(gdb) ptype a
type = int [2]
(gdb) print a
$1 = {0, 0}
```

4.4.3 Versionsverwaltung

Eine Versionsverwaltung ist ein Programm, das Änderungen von Dateien archiviert. Damit kann man alle Änderungen an Dateien nachvollziehen und dokumentieren. Besonders nützlich ist eine Versionsverwaltung dann, wenn mehrere Personen an einem Programm oder einer Veröffentlichung arbeiten.

Die wichtigsten Versionsverwaltungsprogramme sind das ältere CVS, das etablierte Subversion (SVN) und das (relativ) neue und flexible Git. CVS und SVN verwalten ihre Daten in einem zentralen Verzeichnis *(repository)*, Git dagegen arbeitet dezentral. Aufgrund seiner Vielseitigkeit und hohen Verbreitung werden wir im Folgenden Git genauer betrachten.

Git

Git ist ein relativ junges Projekt von Linus Torvalds, das er für die Entwicklung des Linux-Kernels geschaffen hatte. Es ist eine verteilte Versionsverwaltung, d. h., es benötigt keinen zentralen Server; jeder Benutzer hat sein eigenes Repository.

Listing 4.15 zeigt das Anlegen und Verwenden eines lokalen Git-Repositorys. Alle Git-Kommandos werden mit *git <kommando>* aufgerufen. Zu jedem Kommando gibt es eine Man-Page unter dem Namen *git-<kommando>*.

Listing 4.15 Anlegen und Verwenden eines Git-Repositorys

```
$ cd Projekt/
$ git init
Initialized empty Git repository in .git/
$ git add .
$ git commit -m "Projekt angelegt"
Created initial commit b54b31b: initial commit
 3 files changed, 13 insertions(+), 0 deletions(-)
 create mode 100644 core
 create mode 100755 prog
 create mode 100644 prog.c
...
$ git add prog.c
$ git commit -m "Fehler behoben"
```

Mit *git init* legt man ein neues Projekt (bzw. Repository) an. Mit *git add ...* fügt man Dateien hinzu (z. B. alle Dateien im aktuellen Verzeichnis), und mit *git commit* werden die Änderungen in die Versionsverwaltung übernommen.

Wenn man Dateien geändert hat, kann man diese einfach mit *git add ...* hinzufügen und mit *git commit* übernehmen. Welche Dateien sich geändert haben, gibt *git status* an, wobei *git diff* die Änderungen selbst anzeigt. Eine komplette Liste der Versionsgeschichte kann man sich mit *git log* wiedergeben lassen.

Git kennt noch viele weitere Kommandos und Optionen, die man für die Zusammenarbeit mit anderen Repositorys verwenden kann. Aber deren Erläuterung würde hier zu weit führen.

Aufgaben

4.1 Schreiben Sie ein eigenes „Hallo Welt!"-Programm in C, kompilieren und testen Sie es.

4.2 Schreiben Sie ein C-Programm, das die Größe aller **Datentypen** ausgibt.

4.3 Schreiben Sie ein C-Programm, das die Zahlen von 1 bis 42 mit einer *for-*, *while-* und einer *while-do*-Schleife ausgibt.

4.4 Schreiben Sie ein C-Programm, das die **Fakultät** $n!$ einer eingegebenen Zahl n berechnet. Erweitern Sie das Programm, sodass es bei Eingabe der Werte n und k den **Binomialkoeffizienten** $\binom{n}{k}$ berechnet. Achten Sie auf alle Sonderfälle. Ändern Sie das Programm nun so, dass es das **Pascal'sche Dreieck** bis zu einem festen n berechnet und ausgibt.

4.5 Schreiben Sie ein C-Programm, das eine Umrechnungstabelle von Celsius in Fahrenheit und Kelvin für 0 bis 100 Grad Celsius ausgibt.

4.6 Schreiben Sie einen **Makefile,** der automatisch alle bisherigen Programme übersetzt. Legen Sie außerdem ein Git-Repository für das Programmverzeichnis an.

Programmieren in Python

5

Inhaltsverzeichnis

C ist eine gute Programmiersprache für das wissenschaftliche Programmieren. Sie ist schnell und weitverbreitet. Allerdings macht sich ihr Alter und ihr systemnahes Design oft bemerkbar. Gerade für kleine Programme, bei denen Geschwindigkeit keine Rolle spielt, wünscht man sich eine moderne Programmiersprache, mit der man schnell „zum Ziel kommt". Hierfür eignet sich Python perfekt.

Python ist eine moderne Programmiersprache, die auch im Wissenschaftsumfeld inzwischen sehr verbreitet ist. Es handelt sich im Gegensatz zu C und C++ um eine Skriptsprache, die von einem Interpreter (auch interaktiv) ausgeführt wird. Die Rechengeschwindigkeit ist daher zwar geringer, allerdings spielt dies oft kaum eine Rolle, da die Zeit, die man für Entwicklung und Testen benötigt, meistens wichtiger ist. Falls nötig lassen sich aus Python aber auch C-Routinen aufrufen, was bei vielen numerischen Funktionen sinnvoll ist.

Python selbst ist mit Absicht einfach gehalten und trotzdem sehr flexibel einsetzbar. Es eignet sich daher sehr gut als „Einsteigersprache", ist aber auch für professionelle, z. B. wissenschaftliche, Anwendungen gedacht. Realisiert wird dies durch eine Vielzahl an Bibliotheken, die alle wichtigen Strukturen und Algorithmen abdecken. Es lassen sich auch leicht eigene Algorithmen schreiben und testen, was die Entwicklung und Anwendung sehr beschleunigt.

© Springer-Verlag GmbH Deutschland, ein Teil von Springer Nature 2019
S. Gerlach, *Computerphysik*, https://doi.org/10.1007/978-3-662-59246-5_5

5.1   Allgemeine Informationen zu Python

Python ist eine Anfang der 1990er-Jahre von *Guido van Rossum* (* 1956) entwickelte Programmiersprache. Der Name stammt von der britischen Komikertruppe *Monty Python*, deren großer Fan van Rossum ist. Die aktuelle Version ist 3.7, häufig wird aber noch die ältere Version 2.7 verwendet, da es dafür viel Code gibt und diese Version bis 2020 weiter gepflegt wird. Wir werden sehen, dass die Unterschiede zwischen der 2er- und der 3er-Version für uns kaum eine Rolle spielen.

Bei Python wurde besonders auf Einfachheit und Übersichtlichkeit der Sprache geachtet. Die Syntax beschränkt sich auf das Wesentliche, und es gibt nur wenige Schlüsselwörter. Python verwendet eine dynamische Typisierung, d. h., es erkennt automatisch, welcher Datentyp eine Variable benötigt. Außerdem erzwingt Python die Strukturierung des Codes durch Einrücken, wodurch man zu einem sauberen Programmierstil angehalten wird und sich zusätzlich die Anzahl der Klammern reduziert.

Da Python eine relativ moderne Sprache ist, unterstützt es viele Programmier-konzepte, u. a. imperative und funktionale Programmierung, aber auch Objektorien-tierung. Außerdem enthält es mehrere Sammeltypen und viele Bibliotheken, die das Realisieren auch größerer Projekte deutlich vereinfachen. Nun aber zur eigentlichen Programmiersprache.

5.2   Die Programmiersprache Python

Das erste Beispiel soll wieder ein „Hallo Welt"-Programm sein. Interaktiv müssen wir nur *python* (oder *python3*) in einem Terminal aufrufen und *print('Hallo Welt!')* eingeben. Dann erhalten wir die gewünschte Ausgabe. Es gibt sogar einen optimier-ten Kommandozeilen-Interpreter für Python namens IPython, der ein komfortables interaktives Arbeiten ermöglicht.

Wir können aber auch die Anweisung *print('Hallo Welt!')* in einem Skript *hallo.py* speichern und dieses mit *python hallo.py* aufrufen. Die dritte Möglichkeit ist ein ausführbares Skript wie in Listing 5.1, das wir einfach mit *./hallo.py* in einem Ter-minal aufrufen können (nachdem wir es mit *chmod +x ./hallo.py* ausführbar gemacht haben). Dies funktioniert analog wie z. B. bei Bash- oder Gnuplot-Skripten mit der *#!*-Zeile. Alle Zeilen, die mit # beginnen, sind Kommentare und werden ignoriert.

Listing 5.1 Ausführbares „Hallo-Welt" Python-Programm *hallo.py*

```
#!/usr/bin/env python
# 'Hallo Welt' Programm
print('Hallo Welt!')
```

5.2.1 Variablen und Datentypen

Python verwendet eine dynamische Typisierung, d. h., der Datentyp einer Variablen wird automatisch (zur Laufzeit) ermittelt. Wir können Variablen daher einfach benutzen, ohne sie vorher definieren zu müssen. Den verwendeten Datentyp einer Variablen *a* erhält man einfach mit *type(a)*.

Variablen können als Datentypen Wahrheitswerte, ganzzahlige und Fließkommazahlen (auch komplex) sowie sog. Sammeltypen besitzen. Spezielle Konstanten wie beim Präprozessor von C gibt es nicht, aber es ist auch hier guter Programmierstil, Konstanten als Variablen mit groß geschriebenem Namen zu definieren. Mit *ALPHA=42* wird daher eine Variable definiert, die man im Programm als Konstante verwendet. Die verschiedenen Datentypen werden im Folgenden im Detail beschrieben.

Boole'scher Typ

Python kennt, genauso wie C++, einen Boole'schen Typ für Wahrheitswerte namens *bool*. Dieser kann nur die beiden Werte *True* oder *False* annehmen (man beachte die Großschreibung), welche oft verwendet werden, um Bedingungen zu überprüfen.

Logische Verknüpfungen zwischen Boole'schen Variablen lassen sich mit *not* (NICHT), & oder *and* (UND), / oder *or* (ODER) und ∧ (exklusiver ODER) realisieren.

Ganzzahlige Typen

Definiert man eine Variable mit einem ganzzahligen Wert, also z. B. mit *a=42*, so erhält sie automatisch den Integer-Datentyp *int*. Diese Variable hat in Python 2 die Größe 32 bit oder 64 bit (je nach Architektur). Überschreitet der Wert jedoch den Bereich, wird automatisch der Datentyp *long*. Dies ist ein Integer-Typ mit beliebiger Genauigkeit, kann daher (praktisch) beliebig große Werte annehmen. In Python 3 gibt es nur noch einen Integer-Datentyp *int* mit beliebiger Genauigkeit.

Fließkommazahlen

Für Fließkommazahlen gibt es nur den Datentyp *float*. Dieser entspricht typischerweise der doppelt genauen Fließkommazahl (s. Abschn. 8.1.1) und wird verwendet, sobald gebrochenzahlige Werte auftreten, also z. B. durch die Definition *b=42.0*.

Zusätzlich gibt es einen Datentyp für komplexe Zahlen namens *complex*, wobei Real- und Imaginärteil jeweils vom Typ *float* sind.

Operatoren

Python unterstützt die üblichen mathematischen Operatoren für die verschiedenen Datentypen. Tab. 5.1 zeigt eine Übersicht über die wichtigsten Operatoren.

Zu beachten ist, dass der Quotient zweier Integer-Werte in Python 2 einen Integer-Wert ergibt (und damit wie // funktioniert), in Python 3 aber den intuitiveren Fließkommawert.

Tab. 5.1 Wichtige Operatoren und Operationen in Python

Operator	Operation	Beispiel	Ergebnis
+,-,*,/	Summe, Differenz, Produkt, Quotient	2+2, 1.0/2.0	4, 0.5
//	Ganzzahlige Division	10.0//3.0	3.0
**	Potenz	2**10	1024
%	Modulo	10 % 3	1
abs	Betrag	abs(-1)	1
round	Rundung	round(1.5)	2
int	Umwandlung in int	int(1.0)	1
float	Umwandlung in float	float(1)	1.0
complex	Erzeugen einer komplexen Zahl	complex(1,2)	1+2j

Für komplexe Zahlen gibt es zusätzlich die Funktionen *z.real* und *z.imag*, um auf Real- und Imaginärteil von *z* zuzugreifen. *z.conjugate()* liefert z^*, d. h. den komplex konjugierten Wert.

Sammeltypen

Python enthält mehrere Datentypen, um Objekte zu sammeln. Das macht es für den Anfänger zwar zunächst unübersichtlich, allerdings sind diese Typen oft sehr praktisch und werden bald unverzichtbar.

Zunächst haben wir die **Strings,** also Zeichenketten. Listen sind ein Sammeltyp für beliebige Objekte, ganz analog Tupel, die jedoch nicht veränderbar sind. Der Typ *set* bezeichnet eine Menge, also eine ungeordnete Liste von einzigartigen Elementen. Zuletzt gibt es noch sog. Wörterbücher, also eine Liste von Schlüsseln und Werte-paaren für den direkten Zugriff. Tab. 5.2 gibt einen Überblick über die Sammeltypen von Python und deren Verwendung.

Die verschiedenen Datentypen unterstützen unterschiedliche Operatoren. Dabei fasst man Strings, Listen und Tupel zu sog. **Sequenzen** zusammen, da sie viele gemeinsame Operatoren unterstützen. Strings, Mengen und Wörterbücher besitzen jedoch auch weitere, typspezifische Operatoren.

Für den Zugriff auf die Elemente gibt es die eckigen Klammern, wobei der Index, wie in C, bei 0 beginnt. Außerdem ist zu beachten, dass beim Kopieren eines Sammeltyps nur eine Referenz angelegt wird, d. h., das Ändern der Kopie ändert auch

Tab. 5.2 Wichtige Sammeltypen in Python

Datentyp	Beispiel	Merkmal
String	"Hallo"	Folge von Zeichen
Liste	['Hallo', 42, 1.0]	Sortierte Liste von beliebigen Typen
Tupel	('Hallo', 42, 1.0)	Unveränderbare Liste von bel. Typen
Menge	set()	Ungeordnete Liste einmaliger Objekte
Wörterbuch	{'a':1,'b':2,'c':3}	Zuordnung von Schlüssel und Werten

Tab. 5.3 Wichtige
Operatoren von Sammeltypen

Operator	Datentyp	Beispiel
[]	Sequenzen	a[0]=1
+	Sequenzen	(1,2)+(3,4)
*	Sequenzen	'Hallo'*4
len()	Alle	len(set([1,2,3,4]))
min(), max()	Alle	max('a':1,'b':2)

das Original. Möchte man das verhindern, so muss man einen sog. **Slice** verwenden. Das ist eine Teilliste, die mit *[a:b]* erzeugt wird. *a* und *b* sind Anfang und Ende der Teilliste und können leer sein. Dann werden Anfang bzw. Ende der Liste genommen. Listing 5.2 zeigt das Kopieren von Listen am Beispiel. Tab. 5.3 gibt einen Überblick über wichtige Operatoren bei Sammeltypen.

Listing 5.2 Kopieren von Listen in Python

```
liste  = [1,2,3]
liste2 = liste
liste3 = liste[:]
liste2 += [4]
liste3 += [5]
print liste
# [1,2,3,4]
print liste2
# [1,2,3,4]
print liste3
# [1,2,3,5]
```

Das Paket **NumPy** stellt noch weitere, für wissenschaftliche Programmierung wichtige Datentypen zur Verfügung. Diese werden wir uns in Abschn. 6.1 anschauen.

5.2.2 Kontrollstrukturen

Bei den Kontrollstrukturen sind zwei wichtige Konzepte von Python wiederzufinden. Einerseits gibt es nur wenige Konstrukte, man beschränkt sich auf das Nötige, andererseits verzichtet man auf Klammern, indem man alle Blöcke durch Einrückung kennzeichnet.

Um Bedingungen zu überprüfen, gibt es nur eine Möglichkeit: die *if*-Anweisung. Auf eine zusätzliche *switch*-Anweisung wie in C wurde bewusst verzichtet. Listing 5.3 zeigt beispielhaft eine *if*-Abfrage. Wie man sieht, kann man mit *elif* zusätzliche Bedingungen prüfen und mit *else* alle restlichen Fälle. Diese Abfragen sind aber optional, können daher weggelassen werden.

Listing 5.3 *if*-Anweisung in Python (inkl. *elif* und *else*) am Beispiel

```
if a<0:
    print("Fehler")
elif a==0:
    print("OK")
elif a==1:
    print("Knapp daneben")
else:
    print("Zu viel")
```

Als Vergleichsoperatoren gibt es neben den gleichen Operatoren wie in C noch *is* und *is not*, um Gleichheit/Ungleichheit der Objekte (und nicht Werte) zu überprüfen. Mehrere Bedingungen lassen sich mit den Schlüsselwörtern *and* und *or* logisch verknüpfen. Interessanterweise gibt es auch eine aus der Mathematik bekannte Schreibweise wie z. B. *0 <= x < 1* als Kurzform für *x >= 0 and x < 1*, was die Lesbarkeit deutlich erhöht.

Um eine Schleife mit einer festen Anzahl an Durchläufen zu realisieren, gibt es genauso wie in C eine *for*-Schleife. Dafür brauchen wir eine Liste von Werten (bzw. eine Sequenz), die die angegebene Laufvariable annimmt. Diese Liste lässt sich einfach mit *range(start,ende,schritt)* erzeugen, wobei *start* der Anfangs-, *ende* der Endwert und *schritt* die Schrittweite ist. Wird die Schrittweite weggelassen, läuft die Schleife über alle Werte von *start* bis *ende*. Der nachfolgende, eingerückte Block wird entsprechend oft ausgeführt. Neben *range* gibt es auch noch eine *xrange*-Funktion, bei der jedoch, um Speicherplatz zu sparen, keine Liste angelegt wird.

Da eine *for*-Schleife über beliebige Sequenzen laufen kann, gibt es neben *range* bzw. *xrange* noch die *enumerate*-Funktion, die zusätzlich einen Index erzeugt. Dieser Index startet wieder bei 0 (s. dazu das Beispiel in Listing 5.4).

Die zweite Möglichkeit für eine Schleife (diesmal mit einer vorher nicht bekannten Anzahl an Durchläufen) ist die *while*-Schleife. Die Laufvariable wird hier beim Durchlauf verändert und die Schleife abgebrochen, sobald die Bedingung nicht mehr erfüllt ist. Das funktioniert damit analog zur *while-do*-Schleife in C. Listing 5.4 zeigt eine *for*-Schleife mit *range* und *enumerate* sowie eine *while*-Schleife am Beispiel.

Listing 5.4 *for*- und *while*-Schleife in Python am Beispiel

```
for i in range(1,10):
    print(i)

for i,v in enumerate(['a','b','c']):
    print('%d:%s' % (i,v))

a=2
while a<10:
    print(a)
    a = a*2
```

5.2.3   Funktionen

Es gehört zu einem guten Programmierstil, dass man unabhängige Blöcke eines Programms zu einer Funktion zusammenfasst. Das erhöht nicht nur die Lesbarkeit, sondern auch die Strukturierung und Wiederverwendung des Quellcodes.

In Python lassen sich Funktionen mit *def* definieren. Die Argumente folgen dem Namen in runden Klammern, genauso wie in C. In Python können die Argumente allerdings Standardwerte besitzen, sodass man diese beim Aufruf weglassen kann. Eine Funktion definiert mit *def f(a,b=0)* kann man daher sowohl mit *f(x,y)*, als auch mit *f(x)* aufrufen, wobei dann der zweite Wert automatisch 0 ist. Mit *return* kann die Funktion Werte zurückgeben. In Listing 5.5 gibt es dazu ein Beispiel.

Listing 5.5 Definition einer Funktion und deren Verwendung in Python am Beispiel

```
from math import sin

def sinc(x):
    if x==0:
        return 1

    return sin(x)/x

print sinc(0)
print sinc(1)
```

5.3   Python-Bibliotheken

Wie bereits erwähnt, stellt Python selbst nur eine sehr übersichtliche Anzahl an Funktionen zur Verfügung. Es gibt jedoch eine Vielzahl an sog. Modulen, die die Funktionalität der Sprache erweitern. Das heißt, alle in Modulen verfügbaren Funktionen müssen vor der Verwendung importiert werden. Das haben wir schon in Listing 5.5 gesehen.

Beim Einbinden von Funktionen gibt es zwei Möglichkeiten. Wir können mit *import module* ein ganzes Modul einbinden, oder mit *from module import funktion1, funktion2* nur einzelne Funktionen aus einem Modul. Importiert man das ganze Modul, erhalten alle Funktionen den Namen des Moduls als Vorsatz bzw. einen Alias, wenn man ihm beim Import einen Aliasnamen mit *import module as alias* gibt. Listing 5.6 zeigt den Import von Modulen und die Verwendung der Funktionen.

Listing 5.6 Import und Verwendung von Modulen in Python am Beispiel

```
import time
from math import sin,cos

print(time.ctime())
print(sin(1),cos(1))
```

Tab. 5.4 Überblick über wichtige Python-Module

Modul	Funktionen (Auswahl)	Anwendung
os	name, nice, system	Betriebssystemfunktionen
	curdir, chdir, tmpfile	Dateisystemfunktionen
getopt		Kommandozeilenparameter
time	clock, ctime	Rechnen mit Zeit
datetime	date, today	Datum und Zeit
math	e, pi	Mathematische Konstanten
	sin, cos, asin, sinh	Trigonometrische Funktionen
	pow, sqrt, exp, log	Sonstige mathematische Funktionen
cmath	exp, polar, phase	Math. Funktionen komplexer Zahlen
numpy, scipy		Wissenschaftl. Funktionen (Kap. 6)
random	seed, random, randint	Zufallszahlen (Kap. 12)
pylab		Darstellung von Daten (Abschn. 6.2.3)

Ist ein Modul importiert, kann man sich mit *help(modul)* die eingebaute Hilfe des Moduls ausgeben lassen. *dir(modul)* gibt alle Funktionen eines Moduls aus. Tab. 5.4 enthält einen Überblick über die wichtigsten Module und Funktionen. Die für wissenschaftliche Programmierung gedachten Module NumPy und SciPy werden wir uns in Kap. 6 genauer anschauen. Eine weitere, für uns sehr hilfreiche Bibliothek, ist **matplotlib** (Modul pylab) für die grafische Darstellung von Daten (s. Abschn. 6.2.3).

Aufgaben

5.1 Schreiben Sie ein Python-Programm, das eine Umrechnungstabelle von Celsius in Fahrenheit und Kelvin für 0 bis 100 Grad Celsius ausgibt.

5.2 Schreiben Sie ein Python-Programm, das die Differenz zwischen zwei **Zeiten** (z. B. 12:34:12 und 13:17:12) berechnet und ausgibt.

5.3 Schreiben Sie ein Python-Programm, das eine binäre Zahl in eine Dezimalzahl umrechnet. Erweitern Sie das Programm auch für die umgekehrte Umrechnung.

5.4 Vektoren und Matrizen

a) Schreiben Sie ein Python-Programm, das den **Betrag** eines reellen Vektors $\begin{pmatrix} x \\ y \\ z \end{pmatrix}$ berechnet und den normierten Vektor ausgibt.

b) Erweitern Sie das Programm, sodass es den **Winkel** zwischen zwei Vektoren berechnet.

c) Erweitern Sie das Programm, sodass es einen Vektor um einen beliebigen Winkel und eine der drei Hauptachsen dreht. Überprüfen Sie das Ergebnis, indem Sie den Winkel zwischen den ursprünglichen und dem gedrehten Vektor berechnen.

Wissenschaftliches Rechnen 6

Inhaltsverzeichnis

Das wissenschaftliche Rechnen *(scientific computing)* beschäftigt sich mit Techniken für die Umsetzung eines wissenschaftlichen bzw. mathematischen Problems auf dem Computer. Dabei werden Methoden der Informatik, insbesondere für die Programmierung und Datenverarbeitung, angewendet, um Modelle und Algorithmen zu entwickeln und damit naturwissenschaftliche Simulationen zu realisieren.

Die ersten beiden Abschnitte befassen sich mit der wissenschaftlichen Programmierung und den Methoden zur Datenauswertung und -darstellung. Danach werden sog. integrierte Umgebungen und die Grundlagen für den Datenaustausch besprochen.

6.1 Wissenschaftliche Programmierung

Bei der wissenschaftlichen Programmierung geht es vor allem darum, ein wissenschaftliches Problem in ein Programm umzusetzen. Dabei ist es nötig, das Problem für den Computer zu übersetzen, d. h. einen Algorithmus zu finden, der das Problem lösen kann, und diesen in einer geeigneten Programmiersprache zu implementieren.

Die meisten Algorithmen zur Lösung von physikalischen Problemen sind der Numerischen Mathematik (Numerik) zuzuordnen. Die Standardalgorithmen treten dabei immer wieder auf und sind deshalb in zahlreichen, optimierten Programmierbibliotheken implementiert. Bei der Implementierung eines Problems ist man natürlich auf die Möglichkeiten (Datenstrukturen, Bibliotheken, Performance) der

© Springer-Verlag GmbH Deutschland, ein Teil von Springer Nature 2019
S. Gerlach, *Computerphysik*, https://doi.org/10.1007/978-3-662-59246-5_6

verwendeten Hard- und Software limitiert. Die wissenschaftliche Programmierung war und ist deshalb immer eine wichtige Triebfeder, um schnellere Computer und bessere Software zu entwickeln. Auch wenn heutzutage ein Desktop-Rechner die Rechenleistung eines Supercomputers von vor 15 Jahren hat, nimmt der Bedarf an Rechenleistung und besseren Algorithmen stetig zu.

6.1.1 Datenstrukturen

Wir beginnen mit einer Übersicht über die wichtigsten Datenstrukturen und deren Realisierung in C und Python. Diese basieren auf den einfachen Datentypen und besitzen damit die gleichen Eigenschaften und Beschränkungen (Überlauf, Genauigkeit etc.).

Komplexe Zahlen

Komplexe Zahlen sind Standardtypen in C (mit dem C99-Standard) und Python. In C ist im Header *complex.h* ein Datentyp *complex* mit der imaginären Einheit *I* definiert, den man intuitiv verwenden kann. In Anhang B.5 sind die komplexen Funktionen von *complex.h* aufgelistet. Listing 6.1 zeigt dazu ein Beispiel.

Listing 6.1 Komplexe Zahlen in C

```
double a=1.0;
complex z, d=2.+I*3.;

z = a + d;

printf("c = %g + %g i\n",creal(z),cimag(z));
```

In Python ist die imaginäre Einheit *1j*. Es wird also einfach das Suffix *j* verwendet, um komplexe Zahlen zu bilden. Mit *z.real* und *z.imag* kann man auf Real- und Imaginärteil zugreifen. Die mathematischen Funktionen für komplexe Zahlen befinden sich im Modul *cmath*.

Vektoren und Matrizen

Für Vektoren in C verwendet man Felder vom Typ *float* oder *double* (s. Abschn. 4.3.1). Bei größeren Vektoren ist es sinnvoll, eine dynamische Speicherverwaltung zu verwenden, da dies eine bessere Ausnutzung des Speichers und oft eine bessere Performance erlaubt.

Matrizen lassen sich in C als mehrdimensionale Felder realisieren. Allerdings benutzt man häufig lieber eindimensionale Felder und berechnet den Index entsprechend. Listing 6.2 zeigt das am Beispiel.

Listing 6.2 Matrizen in C als eindimensionales Feld

```
#define NX 10
#define NY 20

// NXxNY-Matrix
int a[NX*NY];

for(int i=0;i<NX;i++)
for(int j=0;j<NY;j++)
   a[j+NY*i]=0;
```

Da Listen und Tupel in Python für beliebige Datentypen ausgelegt sind, ist deren Effizienz und Performance für numerische Berechnungen ungeeignet. Deshalb gibt es im Modul NumPy ein Feld, bei dem alle Elemente den gleichen Datentyp (z. B. *float* oder *complex*) besitzen. Diese sog. **NumPy-Arrays** bieten eine bequeme Möglichkeit, mit ein- und mehrdimensionalen Feldern numerisch zu arbeiten, wie in Listing 6.3 zu sehen ist. Auf die Elemente von NumPy-Arrays kann man genauso zugreifen, wie es bei Listen möglich ist (s. Abschn. 5.2.1). Außerdem stehen Funktionen zur Verfügung, um Informationen über NumPy-Arrays abzufragen, Teile von Arrays auszuwählen und damit zu arbeiten.

Listing 6.3 Nutzung von NumPy-Arrays in Python

```
>>> from numpy import array
>>> a=array([1,2,3j])
>>> a
array([ 1.+0.j,  2.+0.j,  0.+3.j])
>>> m=array([[1,-1],[2,-2]])
>>> print(m)
[[ 1  -1]
 [ 2  -2]]
>>> m.ndim
2
>>> m.shape
(2, 2)
>>> m.dtype
dtype('int64')
>>> m[0,:]
array([ 1,  -1])
>>> m[:,0]
array([1,  2])
```

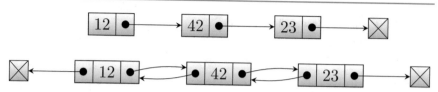

Abb. 6.1 Datenstruktur der einfach- und doppelt-verketteten Liste

Verkettete Listen

Verkettete Listen sind komplexere Datenstrukturen, die eine optimierte Datenspeicherung ermöglichen. Die Daten werden dabei in sog. Knoten *(nodes)* gespeichert, die effektiv im Speicher abgelegt werden können. Verkettete Listen haben folgende Vorteile:

- bessere Ausnutzung des Speichers, da nicht-linear,
- einfaches Einfügen oder Löschen von Einträgen,
- Größe leicht veränderbar, Sortierung möglich.

Der Nachteil ist jedoch ein erhöhter Verwaltungsaufwand.

Typischerweise findet man zwei Arten von verketteten Listen, die einfach-verkettete Liste und die doppelt-verkettete Liste. Wie diese aufgebaut sind, zeigt Abb. 6.1. Die Verbindung der Knoten wird mit Zeigern realisiert, die man einfach „verbiegen" kann, um weitere Elemente einzufügen bzw. zu entfernen. Die entsprechende Implementierung der Datenstruktur für die einfach- und doppelt-verkettete Liste in C ist in Listing 6.4 zu sehen.

Listing 6.4 Implementierung einer einfach- und doppelt-verketteten Liste in C

```
typedef struct snode {
        double value;
        struct snode *next;
} snode;

typedef struct dnode {
        double value;
        struct dnode *prev;
        struct dnode *next;
} dnode;
```

Sonstige Strukturen

- Stapel *(stack):* Bei einem Stapel werden Elemente immer am Ende eingefügt bzw. entfernt *(push/pop)*. Das ist das „*last in – first out*"-Prinzip (LIFO).

- Warteschlange *(queue):* Hier werden Elemente am Ende eingefügt und am Anfang entfernt. Das bedeutet also *„first in – first out"* (FIFO).
- Assoziatives Feld, Wörterbuch, Hash *(dictionary, hash):* Ein assoziatives Feld ist eine Tabelle von sog. Schlüssel-Werte-Paaren. Damit lässt sich ein schneller Datenzugriff realisieren.
- Baum *(tree):* Ein Baum ist eine nichtlineare Struktur, die für eine Suche optimiert ist. Dabei sind die Knoten über eine Baumstruktur verbunden.

6.1.2 Wichtige Algorithmen

Viele physikalische Probleme lassen sich auf Standardalgorithmen der Informatik zurückführen bzw. in diese zerlegen. Aus diesem Grund folgt hier kurz ein Überblick über die wichtigsten Standardalgorithmen.

Suchen

Um ein Element in einer (Daten-)Menge zu finden, gibt es verschiedene Suchalgorithmen. Die einfache (lineare) Suche skaliert linear ($\mathcal{O}(n)$) mit der Anzahl der Elemente, ist daher relativ langsam. Sind die Daten sortiert, kann man mit der binären Suche den Aufwand deutlich verringern ($\mathcal{O}(\log n)$).

Um den Datenzugriff zu beschleunigen, kann man Wörterbücher verwenden oder die Daten sortiert in binären Bäumen speichern. Zum Beispiel benötigt man mit einem optimalen binären Suchbaum mit 10^6 Einträgen nur 20 Schritte, um das gesuchte Element zu finden.

Sortieren

Beim Sortieren sollen Daten in eine gewisse Reihenfolge gebracht werden. Da dabei alle Elemente verglichen und gegebenenfalls vertauscht werden müssen, kann der Aufwand sehr groß werden. Es gibt verschiedene Sortieralgorithmen. Der einfachste ist der *bubble-sort*-Algorithmus, beim dem jeweils zwei Elemente verglichen und bei Bedarf vertauscht werden. Dieser Algorithmus skaliert quadratisch mit der Anzahl der Elemente ($\mathcal{O}(n^2)$), was ihn für große Daten unpraktisch macht.

Besser ist der *quick-sort*-Algorithmus, da dieser im besten Fall mit $\mathcal{O}(n \log n)$ skaliert. Dabei werden die Daten rekursiv in Teillisten zerlegt („teile und herrsche") und diese dann sortiert. Dieser Algorithmus ist in der C-Standardbibliothek im Header *stdlib.h* als qsort zu finden.

Ein ähnlicher Algorithmus ist der *merge-sort*-Algorithmus, bei dem die Daten auch in Teillisten zerlegt werden und diese einzeln sortiert und am Ende wieder zusammengefügt werden. Dessen Aufwand ist immer $\mathcal{O}(n \log n)$ und damit geringer als beim *quick-sort*-Algorithmus. Jedoch besitzt der *merge-sort*-Algorithmus Nachteile beim Speicherverbrauch.

In Python gibt es die Funktion *sort*, mit der man Listen sortieren kann; in NumPy gibt es eine *sort*-Funktion für NumPy-Arrays, bei der man den Sortieralgorithmus auswählen kann.

Rekursion

Rekursion ist eine Methode, bei der sich Funktionen selbst aufrufen. Damit lassen sich bestimmte Algorithmen besonders effektiv implementieren. Der Nachteil ist, dass der Speicherbedarf dabei größer sein kann als bei einem vergleichbaren sequenziellen Algorithmus.

Als Beispiele seien hier die Berechnung der Fakultät (s. Listing 6.5), der *quicksort*-Sortieralgorithmus sowie die Berechung von Binomialkoeffizienten angeführt. In der Informatik findet man rekursive Algorithmen vor allem im Bereich der Künstlichen Intelligenz (KI).

Listing 6.5 C-Funktion zur rekursiven Berechnung der Fakultät

```
int fak(int n) {
    if(n==0) return 1;
    return n*fak(n-1);
}
```

6.1.3 Softwarebibliotheken

Der Einsatz von Softwarebibliotheken stellt eine einfache Möglichkeit dar, eine Vielzahl von Algorithmen und Methoden zu verwenden, ohne sich mit den Details und deren Implementierung beschäftigen zu müssen. Ein weiterer Vorteil ist, dass diese Bibliotheken gut getestet, performant implementiert und dokumentiert sind. Man sollte daher so selten wie möglich „das Rad neu erfinden" und auf bewährte Softwarebibliotheken zurückgreifen.

GMP *(GNU Multiple Precision)*
Die Datentypen von C bieten nur eine begrenzte Genauigkeit und Anzahl an Nachkommastellen (s. Abschn. 4.2.5). Möchte man mit Variablen höherer Genauigkeit oder mit mehr Stellen arbeiten, kann man die Bibliothek GMP verwenden. Neben ganzzahligen und Fließkommazahlen beliebiger Länge und Genauigkeit, bietet diese Bibliothek eine Reihe von Statistikfunktionen, die mit diesen Zahlen arbeiten können. Das Beispiel in Listing 6.6 berechnet die Fakultät einer beliebig großen Zahl.

GSL *(GNU Scientific Library)*
Die GSL ist eine sehr umfangreiche C-Bibliothek, mit vielen numerischen und wissenschaftlichen Standardlösungsverfahren. Hier folgt eine (unvollständige) Liste der wichtigsten Funktionen (s. Kap. 9):

Listing 6.6 Berechnung der Fakultät beliebig großer Zahlen mit der GMP-Bibliothek

```
\begin{lstlisting}
// gcc -o fak fak.c -lgmp
#include <gmp.h>

void fak(int n) {
    mpz_t pro;
    mpz_init(pro);
    mpz_set_ui(pro,1);

    int i;
    for(i=n;i>0;i--)
        mpz_mul_si(pro,pro,i);

    gmp_printf("%Zd\n",pro);
    mpz_clear(pro);
}

int main(int argc, char *argv[]) {
        fak(atoi(argv[1]));

        return 0;
}
```

- spezielle math. Funktionen,
- numerische Integration,
- Regression/nichtlineare Anpassung,
- FFT und andere Transformationen,
- Minimierung/Nullstellensuche,
- numerisches Lösen von Differenzialgleichungen etc.,
- Erzeugung von Zufallszahlen,
- Statistik und Verteilungsfunktionen.

Bei der Implementierung wurde auf Stabilität und Lesbarkeit Wert gelegt, Performance ist eher zweitrangig. Da es sich um eine C-Bibliothek handelt, sind die Funktionen jedoch oft trotzdem sehr performant. Das Beispiel in Listing 6.7 zeigt die Berechnung einer Bessel-Funktion mit der GSL. Viele weitere Beispiele finden sich in der guten Dokumentation der GSL.

Lineare Algebra: BLAS und LAPACK
Ein Großteil der numerischen Probleme lässt sich auf das Gebiet der linearen Algebra zurückführen (s. Kap. 11). Der BLAS *(Basic Linear Algebra Subprograms)*-Standard

ist ein alter Standard für Algorithmen der linearen Algebra und wird in vielen numerischen Bibliotheken implementiert.

Die Funktionen der BLAS-Bibliothek sind in drei Teile gegliedert:

- **Level 1:** Vektor-Vektor-Operationen (Skalarprodukt, Norm etc.),
- **Level 2:** Matrix-Vektor-Operationen (lineare Gleichungssysteme etc.),
- **Level 3:** Matrix-Matrix-Operationen (Matrixprodukt etc.).

Listing 6.7 Berechnung einer Bessel-Funktion mit der GSL-Bibliothek

```
// gcc -o bessel bessel.c -lgsl -lgslcblas
#include <stdio.h>
#include <gsl/gsl_sf_bessel.h>

int main() {
  double x = 1.0;
  printf("J0(%g) = %.9e\n", x, gsl_sf_bessel_J0(x));

  return 0;
}
```

Die Funktionen von BLAS besitzen standardisierte Namen, also z. B. *ddot* für das Skalarprodukt (doppelte Genauigkeit) oder *ztrmm* für das komplexe Matrixprodukt. Der erste Buchstabe einer BLAS-Funktion bestimmt den Datentyp (s. Tab. 6.1). Die genauen Parameter kann man einfach nachschauen, denn für jede BLAS-Funktion gibt eine Man-Page.

LAPACK *(Linear Algebra PACKage)* ist ein Standard für Funktionen zur Lösung von linearen Gleichungssystemen, Ausgleichs- und Eigenwertproblemen. Dieser baut auf den BLAS-Standard auf und bietet eine Vielzahl an Funktionen aus dem Bereich der linearen Algebra. Die BLAS- und LAPACK-Funktionen sind in speziell optimierten Softwarebibliotheken implementiert, z. B. in GSL, OpenBLAS oder der kommerziellen MKL *(Math Kernel Library)* von Intel. Zur Nutzung von Systemen mit verteiltem Speicher (s. Abschn. 7.2) gibt es z. B. die ScaLAPACK-Implementierung. Listing 6.8 zeigt die Verwendung der BLAS-Funktion *zdotc* für das komplexe Skalarprodukt am Beispiel der MKL-Bibliothek in C.

Tab. 6.1 Datentypen von BLAS-Funktionen

Anfangsbuchstabe	Datentyp
s	Reell, einfache Genauigkeit
c	Komplex, einfache Genauigkeit
d	Reell, doppelte Genauigkeit
z	Komplex, doppelte Genauigkeit

Listing 6.8 Berechnung des Skalarprodukts mit der Funktion *zdotc* aus dem BLAS-Standard mit der MKL-Bibliothek

```
// gcc -o zdotc zdotc.c -lmkl_rt
#include <stdio.h>
#include <mkl.h>
#define N 5

int main() {
    int n=N, ia = 1, ib = 1, i;
    MKL_Complex16 a[N], b[N], c;

    for( i = 0; i < N; i++ ){
        a[i].real = i;
        a[i].imag = i;
        b[i].real = (n - i);
        b[i].imag = i;
    }
    zdotc(&c, &n, a, &ia, b, &ib);
    printf("Skalarprodukt: %6.2f + i * %6.2f\n",
        c.real, c.imag);
}
```

6.2 Datenverarbeitung und -darstellung

Ein wichtiger Teil von Computersimulationen, aber auch von analytischen Berechnungen ist die Speicherung und Auswertung der Daten sowie die korrekte Aufarbeitung der Ergebnisse. Natürlich findet dabei meist eine Filterung der Daten und Herausarbeitung mithilfe von statistischen Methoden und geeigneten Transformationen statt. Eine gute Datenverarbeitung ist daher mindestens genauso wichtig wie die Auswahl der numerischen Methoden.

Ein typischer Ablauf folgt dabei dem E-V-A-Prinzip (Eingabe-Verarbeitung-Ausgabe), d. h., Daten werden eingelesen, analysiert und gefiltert und dann ausgewertet und dargestellt. Oft verwendet man für die einzelnen Schritte unterschiedliche Programme. Das hat den Vorteil, dass man die einzelnen Programme jederzeit austauschen und verbessern kann (s. UNIX-Philosophie in Abschn. 2.3.2). Der Nachteil dabei ist jedoch, dass oft viel Handarbeit und die Kenntnis mehrerer Programme notwendig ist. Auch kann es zu „Konvertierungsverlusten" sowie zu Performance-Engpässen kommen, z. B. beim Einlesen von großen Datenmengen.

Ein anderer Ansatz ist die Verwendung von integrierten Umgebungen, d. h. von Programmen, die die Datenerzeugung, -verarbeitung und -darstellung zusammen erlauben. Damit wird sich Abschn. 6.3 beschäftigen.

6.2.1 Datenformate

Für die temporäre oder dauerhafte Speichung von Daten benötigt man ein Medium mit entsprechender Kapazität und Geschwindigkeit. Typischerweise verwendet man dafür Festplatten (lokal oder per Netzwerk) mit einem entsprechenden Dateisystem (s. Abschn. 3.2). Die Daten werden damit also in Dateien gespeichert. Eine wichtige Rolle dabei spielt auch der Datenaustausch, der in Abschn. 6.4 im Detail besprochen wird.

Man unterscheidet grob zwei Dateiformate: Text- und Binärformate. Skripte, Quelltexte und Dokumentationen besitzen ein Textformat (enthalten damit nur lesbare Zeichen). Kompilierte Programme und Bibliotheken liegen im Binärformat vor. Daten können im Textformat oder binär gespeichert werden. Binäre Dateien enthalten dabei die Daten so, wie sie im Speicher abgelegt werden.

Neben dem Inhalt besitzt jede Datei im Dateisystem noch Metainformationen. Dazu gehören der Name, die Größe, die Zeitstempel und die Zugriffsrechte (inklusive Besitzer und Gruppe). Diese Informationen sinnvoll zu nutzen, gehört auch zu einer guten Datenverarbeitung.

Neben den einfachen Textformaten gibt es noch komplexere Datenformate für wissenschaftliche Anwendungen wie NetCDF und HDF5. Diese Formate enthalten Zusatzinformationen, Kommentare, Strukturen und sogar auch Skripte zur weiteren Verarbeitung. Deshalb verwendet man diese gerne, um wissenschaftliche Daten zu verwalten, d h. zu dokumentieren und zu verarbeiten.

Datenkomprimierung

Da Speichermedien eine begrenzte Kapazität besitzen und die Datenübertragung eine begrenzte Bandbreite, spielt die Komprimierung von Daten oft eine wichtige Rolle. Die wichtigsten Programme zur Komprimierung von Dateien unter Linux sind *gzip*, *bzip2* und *xz*. Diese arbeiten sehr ähnlich, verwenden aber unterschiedliche Algorithmen, die schnell eine geringe Komprimierung erlauben *(gzip)* oder langsam mit einer guten Komprimierung sind *(bzip2, xz)*. Komprimierte Dateien erhalten entsprechend der Komprimierung die Endungen *.gz*, *.bz2* oder *.xz*.

Dateien im Textformat lassen sich meist sehr gut komprimieren, da sie nur lesbare Zeichen (z. B. nur Zahlen) enthalten. Eine Verkleinerung der Dateigröße auf 10 % ist dabei nicht untypisch. Listing 6.9 zeigt die Anwendung am Beispiel von *gzip* und *bzip2*. Die Originaldatei wird dabei standardmäßig gelöscht. Viele Programme, wie z. B. der Texteditor Vim, können komprimierte Dateien auch direkt anzeigen. Für andere Kommandos gibt es Alternativen, die diese Fähigkeit mitbringen, wie z. B. *zgrep* und *zcat*.

Listing 6.9 Verwendung von *gzip* und *bzip2* zur Komprimierung von Dateien

```
$ gzip -v data.dat
data.dat:            87.2% -- replaced with data.dat.gz
$ file data.dat.gz
data.dat.gz: gzip compressed data, was "data.dat", ...
$ gzip -d -v data.dat.gz
data.dat.gz:         87.2% -- replaced with data.dat

$ bzip2 -v data.dat
  data.dat: 13.427:1,    0.596 bits/byte, 92.55% saved, ...
$ file data.dat.bz2
data.dat.bz2: bzip2 compressed data, block size = 900k
$ bzip2 -d -v data.dat.bz2
  data.dat.bz2: done
```

Um mehrere Dateien (oder Verzeichnisse) zu einem Archiv zusammenzufassen, gibt es das Programm *tar*. Listing 6.10 zeigt die Verwendung von *tar* am Beispiel. *tar* komprimiert selbst nicht, man kann aber das Archiv mit der Option *-z (gzip)*, *-j (bzip2)* oder *-J (xz)* komprimieren bzw. dekomprimieren. Dateien, die so komprimiert sind, tragen die Endung *.tar.gz*, *.tar.bz2* oder *.tar.xz*.

Listing 6.10 Verwendung von *tar* zur Archivierung von Dateien und Verzeichnissen

```
# Archiv erzeugen:
$ tar cvf daten.tar daten/
daten/
daten/array.c
# Inhalt anschauen:
$ tar tf daten.tar
daten/
daten/array.c
# Archiv auspacken:
$ tar xvf daten.tar
daten/
daten/array.c
# Einzelne Datei extrahieren:
$ tar xf daten.tar array.c
```

Tipp: Praktischer Umgang mit Dateien

- Nicht zu viele kleine Dateien verwenden:
  Ein Dateisystem hat eine feste Blockgröße, d. h., für jede Datei werden
  mindestens 4 kB reserviert. Bei vielen Dateien leidet die Übersicht, und
  viele Operationen wie Suchen und Auflisten dauern sehr lange.
- Nicht zu große Dateien verwenden:
  Heutige Dateisysteme können zwar mit Dateien von TByte-Größe umgehen. Doch lassen sich solche Dateien schwer bearbeiten, da sie nicht in den
  RAM eingelesen werden können. Fallen wirklich solche Datenmengen an,
  ist Komprimierung sehr sinnvoll.
- Größere Datenmengen immer lokal speichern und bearbeiten:
  Das Speichern auf Netzwerkverzeichnissen (bzw. der Zugriff allgemein)
  kann aufgrund der begrenzten Bandbreite und hohen Latenz (Antwortzeit)
  eine Simulation sehr schnell ausbremsen. Je „näher" die Daten an der Verarbeitung gespeichert sind, desto schneller der Zugriff.
- Transparente Komprimierung oft sinnvoll:
  Viele Programme können auch komprimierte Dateien lesen und schreiben.
  Für eigene Programme gibt es Bibliotheken, die Daten transparent kompri-
  mieren/dekomprimieren und damit die Datenverarbeitung beschleunigen
  können.

Komprimierung in C-Programmen

Möchte man eine transparente Komprimierung in einem eigenen Programm verwenden, gibt es dafür C-Bibliotheken. Damit lassen sich Daten direkt im komprimierten
Format lesen und schreiben. Listing 6.11 verwendet die **zlib** und speichert direkt
gzip-komprimierte Daten.

Auch in Python lassen sich komprimierte Daten lesen und schreiben. Für *gzip*-
komprimierte Daten gibt es das Modul *zlib* und für *bzip2*-komprimierte Daten das
Modul *bz2*. Auch ein Modul *tarfile* ist verfügbar, mit dem *tar*-Dateien verwendet
werden können.

6.2.2 Datenauswertung und -darstellung

Viele Programme und Simulationen liefern Daten im Rohformat. Die Kunst der
Datenauswertung ist dann das Herausarbeiten der gewünschten Ergebnisse mittels
statistischer Methoden bzw. durch geeignete Filter- und Transformationsmethoden
sowie die optimale grafische Darstellung.

Listing 6.11 Verwendung der Bibliothek zlib zur Speicherung von komprimierten Daten in einem C-Programm

```
#include <stdio.h>
#include <math.h>
#include <zlib.h>

#define N 10000
#define DX 0.01

int main() {
    gzFile f=gzopen("data.dat.gz","wb");

    int i;
    for(i=0;i<=N;i++) {
        double x=DX*i;
        gzprintf(f,"%g %g\n",x,sin(x));
    }

    gzclose(f);
}
```

Natürlich gibt es nicht nur ein Programm, mit dem man seine Daten auswerten und grafisch aufbereiten („plotten") kann. Die verschiedenen Programme unterscheiden sich in ihrer Bedienbarkeit und der Auswahl an Auswertungs- und Darstellungsmöglichkeiten. Typische Programme enthalten meist eine große Anzahl an Filter- und Transformationsmethoden, die auf die Daten angewendet werden können.

Grundlegende statistische Methoden sowie eine korrekte Fehlerrechnung wird im Praktikum vermittelt, deshalb werden wir nicht weiter darauf eingehen. Im Folgenden zeigen wir daher nur die typischen Programme und Bibliotheken für die Datenauswertung und -darstellung.

Gnuplot

Das Standardprogramm zur grafischen Darstellung von Daten und Funktionen unter Linux ist das Programm Gnuplot. Trotz seines Namens hat es jedoch nichts mit dem GNU-Projekt zu tun.

Gnuplot kann man mit *gnuplot* aufrufen und ist ein reines Kommandozeilenprogramm, d. h., durch Eingabe von Kommandos können Daten verarbeitet und dargestellt werden. Es ist komplett per Skript aufrufbar, wodurch sich eine sehr gute Automatisierung erreichen lässt. Die erzeugten Grafiken können einerseits auf dem Bildschirm dargestellt, andererseits in verschiedenen Formaten gespeichert werden. Listing 6.12 zeigt ein einfaches Gnuplot-Skript zur Darstellung von Funktionen und Speicherung als PDF-Datei.

Listing 6.12 Gnuplot-Skript zur Darstellung von Funktionen

```
#!/usr/bin/gnuplot

set terminal pdf enhanced color
set out "plot.pdf"

set xlabel "x-Achse"
set ylabel "y-Achse"
set key left bottom
set grid
set samples 50
plot [0:2*pi] sin(x) lw 2, cos(x) w lp
```

6.2.3 Matplotlib

Matplotlib ist eine Python-Bibliothek für die grafische Darstellung von Daten. Diese Bibliothek lässt sich sehr komfortabel in Python-Programme integrieren und erlaubt mit dem Modul *pylab* eine einfache Darstellung von Daten aus einem Programm heraus. Auch das Darstellen von dreidimensionalen Daten und Funktionen sowie die Speicherung in verschiedenen Formaten ist einfach möglich. Viele Abbildungen in diesem Buch wurden mit Matplotlib erzeugt.

Listing 6.13 zeigt ein Beispielskript zur Darstellung der Bessel-Funktionen erster Art $J_n(x)$ und Abb. 6.2 die dazugehörende Ausgabe. Die Bessel-Funktionen sind in der Python-Bibliothek SciPy definiert.

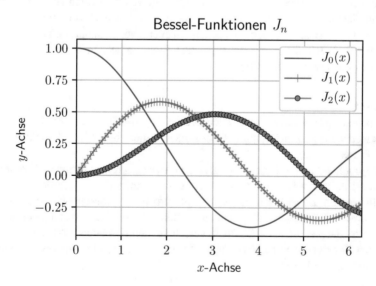

Abb. 6.2 Ausgabe des Python-Skripts in Listing 6.13

Listing 6.13 Python-Skript zur Darstellung der Bessel-Funktionen J_n

```
#!/usr/bin/env python3

import pylab as pl
from numpy import linspace,pi
from scipy.special import jv

x=linspace(0,2*pi,100)
pl.plot(x,jv(0,x),'b-',label="$J_0(x)$")
pl.plot(x,jv(1,x),'g+-',label="$J_1(x)$")
pl.plot(x,jv(2,x),'ro-',label="$J_2(x)$")

pl.title("Bessel-Funktionen $J_n$")
pl.xlabel("$x$-Achse")
pl.ylabel("$y$-Achse")
pl.xlim(0,2*pi)
pl.legend(loc='best')
pl.grid(True)

#pl.show()
pl.savefig('plot.pdf')
```

6.2.4 Weitere Programme

Natürlich gibt es unter Linux auch Programme mit einer grafischen Oberfläche (GUI(Graphical User Interface)), mit denen man seine Daten auswerten und darstellen kann. Neben dem etwas „angestaubten" Grace (Kommando *xmgrace*) gibt es mehrere aktuelle Programme zur Datenauswertung und -darstellung mit einer modernen grafischen Oberfläche unter Linux. Dazu zählen Veusz, Kst, QtiPlot und LabPlot. Abb. 6.3 zeigt eine typische Oberfläche des Programms LabPlot.

Außerdem gibt es einige Programme speziell für die Darstellung von dreidimensionalen Daten. Paraview, MayaVi, VisIt, VMD und POV-Ray gehören zu den bekanntesten. POV-Ray ist ein sog. Raytracer. Er verzichtet dabei auf eine grafische Oberfläche und rendert ein Bild direkt aus einer Szenenbeschreibung, wie z.B. in Prog. 6.14 zu sehen ist. Mittels *povray szene.pov* erzeugt POV-Ray aus der Szenenbeschreibung in *szene.pov* eine Grafikdatei *szene.png*.

GUI-Programmierung

Möchte man in seinem C- oder Python-Programm direkt eine grafische Oberfläche verwenden, gibt es dafür spezielle Bibliotheken, die einen Zugriff auf das Grafiksystem (X-Server) und damit das Darstellen von Fenstern und Widgets erlauben. Am bekanntesten sind die Bibliotheken *(toolkits)* GTK+ (Grundlage von GNOME) und Qt (Grundlage von KDE).

Qt ist eine moderne und gut dokumentierte C++-Bibliothek, d.h., es benutzt z.B. Objektorientierung und bietet neben den grafischen Elementen auch erweiterte Basisklassen und Netzwerkprogrammierung, Datenbanken, XML-Parser etc. an. Qt

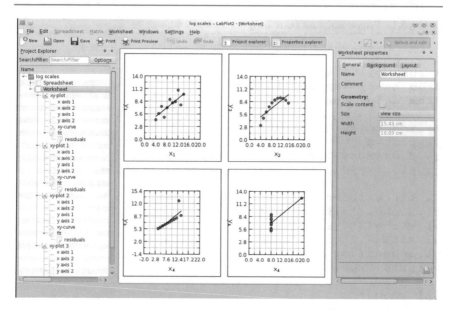

Abb. 6.3 Oberfläche einer typischen Session in LabPlot2

Listing 6.14 Einfache POV-Ray-Szenenbeschreibung *szene.pov*

```
#include "colors.inc"
#include "finish.inc"

camera {
        location <-1, 4, 2>
        look_at <0, 0, 0>
}

light_source {
        <-20, 40, -20>
        color White
}

sphere {
        <0, 1, 0>
        0.5
        pigment {color Blue}
}
```

ist plattformunabhängig, d. h., der gleiche Quellcode lässt sich unter allen unterstützten Plattformen kompilieren und verwenden. Das Beispielprogramm in Listing 6.15
lässt sich mit *qmake -projekt; qmake; make* kompilieren und öffnet beim Starten ein
Fenster, um eine Linie zu zeichnen.

Listing 6.15 Einfaches Beispiel eines C++-Programms, das die Qt-Bibliothek verwendet

```cpp
#include <QApplication>
#include <QWidget>
#include <QPainter>

#define SIZE 500

class MyWidget : public QWidget {
public:
    MyWidget(QWidget *parent = 0) {
        setFixedSize(SIZE,SIZE);
    }
protected:
    void paintEvent(QPaintEvent *event);
};

void MyWidget::paintEvent(QPaintEvent *){
    QPainter painter(this);
    painter.drawLine(50, 50,SIZE-50,SIZE-50);
}

int main(int argc, char *argv[]) {
    QApplication app(argc, argv);
    MyWidget widget;
    widget.show();
    return app.exec();
}
```

Auch in Python lassen sich grafische Oberflächen verwenden. Dafür gibt es u. a. die Bibliotheken PyQt und PyGTK, die man genauso wie in einem C/C++-Programm verwenden kann.

6.3 Integrierte Umgebungen und Computeralgebrasysteme

Die einzelnen Schritte der Datenverarbeitung (Erzeugung, Auswertung und Darstellung) in einem Programm zu kombinieren, ist sicherlich komfortabel. Man verzichtet zwar auf Flexibilität bei den einzelnen Schritten, erhält dafür aber einen einheitlichen Arbeitsablauf. Besonders beim Testen von Ideen oder einfachen Beispielen kann man mit diesen integrierten Umgebungen sehr schnell zum Ziel kommen, ohne sich über Details der Implementierung Gedanken machen zu müssen. Die geringere Performance spielt aufgrund der immer leistungsfähigeren Computer meist keine Rolle.

Bekannt und verbreitet sind die kommerziellen Systeme *Mathematica*®, *Matlab*® und *Maple*®. Diese enthalten jeweils eine eigene Programmiersprache, um Programme zu implementieren, Daten auszuwerten und grafisch aufzubereiten. Immer mehr spielt dabei auch das analytische Lösen von Gleichungen eine Rolle, sodass man von Computeralgebrasystemen (CAS) spricht. Freie Alternativen zu den kommerziellen Systemen, die jedoch oft weniger Möglichkeiten bieten, sind z. B. *Sage, Octave* und *Maxima*. Wir werden hier hauptsächlich *Mathematica* verwenden, da es den größten Funktionsumfang hat. Man kann aber auch jedes andere System verwenden, wenn man die entsprechenden Eigenheiten beachtet.

6.3.1 Mathematica

Mathematica wird seit Mitte der 1980er-Jahre von Wolfram Research entwickelt und läuft auf allen bekannten Plattformen. Regelmäßig erscheinen neue Versionen mit neuen und verbesserten Funktionen.

Mathematica besitzt eine eigene Programmiersprache, die man meist in einer sog. Notebook-Oberfläche verwendet und die auch mathematische Sonderzeichen unterstützt. Die Auswertung bzw. Abarbeitung des Programmcodes erfolgt in der Regel direkt nach der Eingabe über einen Interpreter. Ergebnisse oder Programmierfehler sind damit sofort ersichtlich; interaktives Programmieren ist möglich. Der Programmcode inklusive der Ergebnisse und Plots lässt sich als Datei mit der Endung .nb speichern und ist vom Betriebssystem unabhängig. Es ist aber auch möglich, *Mathematica*-Code ohne grafische Oberfläche zu schreiben und auszuführen oder sogar *Mathematica*-Funktionen in C-Programmen zu verwenden.

Neben Grundrechenarten, Ableitungs- und Integralberechnungen, dem Lösen von Gleichungssystemen, Matrizenmanipulation und numerischen Berechnungen mit beliebiger Genauigkeit sind eine Vielzahl spezieller Funktionen, z. B. aus den Bereichen der Kombinatorik, implementiert. Die Programmiersprache von *Mathematica* umfasst eine implizite Typzuweisung und -umwandlung, automatisches Speichermanagement und Musterauswertungstechniken *(pattern matching)*. Außerdem lassen sich direkt in *Mathematica* anspruchsvolle Grafiken erzeugen.

Obwohl *Mathematica* auch für numerische Simulationen optimiert wurde, also auch z. B. mehrere Prozessoren verwenden kann, lässt sich mit einer in C geschriebenen Simulation oft eine deutlich höhere Performance erreichen und größere Datenmengen können verarbeitet werden. Der Vergleich eines C-Programms in Listing 6.16 mit der gleichen Funktionalität in *Mathematica*-Code in Listing 6.18 macht jedoch den geringeren Programmieraufwand bei *Mathematica* schnell deutlich. Besonders die zahlreichen eingebauten Funktionen erleichtern dem Programmierer die Arbeit.

Listing 6.16 C-Programm zur Mittelung von Zufallszahlen

```c
#include <stdio.h>
#include <stdlib.h>
#define N 10000

double average(double *a) {
    double sum=0.0;

    int i;
    for(i=0;i<N;i++)
        sum += a[i];

    return sum/N;
}

int main() {
    double a[N];

    int i;
    for(i=0;i<N;i++)
        a[i]=rand()/RAND_MAX;

    printf("%d %g\n",N,average(a));
}
```

Listing 6.17 *Mathematica*-Code zur Mittelung von Zufallszahlen

```
Average[data_] := Plus @@ data / Length[data]

N = 10000;
a = Table[Random[], {i, 1, N}];
Average[a]
```

6.4 Datenaustausch

Die Vernetzung von Computern ist heutzutage kaum noch wegzudenken. Die Idee, dass man Computer verbinden kann, um Daten auszutauschen, wurde bereits in den 1960er-Jahren von der amerikanischen Agentur DARPA als Militärprojekt entwickelt und ist der Vorläufer des heutigen Internets. Da die damaligen Rechner unter UNIX liefen, wurde die Netzwerkunterstützung bald wichtiger Bestandteil von UNIX und später dann auch Linux. Auch viele Softwarekomponenten von Linux/UNIX wurden für eine Netzwerknutzung entworfen, z. B. der X-Server, bzw. zur Kommunikation zwischen Rechnern entwickelt, wie z. B. Chat und Mail-Software.

1989 entwickelte *Tim Berners-Lee* (* 1955) am CERN ein System, bei dem strukturierte Informationen in einem einfachen Format (HTML) auf speziellen Servern abgelegt werden und andere Rechner *(clients)* über ein sog. Protokoll (HTTP) darauf zugreifen lässt. Dieses System ist heute als **World Wide Web** bekannt. Ein wichtiges Prinzip hierbei ist das sog. Client-Server-Modell. Dabei stellt ein Server bestimmte Dienste für eine Vielzahl von Clients bereit. Bekannt sind neben obigen Webservern auch Dateiserver oder Mailserver.

Besonders im wissenschaftlichen Bereich verwendet man die Vernetzung von Computern u. a. zur Kommunikation, Informationsbeschaffung und -verbreitung sowie zur Koppelung von Ressourcen in Clustern oder Grids.

6.4.1 Das OSI-Schichtenmodell

Der Aufbau eines Computernetzwerks lässt sich mit dem OSI-Schichtenmodell beschreiben. Das (vereinfachte) OSI-Schichtenmodell besteht aus 5 Schichten, die über transparente Schnittstellen mit der darüber- und darunterliegenden Schicht kommunizieren. Die Schichten 1–4 sind dabei direkt im Betriebssystem implementiert, nur die Schicht 5 spielt sich in der Benutzerebene ab. Abb. 6.4 zeigt das vereinfachte OSI-Schichtenmodell und die wichtigsten Protokolle.

Die unterste Schicht ist die physikalische Schicht, die die physikalische Vernetzung (Kabel, Lichtleiter) beschreibt. Darauf aufbauend folgt die Verbindungsschicht, die festlegt, wie Signale kodiert und interpretiert werden. Schicht 3 ist die eigentliche Netzwerkschicht, kümmert sich daher um die Vernetzung und Verbindung *(routing)* von Rechnern. Die Transportschicht organisiert die korrekte Zerlegung der zu übertragenden Daten. Als oberste Schicht findet man die Anwendungen, d. h. netzwerkfähige Programme wie Web-Browser, Mailprogramme etc.

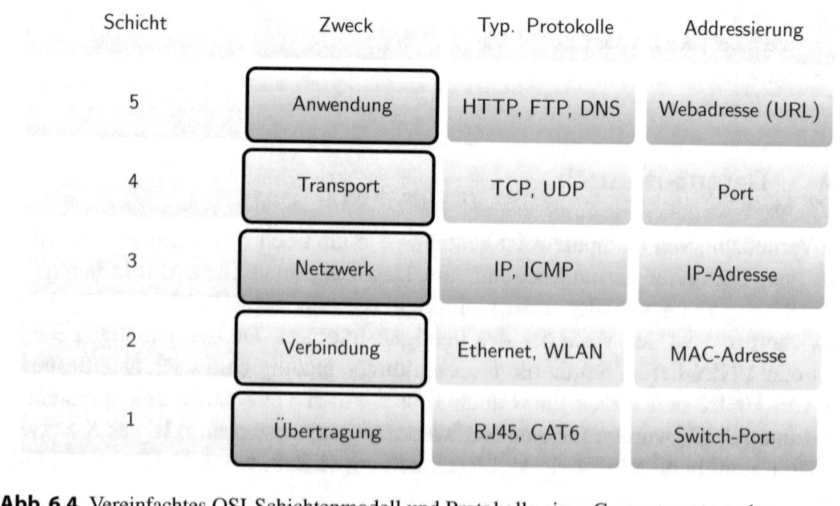

Schicht	Zweck	Typ. Protokolle	Addressierung
5	Anwendung	HTTP, FTP, DNS	Webadresse (URL)
4	Transport	TCP, UDP	Port
3	Netzwerk	IP, ICMP	IP-Adresse
2	Verbindung	Ethernet, WLAN	MAC-Adresse
1	Übertragung	RJ45, CAT6	Switch-Port

Abb. 6.4 Vereinfachtes OSI-Schichtenmodell und Protokolle eines Computernetzwerks

Tab. 6.2 Adressierung auf den einzelnen Netzwerkschichten

Adresse	Bereich	Beispiel
URL	Beliebig	www.wikpedia.de
Port	1-65535	Port 80 (HTTP)
IPv4	32 bit (2^{32} Adressen)	195.10.208.211
IPv6	128 bit	2001:0db8:85a3:08d3:1319:8a2e:0370:7344
MAC	48 bit	00:0e:17:ab:46:3e

Daten werden in jeder Schicht in Pakete aufgeteilt, wobei jede Schicht die Daten der darüberliegenden Schicht übernimmt und zusätzliche Informationen, je nach Funktion der Schicht, hinzufügt. Jede Schicht hat dabei ihr eigenes Protokoll, um die einzelnen Partner zu adressieren. Tab. 6.2 gibt eine Übersicht über die Adressierung auf den einzelnen Netzwerkschichten.

Zur Umsetzung der einzelnen Adressen gibt es Dienste wie ARP *(address resolution protocol)*, das MAC-Adressen mit IP-Adressen verknüpft, und das DNS *(domain name system)*, welches IP-Adressen und DNS-Domains ineinander übersetzt. Da die Netzwerkschichten aus Benutzersicht meist transparent sind, hat man als Benutzer (glücklicherweise) meist nur mit den Programmen der Anwendungsschicht zu tun.

6.4.2 Wichtige Dienste

Es gibt im Internet eine große Anzahl an verschiedenen Diensten und Anwendungen. Tab. 6.3 fasst die wichtigsten, für unsere Zwecke genutzten Anwendungen und Protokolle zusammen.

NIS *(network information system)* ist ein von SUN entwickeltes System zur Verteilung von Systeminformationen auf Rechnern. Damit erspart man sich die Synchronisation von Netzwerkinformationen auf verschiedenen Rechnern. NFS *(network file system)* ist ebenfalls ein von SUN entwickeltes Netzwerkdateisystem, dass Daten, z.B. das HOME-Verzeichnis aller Benutzer, auf einem Server speichert und allen Clients transparent zur Verfügung stellt. Ein Benutzer hat damit auf jedem Client

Tab. 6.3 Wichtige Netzwerkdienste und -anwendungen unter Linux

Anwendung	Wichtigste Protokolle(Ports)	Server
Browser	HTTP/HTTPS(80/443)	Webserver
Mail	SMTP(25), IMAP(143)	Mail-Server
Login	SSH(22)	Login-Server
Datentransfer	FTP(20+21), SFTP/SCP(22)	FTP/Login-Server
Dateizugriff	NFS(2049)	File-Server
Administration	DHCP, DNS, NIS	Netzwerkmanagement

dieselben Daten zur Verfügung. SSH ist ein Protokoll zum verschlüsselten Login und Datenübertragung und gehört heute zum Standardwerkzeug jedes Wissenschaftlers.

6.4.3 SSH

SSH *(secure shell)* ist heutzutage das Standardprotokoll, um sich auf anderen Rechnern einzuloggen und oft auch, um Daten zu übertragen. Es ist auf allen Betriebssystemen verfügbar und ersetzt ältere und unverschlüsselte Protokolle wie RLOGIN, TELNET und FTP.

Die meisten grafischen Anwendungen zum Login oder Datentransfer unterstützen SSH bzw. deren Erweiterungen SFTP und SCP. Auf der Kommandozeile sind die Kommandos *ssh* bzw. *scp* dafür verfügbar. Listing 6.18 zeigt die Verwendung von *ssh* zum Login und *scp* zur Datenübertragung am Beispiel.

Listing 6.18 Login und Dateiübertragung mittels *ssh* und *scp* auf der Kommandozeile.
```
endor$ ssh jakku
Password:
...
jakku$ logout
endor$ scp datei.txt jakku:
Password:
endor$ scp jakku:datei2.txt .
Password:
endor$ scp -r daten/ jakku:
Password:
endor$
```

Beim **Login** wird eine neue Sitzung auf dem entsprechenden Rechner gestartet. Wenn die Rechner denselben NIS- und NFS-Server besitzen, findet man sich sogar im selben HOME-Verzeichnis mit demselben Account wieder. Natürlich kann man sich auch unter einem anderen Account auf entfernten Rechnern anmelden, indem man zusätzlich den Benutzernamen mit *ssh benutzer@rechner* angibt. Der Dateitransfer funktioniert sehr ähnlich und sogar in beiden Richtungen. Man muss nur die zu übertragenden Dateien oder Verzeichnisse angeben. Neben *scp* gibt es auch noch das Programm rsync (Kommando *rsync*), um Daten zwischen verschiedenen Rechnern auszutauschen. Dieses benutzt SSH, überträgt nur geänderte Daten und kann die Übertragung auch komprimieren. Um größere Datenmengen komfortabel zu übertragen, ist rsync daher das Tool der Wahl.

Um sich die Eingabe des Passworts beim Login/Datentransfer zwischen Rechnern zu ersparen, gibt es zusätzlich zur Eingabe des Passworts die Methode der Authentifizierung mit öffentlichen Schlüsseln. Diese als *Public-Key*-Authentifizierung bekannte Methode findet man häufig in zentralverwalteten Netzwerken oder Rechenclustern. Das SSH-Protokoll kann zusätzlich auch die grafische Ausgabe eines

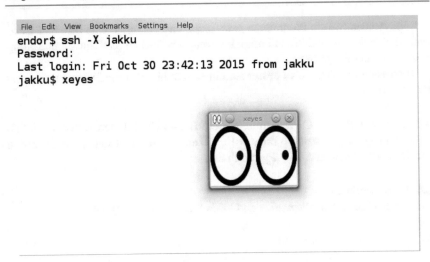

Abb. 6.5 Login per *ssh* und Übertragung der grafischen Oberfläche

Programms auf einen anderen Rechner (verschlüsselt) übertragen. Dafür gibt es bei *ssh* die Option *-X*. Damit lassen sich daher auch Programme mit grafischer Oberfläche auf anderen Rechnern starten, während die Oberfläche auf dem eigenen Rechner erscheint, wie in Abb. 6.5 zu sehen ist.

Aufgaben

6.1 Schreiben Sie ein Python-Programm zur Umrechnung der **Polardarstellung** komplexer Zahlen in die kartesische Darstellung. Implementieren Sie auch die umgekehrte Umrechnung.

6.2 Geben Sie mithilfe eines C-Programms und der GSL-Bibliothek die Werte von zehn selbstgewählten **physikalischen Konstanten** aus. Schreiben Sie eine Funktion, die nur die drei kleinsten dieser Werte ausgibt. Verwenden Sie die GSL-Funktion *gsl_sort_smallest*, um das Gleiche zu erreichen.

6.3 Um zwei Dateien zu vergleichen, bzw. den Inhalt einer Datei zu überprüfen, werden sog. **Hashfunktionen** verwendet. Eine weitverbreitete Hashfunktion ist der **MD5**-Algorithmus, der eine 128-Bit-**Prüfsumme** aus dem Inhalt einer Datei berechnet. Wie viele verschiedene MD5-Werte gibt es maximal, d. h., wie hoch ist die Wahrscheinlichkeit, dass zwei Dateien zufällig denselben Hashwert haben?
  Mit dem Kommando *md5sum* kann man den MD5-Wert einer Datei berechnen. Welche weiteren Kommandos zur Prüfsummenberechnungen gibt es auf Ihrem System, und wie schnell sind diese im Vergleich mit *md5sum*?

6.4 Verwenden Sie die Programme *gzip, bzip2* und *xz*, um je eine beliebige Text- und Binärdatei (verlustfrei) zu **komprimieren**. Vergleichen Sie Laufzeit und Komprimierung der Programme.

Überlegen Sie sich, ob es besser ist, ein *tar*-Archiv oder die Dateien im Archiv zu komprimieren.

6.5 Schreiben Sie ein C-Programm, um die **Bessel-Funktionen** erster Art $J_0(x)$, $J_1(x)$ und $J_2(x)$ (aus *math.h*) für $x = [0, 20]$ auszugeben und stellen Sie die Daten mit Gnuplot analog zu Abb. 6.2 grafisch dar.

6.6 CAS-Übungen

Verwenden Sie z. B. *Mathematica* und lösen Sie folgende Aufgaben:

a) Vereinfachen Sie die Ausdrücke

$$a^2 + ab + b^2, \frac{x-1}{x^2-1}, \sin(x)\cos(y) - \cos(x)\sin(y). \qquad (6.1)$$

b) Berechnen Sie die erste und zweite **Ableitung** von

$$x(t) = x_0 + v_0 t - \frac{g}{2}t^2, y(t) = x_0\cos(\omega t) + \frac{v_0}{\omega}\sin(\omega t), f(\varepsilon) = \frac{1}{1 \pm e^{\beta(\epsilon - \mu)}}. \qquad (6.2)$$

c) Bestimmen Sie die **Taylor-Entwicklung** von $f(x) = \sin(x)$ um $x_0 = \pi/2$ bis zur zehnten Ordnung und stellen Sie das Ergebnis grafisch dar ($x = [-2\pi, 3\pi]$).

d) Berechnen Sie die folgenden **Fresnel-Integrale** und stellen Sie die Ergebnisse grafisch dar für $x = [0,5]$:

$$C(x) = \int_0^x \cos(\frac{\pi}{2}t^2)\, dt, S(x) = \int_0^x \sin(\frac{\pi}{2}t^2)\, dt. \qquad (6.3)$$

Hochleistungsrechnen

7

Inhaltsverzeichnis

Viele Computersimulationen, für die man früher Supercomputer benötigte, lassen sich heutzutage auf Arbeitsplatzrechnern durchführen. Andererseits lassen sich heute aufgrund der verbesserten Ressourcen und numerischen Methoden Probleme bewältigen, die man früher nicht lösen konnte. Auch in der Ausbildung stehen inzwischen Ressourcen zur Verfügung, um umfangreiche Computersimulationen zu ermöglichen.

Beim Hochleistungsrechnen *(high performance computing, HPC)* geht es darum, die verfügbaren Rechenressourcen optimal zu nutzen, um eine möglichst gute Rechenleistung (Performance) zu erhalten. Das betrifft nicht nur die Optimierung der Software, sondern auch die Nutzung von speziellen Rechenclustern. Damit eine Simulation einen Rechner optimal nutzen kann, muss oft ein nicht unerheblicher Aufwand für Optimierung und parallele Programmierung in Kauf genommen werden. Dies lohnt sich natürlich nur bei aufwendigen Simulationen mit hohem Rechen- oder Speicherbedarf. Aber auch einfache Simulationen können von Rechenclustern profitieren, da so viele Simulationen mit verschiedenen Parametern gleichzeitig „durchgespielt" werden können. Dieses Kapitel gibt einen Überblick über Methoden des Hochleistungsrechnens und die Nutzung von HPC-Clustern.

7.1   Optimierung von Programmen

Unter der Optimierung von Programmen versteht man die Reduzierung der verbrauchten Ressourcen, um zum gleichen Ergebnis zu kommen. Das kann die Reduzierung des benötigten Haupt- und Festplattenspeichers sein, betrifft aber meist die

© Springer-Verlag GmbH Deutschland, ein Teil von Springer Nature 2019
S. Gerlach, *Computerphysik*, https://doi.org/10.1007/978-3-662-59246-5_7

Laufzeit einer Simulation. Stellt sich schon bei der Planung einer Simulation heraus, dass eine Optimierung notwendig sein wird, sollte man diese jedoch frühzeitig einplanen und konsequent verwenden.

Möglichkeiten der Optimierung eines Programms sind:

- manuelle Optimierung von Programmen (z. B. temporäre Variablen verwenden),
- Compiler-Optimierung (Compiler-Optionen *-O2*, *-fast* etc.),
- bessere Algorithmen (angepasst auf Größe des Problems, Speicherverbrauch) oder optimierte Bibliotheken verwenden,
- Parallelisierung von Programmteilen.

Natürlich lohnt eine Optimierung nur, wenn der Aufwand dafür den Gewinn an Rechenzeit etc. rechtfertig. Einen Großteil der Entwicklungszeit in die Optimierung zu stecken, bei einer Verkürzung der Laufzeit um wenige Prozent, ist nur selten sinnvoll.

Für eine manuelle Optimierung muss man zuerst herausfinden, wie viel Zeit ein Programm in welchen Abschnitten verbringt. Dies nennt sich *Profiling*.

7.1.1 *Profiling*

Beim *Profiling* wird die Laufzeit eines Programms auf die einzelnen Abschnitte (d. h. Funktionen) heruntergebrochen und deren Anzahl an Aufrufen gezählt. Damit sieht der Programmierer direkt, wie oft bestimmte Funktionen aufgerufen werden und wie viel Zeit das Programm in diesen verbringt.

Um *Profiling* zu aktivieren, muss ein C-Programm mit der Option *-p* übersetzt werden. Damit werden beim Ausführen des Programms Informationen zum Laufzeitverhalten in eine Datei gespeichert (typischerweise *gmon.out*). Wie beim Debuggen (s. Abschn. 4.4.2) wird hier eine längere Laufzeit bzw. Speicherverbrauch in Kauf genommen, sodass man diese Option später wieder entfernen sollte.

Die Informationen in *gmon.out* können mit dem Programm **Gprof** (Kommando *gprof*) ausgewertet und anschaulich dargestellt werden. Zu beachten hierbei ist, dass die benutzten Standardbibliotheken aus Performancegründen ohne *Profiling* kompiliert sind, dort also keine Informationen zum Laufzeitverhalten gesammelt werden.

Listing 7.1 zeigt eine typische Ausgabe des Programms Gprof für eine Simulation, die man mit *gprof program gmon.out* erhält. Man erkennt die Anzahl der Aufrufe und Laufzeiten der einzelnen Funktionen sowie deren Abhängigkeiten. Mit diesen Informationen kann man gezielt die Laufzeit der Simulation verbessern, indem man die Funktionen, die viel Zeit benötigen oder oft aufgerufen werden, optimiert.

Listing 7.1 Beispielhafte Ausgabe von Gprof durch Aufruf von *gprof program gmon.out*

time	seconds	seconds	calls	ms/call	ms/call	name
77.42	193.78	193.78	8200	23.63	23.63	DDI
4.04	203.90	10.12	201523200	0.00	0.00	Heff
3.15	211.80	7.90	4100	1.93	60.92	DGL
2.39	217.77	5.98	201523200	0.00	0.00	cx

```
...
[1]     99.8     0.00   249.80                       main [1]
                 7.90   241.88      4100/4100           DGL [2]
                 0.00     0.02         1/1             Init [14]
                 0.00     0.00       42/42              Mag [18]
-----------------------------------------------------------
                 7.90   241.88      4100/4100           main [1]
[2]     99.8     7.90   241.88      4100              DGL [2]
               193.78     0.00      8200/8200          DDI [3]
                10.12     0.00   201523200/201523200  Heff [4]
...
```

Aktuelle Compiler sind oft sehr gut, wenn es um die Optimierung von einfachen Schleifen etc. geht. Jedoch kann der Programmierer dem Compiler helfen, da dieser ja nicht erraten kann, was der Programmierer beabsichtigt. Für die manuelle Optimierung von Programmen ist Erfahrung und meist etwas Ausprobieren hilfreich. Man sollte beachten, dass auch minimale Änderungen die Ergebnisse komplett verändern und Rundungsfehler bzw. Auslöschung auftreten können (s. Abschn. 8.1.2 und 8.2), d. h., man sollte immer nur eine Sache ändern und ausgiebig mit einfachen, bekannten Beispielen und Parametern testen.

Tipp: Optimierung von Programmen

- Optimiere zunächst die oft aufgerufenen bzw. lange laufenden Funktionen und Schleifen. Das *Profiling* gibt einem dazu Informationen.
- Verwende temporäre Variablen für Zwischenergebnisse, um den Rechenaufwand zu reduzieren. Auch die Verwendung von Hilfstabellen *(rainbow tables)* bzw. Wörterbüchern beschleunigt den Datenzugriff, meist mit einer Speicher-Laufzeit-Abwägung.
- Reduziere die Ein- und Ausgabe des Programms auf das Nötige. Der Zugriff auf das Dateisystem kann eine Simulation schnell ausbremsen.
- Verwende, wenn möglich, einfache Genauigkeit *(float* statt *double)*, um die Speicherauslastung und den -zugriff zu verringern. Vielen Algorithmen arbeiten mit einfacher Genauigkeit deutlich schneller. Kann eine Variable nur ganzzahlige Werte annehmen, sollte man einen ganzzahligen Datentyp verwenden.

7.2   Parallele Programmierung

Heutzutage besitzen sogar Smartphones mehrere Rechenkerne, um die Rechenleistung zu erhöhen. Unsere bisherigen Programme verwenden aber immer nur einen Rechenkern. Es ist also sinnvoll zu überlegen, wie man mehrere Rechenkerne eines Rechners, also eine **Parallelisierung** sinnvoll nutzen kann.

Die einfachste Variante der Parallelisierung, die sog. triviale Parallelisierung, nutzt alle Rechenkerne eines Prozessors, indem die Simulation einfach mehrfach mit unterschiedlichen Parametern gestartet wird. Zwischen den einzelnen Prozessen besteht also keine Kommunikation, und die Prozesse laufen unabhängig. Das ist vergleichbar mit mehreren Kassen im Supermarkt.

Möchte man jedoch eine einzelne Aufgabe mithilfe von Parallelisierung beschleunigen, so muss man das Problem und die Daten auf die einzelnen Rechenkerne verteilen. Auf jedem Rechenkern läuft dann ein Teilprozess *(thread)*, der einen Teil des Problems löst und mit den anderen Teilprozessen Daten austauscht.

Man unterscheidet zwischen Systemen mit gemeinsamem Speicher *(shared memory processing, SMP)* und mit verteiltem Speicher *(distributed memory)*. Bei ersterem greifen alle Teilprozesse auf die gleichen Daten zu. Dies ist z. B. auf einem normalen Multikernprozessor der Fall. Das Aufteilen der Daten ist hier sehr einfach. Bei Systemen mit verteiltem Speicher benötigt man eine explizite Kommunikation der Teilprozesse, bei der Daten ausgetauscht werden müssen. Dies benötigt man z. B. bei Rechenclustern, die aus mehreren vernetzten Rechnern bestehen.

Leider sind Compiler bzw. Programme selbst nur in einfachen Fällen in der Lage, ein Programm zu parallelisieren. Das ist auch der Grund, warum immer noch viele Programme nur einen Rechenknoten nutzen, also seriell laufen. Der Programmierer muss also zusätzlichen Aufwand in ein Programm investieren, um es zu parallelisieren. Besonders die Parallelisierung auf verteilten Systemen verlangt daher eine gute Planung und ein gutes Verständnis von Hard- und Software. Wir schauen uns im Folgenden an, wie man ein C-Programm auf den verschiedenen Systemen parallelisieren kann.

7.2.1   Vektorisierung

Moderne CPUs besitzen sog. Vektoreinheiten, sind also in der Lage, die gleiche Operation auf unterschiedlichen Daten gleichzeitig auszuführen. Diese sog. SIMD-Einheiten *(single instruction – multiple data)* gibt es in unterschiedlicher Ausprägung (SSE, MMX, AVX) und Größe, je nach CPU-Typ.

Compiler können die Vektoreinheiten der CPUs sehr gut ausnutzen und ein Programm vektorisieren. Dazu muss man nur die entsprechenden Optionen (*-msse3*, *-mavx* etc.) setzen, und ein Programm wird vektorisiert. Meist werden diese Parameter bei der Optimierung (Option *-O2* oder *-O3*) schon automatisch gesetzt. Man sollte aber beachten, dass der Compiler „auf Nummer sicher geht" und im Zweifel nicht vektorisiert. Ein Blick auf die Hinweise des Compilers bei der Vektorisierung ist also empfehlenswert.

7.2.2   OpenMP

Der wichtigste Standard zur Parallelisierung auf SMP-Systemen ist OpenMP *(Open MultiProzessing)*. Dabei wird dem Compiler die Erzeugung und Synchronisation in Teilprozessen überlassen und der Programmierer kennzeichnet nur die Bereiche, die parallel laufen sollen (oder nicht). OpenMP arbeitet dazu mit sog. **Pragmas.** Das sind Präprozessoranweisungen, die mit *#pragma* beginnen und durch den Compiler entsprechend ausgewertet werden. Unterstützt ein Compiler OpenMP nicht (bzw. ist die Parallelisierung mit OpenMP deaktiviert), so ignoriert er diese und das Programm wird wie gehabt seriell kompiliert. Die OpenMP-Unterstützung der Compiler aktiviert man mit der Option *-fopenmp* (GNU Compiler $\geq$ 4.2) bzw. *-openmp* (Intel Compiler). Der Intel Compiler unterstützt zusätzlich die Option *-parallel* zur automatischen Parallelisierung eines Programms. Diese Option bringt jedoch nur in einfachen Fällen eine merkliche Verbesserung.

OpenMP ist ein Standard und unterstützt eine Reihe von Methoden, um Teile eines Programms zu parallelisieren. Damit lässt sich ein Programm also nach und nach parallelisieren und die Laufzeit und Korrektheit prüfen, was man natürlich auch machen sollte. Ein „Hallo Welt!"-Programm mit OpenMP könnte so aussehen wie in Listing 7.2.

Listing 7.2 „Hallo Welt!" in C mit OpenMP

```c
#include <stdio.h>

int main() {
#pragma omp parallel
  printf("Hallo Welt!\n");

  return 0;
}
```

Die Anzahl der für ein Programm von OpenMP genutzten Teilprozesse kann mit der Umgebungsvariablen *OMP_NUM_THREADS* gesetzt werden. *export OMP_NUM_THREADS=4* sorgt also dafür, dass ein OpenMP-Programm genau vier Teilprozesse nutzt, egal wie viele Kerne ein Rechner hat. Ist *OMP_NUM_THREADS* nicht gesetzt, werden alle verfügbaren Kerne (inklusive **Hyperthreading**) genutzt. Die tatsächlich genutzten Kerne kann man sich z. B. mit *top* anschauen. Eine Prozessornutzung von 400 % bedeutet hier, dass ein Programm (effektiv) 4 Kerne nutzt.

Das OpenMP-Beispiel in Listing 7.3 zeigt, wie man mithilfe der OpenMP-Funktionen in *omp.h* ein C-Programm beeinflussen kann. Das Beispiel enthält auch eine typische Parallelisierung einer *for*-Schleife. Dabei muss die Zählvariable ganzzahlig sein und die Anzahl der Durchläufe feststehen.

Listing 7.3 Verwendung von *omp.h*-Funktionen in einem C-Programm

```
#include <stdio.h>
#include <stdlib.h>
#include <omp.h>

int main(void) {
  int i;
  printf("There are %d cpus\n", omp_get_num_procs());
  omp_set_num_threads(4);

#pragma omp parallel for
  for (i = 0; i < 4; ++i) {
    int id = omp_get_thread_num();
    printf("Hello World from thread %d\n", id);

    if (id == 0)
      printf("There are %d threads\n",
             omp_get_num_threads());
  }

  return 0;
}
```

Die in den einzelnen Teilprozessen zur Verfügung stehenden Variablen können von allen Teilprozessen gemeinsam genutzt werden (Schlüsselwort *shared*) bzw. jeder Teilprozess kann eine eigene Kopie davon haben (Schlüsselwort *private*). Diese Deklarationen werden an das *for*-Pragma angehängt, also z. B. *#pragma omp parallel for private (x,y) shared (sum)*.

Auch verschiedene Parallelsektionen lassen sich in OpenMP definieren. Für Bereiche, die nur einen Thread gleichzeitig ausführen dürfen (sog. kritische Bereiche), gibt es die Anweisung *#pragma omp critical*. Natürlich unterstützt OpenMP auch sog. Barrieren, d. h. Stellen im Programm, an denen gewartet wird, bis alle Teilprozesse bis dorthin gekommen sind. Das benötigt man z. B., um Zwischenergebnisse auszugeben. Dafür bietet OpenMP aber auch spezielle Funktionen (Stichwort: Reduktion).

7.2.3 MPI

Für die Programmierung von Simulationen, die mehrere Rechner nutzen können, also mit verteiltem Speicher arbeiten, benötigt man eine Bibliothek, die eine Kommunikation zwischen den Teilprozessen ermöglicht. Als Standard hat sich hier vor allem MPI *(Message Passing Interface)* durchgesetzt. Die ältere Software PVM *(Parallel Virtual Machine)* wird kaum noch verwendet.

MPI ist ein bereits seit 1992 existierender Standard für die Entwicklung von Programmen auf Systemen mit verteiltem Speicher. Er enthält hauptsächlich Funktionen zum Nachrichtenaustausch zwischen Teilprozessen. Aktuell ist der Standard MPI-3, der von mehreren Bibliotheken implementiert wird. Die bekanntesten Bibliotheken sind OpenMPI und MPICH. Es existieren aber auch speziell optimierte Bibliotheken, wie z. B. Intel MPI.

Listing 7.4 zeigt ein „Hallo Welt!"-MPI-Programm. Um ein MPI-Programm zu kompilieren, wird ein Frontend für die „normalen" Compiler verwendet: Anstatt z. B. den GNU-Compiler *gcc* direkt aufzurufen, verwendet man das Programm *mpicc*. Dieses kümmert sich u. a. darum, die MPI-Bibliotheken zu verlinken. Zum Starten des Programms verwendet man *mpirun*, welches dafür sorgt, dass die entsprechenden Ressourcen für die Teilprozesse zur Verfügung stehen. Unser „Hallo Welt!"-Programm wird also mit *mpirun -n 4 ./hallo-mpi* auf 4 Kernen (die auch verschiedenen Rechnern gehören können) gestartet.

Listing 7.4 „Hallo Welt!"-MPI-Programm in C

```c
#include <stdio.h>
#include <mpi.h>

int main(int argc, char *argv[]) {
    int myrank, size, result_len;
    char cpu_name[MPI_MAX_PROCESSOR_NAME+1];

    MPI_Init(&argc, &argv);
    MPI_Comm_rank(MPI_COMM_WORLD,&myrank);
    MPI_Comm_size(MPI_COMM_WORLD,&size);
    MPI_Get_processor_name(cpu_name,&result_len);
    cpu_name[result_len]=0;
    printf("Prozess %d von %d auf %s sagt 'Hallo Welt!'\n",
           myrank, size, cpu_name);

    MPI_Finalize();
    return 0;
}
/* "mpirun -n 4 ./hallo_welt_mpi":
Prozess 1 von 4 auf endor sagt 'Hallo Welt!'
Prozess 2 von 4 auf endor sagt 'Hallo Welt!'
Prozess 3 von 4 auf endor sagt 'Hallo Welt!'
Prozess 0 von 4 auf endor sagt 'Hallo Welt!' */
```

Ohne auf die vielfältigen Möglichkeiten von MPI einzugehen, sei beispielhaft in Listing 7.5 ein MPI-Programm zur parallelen Berechnung der Kreiszahl π dargestellt. Wie man sieht, ist der Aufwand der Parallelisierung bei MPI deutlich größer als bei OpenMP und sollte von Anfang an eingeplant werden. Der größte Aufwand bei MPI ist die Zerlegung der Daten auf die einzelnen Teilprozesse und deren Synchronisation. Die Kommunikation läuft dabei, im Gegensatz zu OpenMP, nicht über einen gemeinsamen Speicher, sondern über das Netzwerk. Die Kommunikation begrenzt damit häufig die Performance einer MPI-Simulation. Der Vorteil ist jedoch, dass man damit seine Simulation auf (beliebig) vielen Rechnern verteilen und dadurch sowohl eine große Anzahl an CPUs als auch den gesamten Speicher ausnutzen kann.

Listing 7.5 MPI-Programm in C zur Berechnung der Kreiszahl π

```c
#include <stdio.h>
#include <mpi.h> #define N 1e7

int main(int argc, char *argv[]) {
    int myrank, size, i;

    MPI_Init(&argc, &argv);
    MPI_Comm_rank(MPI_COMM_WORLD, &myrank);
    MPI_Comm_size(MPI_COMM_WORLD, &size);

    double w=1.0/(double)N, sum=0.0;
    for(i = myrank+1; i <= N; i+=size) {
        double x=w*((double)i-0.5);
        sum += 4.0/(1.+x*x);
    }
    printf("Prozess %d: Summe = %.15f\n",myrank, w*sum);

    double globalsum=0.0;
    MPI_Reduce(&sum, &globalsum, 1, MPI_DOUBLE, MPI_SUM,
        0, MPI_COMM_WORLD);

    if(myrank == 0)
        printf("pi = %.15f\n",w*globalsum);

    MPI_Finalize();
    return 0;
}
/* Ausgabe:
Prozess 0: Summe = 0.785398238397434
Prozess 3: Summe = 0.785398088397387
Prozess 2: Summe = 0.785398138397413
Prozess 1: Summe = 0.785398188397453
pi = 3.141592653589686 */
```

7.3   HPC-Cluster

Zum Abschluss des Kapitels wird noch ein Blick auf HPC-Cluster geworfen. HPC-Cluster bestehen aus Rechnern, die zusammengeschaltet werden, um die einzelnen Ressourcen an Rechenleistung und Speicher zu kombinieren. Die Bezeichnung **Supercomputer** verwendet man hauptsächlich, wenn es darum geht, einen HPC-Cluster mit „normalen" Computern (PCs) zu vergleichen. Ein Supercomputer ist damit abstrakt ein sehr schneller und leistungsfähiger Computer.

Neben HPC-Clustern gibt es aber noch andere Cluster aus Rechnern, z. B. Hochverfügbarkeitscluster, um dem Ausfall von Hardware vorzubeugen, oder Lastverteilungscluster, um die Anfragen an Servern auf mehrere Rechner zu verteilen. Wir sind natürlich hauptsächlich daran interessiert, die Rechenleistung zu erhöhen, um einerseits numerische Probleme schneller zu lösen, anderseits aber auch, um größere Probleme lösen zu können. Genau aus diesem Grund sind HPC-Cluster in der Wissenschaft inzwischen sehr verbreitet, und deshalb werden hier die Grundlagen über deren Aufbau und Nutzung besprochen.

7.3.1   HPC-Hardware

Jede moderne CPU besitzt mehrere Rechenkerne, die für numerische Simulationen genutzt werden können. Auch ist die Verbindung von Rechnern über ein Netzwerk ohne Problem möglich. Man kann also mit wenig Aufwand und der richtigen Software Rechencluster aus Standardrechnern zusammenbauen (sog. „Beowulf-Cluster"). Für höhere Performance und bessere Ausfallsicherheit wird man jedoch optimierte Hardware, d. h. Hochleistungsrechner und schnelle Netzwerkverbindungen benötigen. Hat man spezielle Probleme zu lösen, kann es sich sogar lohnen, die Hardware speziell für die Lösung eines Problems auszulegen. Man sieht also, dass es mehrere Wege gibt, HPC-Systeme zu realisieren.

7.3.2   HPC-Systeme

HPC-Systeme kann man grob in verschiedene Kategorien einteilen. Natürlich treten aber auch Mischformen auf, die bei bestimmten Anwendungen sinnvoll sind. Hier eine Übersicht:

- **SMP-Systeme:** Diese enthalten mehrere CPUs mit vielen Rechenkernen, die auf den gemeinsamen, meist großen Hauptspeicher zugreifen. Damit werden Anwendungen abgedeckt, die sich gut auf Systemen mit gemeinsamem Speicher parallelisieren lassen.
- **„Beowulf-Cluster":** Hier werden Standard-PCs über ein Standardnetzwerk (Ethernet) verbunden – eine schnelle und preisgünstige Möglichkeit, um die Rechenleistung von vielen Rechnern zu koppeln, und besonders hilfreich bei Problemen, die sich trivial parallelisieren lassen.
- **HPC-Cluster:** Dies sind dedizierte Rechencluster, optimiert zur Lösung von größeren numerischen Problemen. Dabei werden hochoptimierte Rechenknoten *(nodes)* und spezielle Netzwerktechnologien (z. B. Infiniband) verwendet.
- **GPU-Systeme:** Die hohe Rechenleistung von Grafikkarten, besonders bei kleinen, gut parallelisierbaren Anwendungen, lässt sich auch für allgemeine Anwendungen *(General Purpose Computation on GPU, GPGPU)* nutzen. Heutige GPUs haben mehrere tausend Rechenkerne und Rechenleistungen (mit einfacher Genauigkeit) im 10-TFLOPS-Bereich. Es gibt spezielle Standards bzw. Bibliotheken wie OpenCL und CUDA zur GPU-Programmierung, sodass heute ein Großteil der verfügbaren Programmpakete GPUs als Rechenbeschleuniger nutzen können.
- **Vektorrechner:** Diese sind auf die simultane Berechnung mit großen Datenmengen optimiert. Die Fähigkeiten der Vektorrechner sind inzwischen auch in

Standard-CPUs durch die Vektoreinheiten verfügbar (s. Abschn. 7.2.1). Man findet spezielle Vektorrechner deshalb heute nur noch selten im HPC-Bereich.

- **Grid-Computing:** Ressourcen (Rechenleistung, Speicher etc.) werden als virtueller Supercomputer über definierte Schnittstellen angeboten. Ein Zugriff ist über ein Frontend mit einer starken Abstraktion möglich. Das Ziel ist einerseits, die Verfügbarkeit von Ressourcen zu bündeln (Synergieeffekte), aber auch die Nutzung zu vereinfachen.

- **Verteiltes Rechnen:** Bei größeren Projekten, die sich einfach in unabhängige Teile zerlegen lassen, hat man die Möglichkeit, die Rechenleistung von ungenutzen PCs auf der ganzen Welt einzusetzen. Dafür gibt es eine spezielle Infrastruktur, die die Aufgaben zerlegen und für Clients zum Download bereitstellen. Bekannte Beispiele sind die Projekte BOINC, Einstein@home, Folding@home und SETI@home, die durch verteiltes Rechnen Rechenleistungen im Bereich der größten HPC-Cluster erreichen.

- **Spezialrechner:** Die in Hardware implementierten Algorithmen sind oft sehr viel schneller als die gleichen Algorithmen in Software auf Standardhardware. Daher lohnt es sich, einfache, sich immer wiederholende Algorithmen in Spezialrechnern zu realisieren. Das Prinzip kennt man aus der Sound-Bearbeitung von Sound-Karten, die viele Filter in Hardware implementiert haben. Bekannt sind z. B. Schachcomputer oder Rechner auf Basis von FPGAs *(Field Programmable Gate Arrays).*

Zum Vergleich der Performance der größten HPC-Cluster gibt es die sog. **TOP500-Liste,** die seit 1993 halbjährlich erscheint. Als Grundlage dient der LINPACK-Benchmark, der die Fließkommarechenleistung beim Lösen von großen linearen Gleichungssystemen misst. Die Rechenleistung wird dabei in FLOPS *(floating point operations per second),* also in Fließkommaoperationen pro Sekunde gemessen – ein wichtiger Wert für alle numerischen Simulationen.

Anhand der TOP500-Listen in der Vergangenheit sieht man sehr schön die rasante Entwicklung der Rechenleistung von HPC-Clustern. Noch immer gilt das von *Gordon Moore* (* 1929) 1965 gefundene Gesetz, dass sich die Rechenleistung regelmäßig verdoppelt, also exponentiell anwächst. Tab. 7.1 zeigt einige wichtige Meilensteine vergangener TOP500-Listen und die aktuellen Spitzenreiter (November 2018). Die nächste Größenordnung (ExaFLOPS) ist bereits absehbar und soll bis zum Jahr 2020 realisiert werden. Zum Vergleich: Ein aktueller Desktop-Prozessor erreicht mit seinen vier Kernen ca. 100 GFLOPS.

Die Performance einer Simulation auf einem HPC-System hängt natürlich sehr stark davon ab, wie das zu untersuchende Problem mit der Anzahl der Rechenkerne skaliert. Die großen HPC-Systeme haben immerhin mehr als eine Million Rechenkerne. Da wird der verteilte Speicherzugriff oft zum Problem, wenn sich das zu lösende Problem nicht trivial parallelisieren lässt. Die jeweils nutzbare Performance eines HPC-Systems hängt damit sehr stark vom jeweiligen Problem ab. Das zeigt auch, dass ein einzelner Benchmark nicht repräsentativ sein kann und andere Benchmarks (z. B. der HPCG-Benchmark) eine andere „TOP500"-Liste liefern. Ins-

Tab. 7.1 HPC-Cluster-Meilensteine und aktuelle Spitzenreiter (November 2018)

Jahr/Platz	Rechenleistung	System
1960	1 MFLOPS	
1983	1 GFLOPS	
1997	1 TFLOPS	ASCI Red (USA)
2008	1 PFLOPS	IBM „Roadrunner" (USA)
2018 (Platz 1)	143, 5 PFLOPS	Summit (USA)
Platz 2	94, 6 PFLOPS	Sierra (USA)
Platz 3	93, 0 PFLOPS	Sunway TaihuLight (China)
Platz 8	19, 5 PLOFS	SuperMUC NG (Leibniz-RZ, Garching)
Platz 26	6, 18 PFLOPS	JUWELS (FZ Jülich)
Platz 30	5, 64 PFLOPS	Hazel Hen (HLRS, Stuttgart)
Platz 31	5, 61 PFLOPS	COBRA (MPI/IPP)
Platz 44	3, 78 PLFOPS	JURECA (FZ Jülich)
Platz 61	3, 01 PFLOPS	Mistral (DKRZ Hamburg)

besondere wird heutzutage sehr auf die Energieeffizienz von Clustern geachtet, sodass es inzwischen auch eine „GREEN500"-Liste gibt.

Viele Systeme nutzen heutzutage auch Beschleuniger in Form von GPGPUs, die bestimmte Teilaufgaben sehr effektiv berechnen können. Damit wird das Anpassen einer Simulation auf das HPC-System natürlich immer aufwendiger.

7.3.3 *Speedup*

Um die Effektivität der Parallelisierung einer Simulation zu messen, definiert man den sog. **Speedup.** Dieser ist das Verhältnis der seriellen Laufzeit (auf einem Rechenkern) zur parallelen Laufzeit (auf N Rechenkernen), auch starke Skalierung *(strong scaling)* genannt. Wächst die Problemgröße mit der Anzahl der Rechenkerne, so steigt selbstverständlich die Effektivität zusätzlich. Dann spricht man von schwacher Skalierung *(weak scaling)*.

Der maximale *Speedup* verläuft natürlich linear zur Anzahl N der Rechenkerne. Simulationen lassen sich aber nur im Idealfall zu 100 % parallelisieren, d. h., der parallele Anteil p des Programms wird realistisch kleiner als 100 % sein. Damit steigt der *Speedup* nicht mehr linear mit der Anzahl N der Rechenkerne, sondern sättigt bei einem von p abhängigen Wert. Dies wird als das **Amdahl'sche Gesetz** (Gene Amdahl 1967) bezeichnet. Eine einfache Herleitung (s. Aufgabe 7.3) ergibt den *Speedup*

$$S(p, N) = \frac{1}{1 + p(\frac{1}{N} - 1)}. \tag{7.1}$$

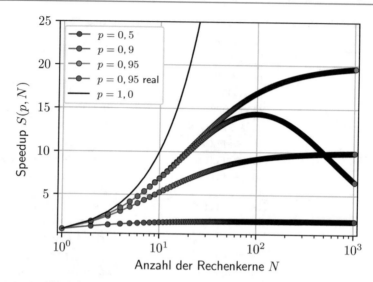

Abb. 7.1 *Speedup* $S(p, N)$, abhängig von der Anzahl der Rechenkerne nach (7.1) und zum Vergleich für ein reales Problem

In Abb. 7.1 ist der *Speedup* für verschiedene Anteile p der Parallelisierung dargestellt. Man erkennt die p-abhängige Sättigung für $N \to \infty$. Ist z. B. $p = 90\%$, ergibt es keinen Sinn, mehr als 1000 Rechenkerne zu verwenden. Der *Speedup* ändert sich praktisch nicht mehr. In Wirklichkeit nimmt der *Speedup* mit steigendem N sogar wieder ab, da die Kommunikation immer aufwendiger wird (s. Abb. 7.1).

7.3.4   Nutzung von HPC-Clustern

Da ein HPC-Cluster typischerweise aus vielen Rechenknoten besteht und eine große Anzahl an Ressourcen (Rechenkerne, Speicher etc.) bereithält, benötigt man eine Software, die diese Ressourcen verwaltet, aber auch als Schnittstelle für den Benutzer fungiert. Dies ist das Queuing-System.

Queuing-System
Um einen HPC-Cluster zu nutzen, formuliert ein Benutzer seine Anforderungen typischerweise in einem **Job-Skript,** das er dem Queuing-System übergibt. Das Queuing-System kümmert sich dann um die Lastverteilung, Einhaltung von Laufzeit, Ressourcenlimits und unterstützt z. B. auch *Checkpointing,* d. h. das Anhalten und Migrieren von Jobs von einem Knoten auf einen anderen. Listing 7.6 zeigt ein exemplarisches Job-Skript für das weitverbreitete Queuing-System Grid Engine. Ein Job-Skript wird dem Queuing-System mit *qsub job.sh* übergeben *(submit).* Dann wird es vom Queuing-System in die Warteschlange gestellt und, bei freien Ressourcen, auf dem Cluster gestartet. Mit *qstat* kann man den Zustand seiner Jobs überprüfen und mit *qdel* Jobs löschen. Details zu Kommandos und Optionen findet man

in der Dokumentation jedes HPC-Clusters. Wie man sieht, ist ein Queuing-System einfach zu bedienen und erlaubt die bequeme Nutzung eines HPC-Clusters.

Listing 7.6 Einfaches Job-Skript *job.sh* für das Queuing-System Grid Engine

```
#!/bin/bash
#$ -N Test-Job
#$ -cwd
#$ -l h_vmem=1G
#$ -l h_rt=24:00:00

./programm parameter.dat
```

Aufgaben

7.1 Finden Sie heraus, wie viele Kerne und welche Vektoreinheiten die CPU Ihres Rechners hat. Das Kommando *cat /proc/cpuinfo* zeigt diese an. Was versteht man unter **Hyperthreading?**

7.2 Probieren Sie das „Hallo Welt!"-Programm für **OpenMP** und **MPI** aus. Variieren Sie die Anzahl der verwendeten Rechenkerne und lassen Sie die Programme mehrfach laufen. Was fällt Ihnen auf?

7.3 Leiten Sie das **Amdahl'sche Gesetz** (7.1) her. Überlegen Sie sich dazu, wie die parallele Laufzeit mit N skaliert und berechnen Sie damit den **Speedup** als Verhältnis zwischen serieller und paralleler Laufzeit. Geben Sie den maximalen *Speedup* (Sättigungswert) abhängig von p an.

7.4 Was ist die maximal sinnvolle Anzahl N an Rechenkernen für eine Simulation mit einem **Parallelanteil** von $p = 90\%$, wenn man mit 90% des maximalen *Speedup* zufrieden ist?

Teil III
Numerische Methoden

Zahlendarstellung und numerische Fehler

8

Inhaltsverzeichnis

Die Numerische Mathematik (kurz **Numerik**) beschäftigt sich mit Algorithmen, die eine näherungsweise Berechnung von Lösungen mathematischer Gleichungen erlauben. Der Grund, warum man an näherungsweisen Lösungen interessiert ist, liegt darin, dass nur wenige, einfache Probleme analytisch lösbar sind. Außerdem ist die Berechnung einer exakten Lösung meist nicht notwendig bzw. zu aufwendig. Da ein Computer sehr schnell rechnen kann, erschließt sich damit ein weites Feld an physikalischen Problemen, welche mithilfe numerischer Methoden gelöst werden können.

Aufgrund der Vielfältigkeit mathematischer Gleichungen gibt es auch entsprechend viele numerische Methoden, deren wichtigste wir in Kap. 9 betrachten werden. Bevor wir uns jedoch den numerischen Methoden zuwenden, werfen wir in diesem Kapitel einen genaueren Blick auf die Darstellung und Speicherung von Zahlen auf einem Computer und den damit verbundenen numerischen Fehlern.

8.1   Darstellung von Zahlen

Computer speichern und verarbeiten Daten als elektrische Signale, d. h., alle Zahlen werden durch Kombination von binären Zuständen (Ein/Aus) dargestellt. Es wird also intern immer das **Dualsystem** (Binärsystem) mit nur zwei Ziffern 0 und 1 (Basis 2) verwendet. Die Einheit nennt man **Bit** (Zeichen: b(it)).

Für die Darstellung von Zahlen im Dualsystem, erinnern wir uns an das alltägliche Dezimalsystem (Ziffern 0–9, Basis 10). Da es sich um ein Stellenwertsystem handelt, kann man anhand der Stelle die Potenz ablesen, mit der die Ziffer zu multiplizieren ist. Als Beispiel:

© Springer-Verlag GmbH Deutschland, ein Teil von Springer Nature 2019
S. Gerlach, *Computerphysik*, https://doi.org/10.1007/978-3-662-59246-5_8

$$123 = 1 \cdot 10^2 + 2 \cdot 10^1 + 3 \cdot 10^0 = 100 + 2 \cdot 10 + 3 \cdot 1 = 100 + 20 + 3. \quad (8.1)$$

Analog wird eine Zahl im Dualsystem mit der Basis 2 wiedergegeben. Um die Darstellung von der dezimalen zu unterscheiden, schreibt man die Basis als Index:

$$101111_2 = 1 \cdot 2^4 + 0 \cdot 2^3 + 1 \cdot 2^2 + 1 \cdot 2^1 + 1 \cdot 2^0$$
$$= 1 \cdot 16 + 0 \cdot 8 + 1 \cdot 4 + 1 \cdot 2 + 1 \cdot 1 = 16 + 4 + 2 + 1 = 23_{10}.$$
$$(8.2)$$

Die Dualzahl 10111 entspricht also der Zahl 23 im Dezimalsystem.

Auch eine Umrechnung vom Dezimalsystem ins Dualsystem ist damit kein Problem:

$$42 = 32 + 8 + 2 = 1 \cdot 2^5 + 0 \cdot 2^4 + 1 \cdot 2^3 + 0 \cdot 2^2 + 1 \cdot 2^1 + 0 \cdot 2^0 = 101010_2. \quad (8.3)$$

Tipp: Horner-Schema

Um die hohen Potenzen bei der Umrechnung in die verschiedenen Zahlensysteme zu vermeiden und die Berechnung zu vereinfachen, bietet sich das Horner-Schema (*William George Horner,* 1819) an. Hierbei werden die auftretenden, gleichen Faktoren iterativ ausgeklammert, also z. B.

$$\mathbf{1} \cdot 10^3 + \mathbf{2} \cdot 10^2 + \mathbf{3} \cdot 10^1 + \mathbf{4} \cdot 10^0 = (1 \cdot 10^2 + 2 \cdot 10^1 + 3) \cdot 10 + 4$$
$$= (((\mathbf{1} \cdot 10) + \mathbf{2}) \cdot 10 + \mathbf{3}) \cdot 10 + \mathbf{4}.$$
$$(8.4)$$

Wir können also jede ganze Zahl auch im Dualsystem darstellen und (der Computer kann) damit rechnen. Zur Darstellung von Buchstaben und anderen Zeichen verwendet man typischerweise eine Übersetzungstabelle (**ASCII-Tabelle**), bei der jedem Zeichen eine Dualzahl zugeordnet ist, und für die Zeichenkodierung Dualzahlen mit 8 Stellen, sodass man damit maximal $2^8 = 256$ Zeichen darstellen kann. Damit belegt ein Zeichen 8 bit (= 1 **B(yte)**).

Da ein Computer sehr große Datenmengen speichern und verarbeiten kann, verwendet man entsprechende SI-Vorsätze Kilo(k), Mega(M), Giga(G) etc. Hierbei findet man oft noch die veraltete Umrechnung 1 kByte = 1024 Byte, 1 MB = 1024 kByte etc., die auf das Binärsystem zurückzuführen ist (1 kByte = 2^{10} Byte, 1 MByte = 2^{20} Byte etc.). Korrekterweise sollte man aber die SI-Vorsätze als 10er-Potenzen verwenden (Kilo = 10^3, Mega = 10^6 etc.) und für die veraltete Umrechnung die **IEC-Vorsätze** (1 KibiByte = 1024 Byte, 1 MebiByte = 1024 KibiByte etc.).

Der verfügbare Speicherplatz für Variablen und damit der Bereich, den deren Wert annehmen kann, ist also immer beschränkt. Für ganze Zahlen reserviert man oft 4 Byte (32 bit) Speicherplatz, sodass damit 1 bit für das Vorzeichen und 31 bit für die Dualzahl zur Verfügung stehen. Der Wertebereich ist dann also $-2^{31}\ldots2^{31}-1$ bzw. ca. $-2\cdot10^9\ldots2\cdot10^9$ (s. Abschn. 4.2.5). Wird dieser Bereich bei Berechnungen überschritten, kommt es zu sog. **Überläufen.**

Damit der Computer auch gebrochenzahlige Werte speichern kann, könnte man eine bestimmte Anzahl an Vorkommastellen festlegen und eine bestimmte Anzahl an Nachkommastellen. Diese **Festkommadarstellung** ist zwar exakt, allerdings für die in der Physik auftretenden Größenordnungen nicht geeignet. Man benötigt also eine Fließkommadarstellung.

8.1.1 Fließkommadarstellung

Um einen großen Bereich an gebrochenzahligen Werten darzustellen, verwendet man die wissenschaftliche Notation

$$x = (-1)^s \cdot m \cdot b^e \tag{8.5}$$

mit $s = 0, 1$ dem Vorzeichen, m der Mantisse, $b \in \mathbb{N}$ der Basis und e dem Exponenten. Diese Darstellung von Zahlen mit der Basis 10 ist in den Naturwissenschaften sehr praktisch und deshalb überall verbreitet. Die Mantisse ist dabei normalisiert, d. h., sie liegt im Bereich $1 \leq m < b$.

Für die Darstellung von Fließkommazahlen auf dem Computer verwendet man die Basis 2 und reserviert für das Vorzeichen 1 bit und eine feste Zahl von Bits für die Mantisse und den Exponenten. Die Anzahl der Bits für die Mantisse und den Exponenten ist in der Norm **IEEE 754** festgelegt, der fast überall verwendet wird. Man definiert Fließkommazahlen mit einfacher und doppelter Genauigkeit *(single/double precision)* mit 32 bzw. 64 bit (s. Tab. 8.1 und Abb. 8.1). Die Anzahl der gesicherten Dezimalstellen definiert die **Maschinengenauigkeit** $\varepsilon \approx 10^{-8}/10^{-16}$ (einfache/doppelte Genauigkeit).

Zu beachten ist, dass die **Byte-Reihenfolge** *(byte order)* entweder beim kleinstwertigen Byte beginnt *(little endian,* typisch für x86-Prozessoren) oder beim höchstwertigen *(big endian,* typisch für SPARC- und PowerPC-Prozessoren).

Tab. 8.1 Größe und Bereich der in IEEE 754 definierten Fließkommazahlen

Typ	Größe (bit)	Mantisse (bit)	Exponent (bit)	Dezimalstellen	Minimum (Betrag)	Maximum
Single	32	23	8	7–8 $(2^{23} \approx 10^7)$	$\approx 10^{-38}$ (2^{-126})	$\approx 10^{38}$ $(\approx 2^{128})$
Double	64	52	11	15–16 $(2^{52} \approx 10^{15})$	$\approx 10^{-308}$ (2^{-1022})	$\approx 10^{308}$ $(\approx 2^{1024})$

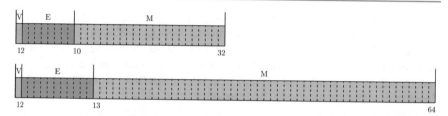

Abb. 8.1 Anordnung der Bits in einfacher und doppelter Genauigkeit nach IEEE 754 (V-Vorzeichen, E-Exponent, M-Mantisse)

8.1.2 Fließkommaarithmetik

Aufgrund der begrenzten Speicherbreite können also nicht alle reellen Zahlen dargestellt werden, d. h., es werden nur genäherte Werte gespeichert. Das hat natürlich auch Auswirkung auf die Fließkommaarithmetik, also auf Berechnungen mit Fließkommazahlen. Folgende Effekte sollte man berücksichtigen:

- Fließkommazahlen können wegen der Umrechnung von Dezimalsystem ins Dualsystem nicht alle Werte annehmen.
- **Absorption** *(absorption):* Addition/Subtraktion von Zahlen sehr verschiedener Größenordnungen, z. B.
  $$1{,}000 \cdot 10^3 + 1{,}000 \cdot 10^{-1} \to 1{,}000 \cdot 10^3 + 0{,}000 \cdot 10^3 = 1{,}000 \cdot 10^3.$$
- **Auslöschung** *(cancellation):* Subtraktion fast gleich großer Zahlen, z. B.
  $$1{,}13 - 1{,}123 \to 1{,}13 - 1{,}12 = 0{,}01 \text{ (statt } 0{,}007).$$
- Assoziativgesetz und Distributivgesetz sind wegen Absorption und Auslöschung nicht erfüllt.
- Es tritt ein Überlauf/Unterlauf auf, wenn der Bereich der Fließkommazahl überschritten bzw. unterschritten wird. Es gibt verschiedene Ansätze, dies zu vermeiden. In der Norm IEEE 754 werden diese Fälle behandelt.

8.2 Numerische Fehler

Aufgrund der endlichen Genauigkeit der Fließkommazahlen sind entsprechende **Rundungsfehler** *(rounding/round-off error)* unvermeidbar. Hinzu kommen **Abschneidefehler** *(truncation error),* die bei der Näherung von Funktionen durch (notwendigerweise) endliche Reihen entstehen. Bei numerischen Algorithmen sollte man also darauf achten, dass sich die Rundungs- und Abschneidefehler nicht aufsummieren und dass der Algorithmus nicht zu empfindlich auf die (unvermeidbaren) Fehler der Startwerte reagiert. Dies nennt man **Konditionierung.**

Um Bereichsprobleme der Fließkommazahlen zu vermeiden, skaliert man die Einheiten eines physikalischen Problems so, dass alle Größen in vergleichbarer Größenordnung auftreten. Oft gibt es natürliche Einheiten eines Problems, die genau das erfüllen.

8.2.1 Diskretisierung

Auf dem Computer lassen sich Variablen, wie gesehen, prinzipiell mit sehr hoher Genauigkeit darstellen. Um die Änderung (Differenz) einer Variablen zu berechnen, muss jedoch eine endliche Schrittweite *(finite Differenzen)* gewählt werden, da sonst unendlich viele Schritte berechnet werden müssten. Eine kontinuerliche Variable x muss also diskretisiert werden durch

$$x = x_0 + n\Delta x = x_n \quad (n \in \mathbb{N}). \tag{8.6}$$

$x_0 \in \mathbb{R}$ ist der Startwert und $\Delta x > 0$ die (endliche) **Schrittweite** *(step width)*. Mithilfe von n lassen sich daher die endlich vielen numerischen Schritte durchnummerieren.

Funktionen $f(x)$ der diskretisierten Variablen x werden dann nur an den diskreten Werten x_n ausgewertet, d. h.

$$f(x) \to f(x_n) = f(x_0 + n\Delta x) = f_n \quad (n \in \mathbb{N}). \tag{8.7}$$

Offensichtlich ist $f(x_0) = f_0$. Die Diskretisierung von $f(x)$ kann man sich auch grafisch veranschaulichen (s. Abb. 8.2). Wird nur eine Variable diskretisiert, nennt man die Schrittweite meist schlicht h, also $h = \Delta x$.

Die Wahl der Schrittweite ist ein Kompromiss zwischen dem Rechenaufwand und der Genauigkeit der Ergebnisse. Eine sehr kleine Schrittweite verstärkt jedoch numerische Fehler (Rundungsfehler) und führt zu einer Verschlechterung der Ergebnisse.

Beispiel: Der Differenzenquotient mit der Schrittweite h ist eine Näherung der Ableitung einer Funktion $f(x)$. Diese kann numerisch berechnet werden, um sie mit der analytisch bekannten Ableitung der Funktion zu vergleichen. In Abb. 8.3 sieht man den Fehler

$$\Delta(h) = \left| f'(x) - \frac{f(x + h) - f(x)}{h} \right|, \tag{8.8}$$

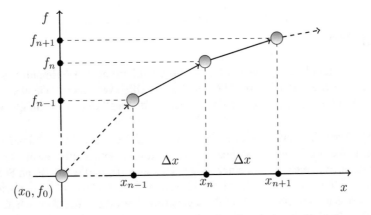

Abb. 8.2 Diskretisierung der Funktion $f(x)$

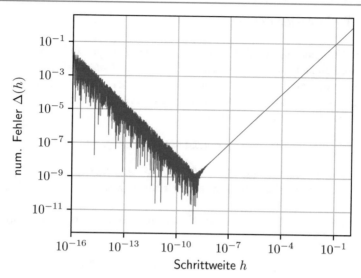

Abb. 8.3 Numerischer Fehler des Differenzenquotienten (8.8) für $f(x) = x^2$ bei $x = 0,1$ mit doppelter Genauigkeit

der von der Schrittweite h abhängt. Für große Schrittweiten nimmt der numerische Fehler proportional zur Schrittweite zu (d.h., die halbe Schrittweite verringert den Fehler um einen Faktor 2). Der Fehler wächst also linear mit der Schrittweite. Man schreibt dies in **Landau-Notation** als $\mathcal{O}(h)$. In der Tat gilt für den Fehler des Differenzenquotienten $\mathcal{O}(h)$ (s. Abschn. 9.1).

Wird die Schrittweite jedoch zu klein, führen Rundungs- und Abschneidefehler dazu, dass das numerische Ergebnis zunehmend unbrauchbar wird. Wegen $\Delta = \mathcal{O}(h) + \mathcal{O}(\varepsilon/h)$ (Fehler des Differenzenquotienten + Rundungsfehler) ergibt sich das Minimum des Fehlers $\Delta(h_{min}) \approx 10^{-8}$ bei $h_{min} = \mathcal{O}(\varepsilon^{1/2}) \approx 10^{-8}$ (s. Abb. 8.3).

Aufgaben

8.1 Neben dem Binärsystem wird in der Informatik oft auch das **Hexadezimalsystem** mit der Basis 16 (Ziffern: 0123456789ABCDEF) verwendet. Wie viele Binärziffern kann man damit zu einer Ziffer zusammenfassen? Geben Sie Beispiele an.

8.2 Moderne **Festplatten**, sog. SSD *(solid state drive)*, verwenden Halbleiterspeicher anstelle von drehenden Magnetschichten. Aufgrund ihrer Arbeitsweise besitzen die einzelnen Speicherzellen einer SSD jedoch eine begrenzte Anzahl an Schreibzyklen. Für eine typische SSD mit 1,6 TB Kapazität und 5 Jahren Garantie wird die maximale Schreibmenge mit 8,76 PB angegeben. Wie oft pro Tag lässt sich die SSD also über ihre Lebenszeit beschreiben (sog. *drive writes per day*)?

8.3 In einer Simulation sollen dreidimensionale Vektoren auf einem dreidimensionalen Gitter mit 100 Punkten Kantenlänge verwendet werden. Wie viel **Speicherplatz** benötigt man damit, um alle Vektoren in doppelter oder einfacher Genauigkeit zu speichern?

8.4 Schreiben Sie ein C-Programm, das bei gegebenem Intervall und Schrittweite die **Anzahl der Schritte** berechnet und die einzelnen Schritte ausgibt. Achten Sie auf Probleme beim Vergleich von Fließkommazahlen.

In Python gibt es dafür die Funktion *arange*. Überprüfen Sie damit die Ergebnisse.

Numerische Standardverfahren

9

Inhaltsverzeichnis

Genauso vielfältig wie die mathematischen Probleme sind auch deren numerische Lösungsverfahren. Es gibt jedoch eine Reihe von Standardverfahren der Numerik, die allgemein anwendbar sind und immer wieder auftreten. Meist existieren dabei mehrere Algorithmen, um ein Problem zu lösen. Bei der Auswahl eines geeigneten Algorithmus sollte man dessen Eigenschaften berücksichtigen:

- Stabilität (Empfindlichkeit bei Störungen bzw. Rundungsfehlern),
- Kondition (Abhängigkeit von Störungen der Anfangsbedingungen),
- Konsistenz (Wie groß ist die Abweichung von der exakten Lösung?),
- Robustheit (für einen großen Parameterbereich anwendbar),
- Performance (Laufzeit bzw. Ressourcenbedarf),
- Genauigkeit (Konvergenzgeschwindigkeit und Rundungsfehler).

In diesem Kapitel werden wir die wichtigsten numerischen Verfahren besprechen. Diese treten bei der numerischen Lösung von physikalischen Problemen immer wieder auf und gehören deshalb zum Grundwissen eines Computerphysikers.

© Springer-Verlag GmbH Deutschland, ein Teil von Springer Nature 2019
S. Gerlach, *Computerphysik*, https://doi.org/10.1007/978-3-662-59246-5_9

9.1   Näherung von Ableitungen

Die Berechnung der Ableitung einer Funktion benötigt man hauptsächlich für das Lösen von gewöhnlichen und partiellen Differenzialgleichungen, die viele Probleme aus der Mechanik (s. Kap. 13 und 14), der Elektrodynamik (s. Kap. 15 und 16) und der Quantenmechanik (s. Kap. 15, 16 und 17) beschreiben.

Das numerische Berechnen von Ableitungen einer Funktion ist aufgrund der notwendigen Diskretisierung (s. Abschn. 8.2.1) nur näherungsweise möglich. Berechnet wird die erste Ableitung der Funktion $f(x)$ an der Stelle x_n, also z. B. durch den Differenzenquotienten

$$\boxed{f'(x_n) \approx \frac{f(x_n + \Delta x) - f(x_n)}{\Delta x} = \frac{f_{n+1} - f_n}{h}}. \tag{9.1}$$

Je kleiner die Schrittweite h, desto besser wird dabei die erste Ableitung genähert (numerische Fehler vernachlässigt), denn die Ableitung ist ja der Grenzwert des Differenzenquotienten für $h \to 0$. (9.1) wird auch **Vorwärtsdifferenz** genannt, da die Differenz ausgehend vom aktuellen Punkt f_n in Vorwärtsrichtung $f_n \to f_{n+1}$ berechnet wird.

Um den numerischen Fehler der Vorwärtsdifferenz zu bestimmen, verwendet man einfach die Taylor-Entwicklung $f(x + h) = f(x) + hf'(x) + \frac{h^2}{2}f''(x) + \ldots$, d. h.

$$f_{n+1} = f_n + hf'(x_n) + \underbrace{\frac{h^2}{2}f''(x_n) + \ldots}_{\mathcal{O}(h^2)}$$

$$\Rightarrow f'(x_n) = \frac{f_{n+1} - f_n}{h} + \mathcal{O}(h). \tag{9.2}$$

Der numerische Fehler $\left(\approx -\frac{h}{2}f''(x_n)\right)$ der Vorwärtsdifferenz (9.1) ist also proportional zur Schrittweite h.

Analog lässt sich die **Rückwärtsdifferenz** definieren:

$$\boxed{f'(x_n) \approx \frac{f(x_n) - f(x_n - \Delta x)}{\Delta x} = \frac{f_n - f_{n-1}}{h}}. \tag{9.3}$$

Hier ist der numerische Fehler auch proportional zur Schrittweite h, denn

$$f_{n-1} = f_n - hf'(x_n) + \underbrace{\frac{h^2}{2}f''(x_n) \mp \ldots}_{\mathcal{O}(h^2)}$$

$$\Rightarrow f'(x_n) = \frac{f_n - f_{n-1}}{h} + \mathcal{O}(h). \tag{9.4}$$

Kombiniert man jedoch beide Taylor-Entwicklungen, d. h. $f(x+h) - f(x-h) = 2hf'(x) + \mathcal{O}(h^3)$, erhält man die sog. **zentrale Differenz**

$$f'(x_n) = \frac{f_{n+1} - f_{n-1}}{2h} + \mathcal{O}(h^2).$$ (9.5)

Hier ist der numerische Fehler proportional zu h^2. Die Näherung ist also deutlich genauer. Außerdem ist die so genäherte erste Ableitung symmetrisch, was sich beim Lösen von physikalischen Problemen als sehr vorteilhaft herausstellen wird.

Eine numerische Näherung für die zweite Ableitung von $f(x)$ erhält man auf einfache Weise durch die Summe der obigen Taylor-Entwicklungen: $f(x + h) + f(x - h) = 2f(x) + h^2 f''(x) + \mathcal{O}(h^4)$, also

$$f''(x_n) = \frac{f_{n+1} - 2f_n + f_{n-1}}{h^2} + \mathcal{O}(h^2).$$ (9.6)

Der numerische Fehler ($\approx -\frac{h^2}{12} f^{(4)}(x_n)$) dieser **zentralen zweiten Ableitung** ist also auch proportional zu h^2.

9.2 Nullstellensuchverfahren

Viele physikalische Probleme lassen sich auf die Bestimmung der Nullstellen einer Funktion zurückführen, da sich jede Gleichung als implizite Funktion darstellen lässt und die Lösungen der Gleichung durch die Nullstellen der impliziten Funktion gegeben sind. Auch viele Minimierungsprobleme lassen sich auf eine Nullstellensuche der Ableitung zurückführen, wenn die untersuchte Funktion differenzierbar ist.

Im Kap. 15 werden wir verschiedene Nullstellensuchverfahren bei der *Shooting*-Methode verwenden. Im Folgenden werden die wichtigsten Verfahren zur Nullstellensuche von eindimensionalen Funktionen betrachtet und deren Vor- und Nachteile diskutiert.

9.2.1 Intervallhalbierung (Bisektion)

Die Grundlage der Intervallhalbierung ist der Zwischenwertsatz, d. h., dass eine stetige Funktion bei einem Vorzeichenwechsel im Intervall $I_0 = [a, b]$ eine Nullstelle haben muss. Durch iterative Halbierung des Intervalls wählt man immer die Intervallhälfte, in der die Nullstelle liegt. Sei o. B. d. A. $f(a) > 0$, $f(b) < 0$, dann gilt

$$I_n = [a, b] \quad \text{und} \quad f\left(\frac{a+b}{2}\right) \begin{cases} < 0 \\ > 0 \end{cases} : I_{n+1} = \begin{cases} [a, \frac{a+b}{2}] \\ [\frac{a+b}{2}, b] \end{cases}.$$ (9.7)

In jedem Iterationsschritt wird damit die Breite des Intervalls, in dem die Nullstelle liegt, halbiert (d. h. die Konvergenz ist linear). In Abb. 9.1 ist die Intervallhalbierung grafisch dargestellt.

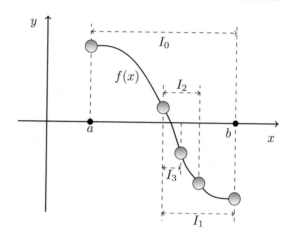

Abb. 9.1 Iterative Intervallhalbierung zur Nullstellensuche

Ist die Intervallbreite klein genug, so kann man die Iteration stoppen, und man kann sicher sein, dass in dem so bestimmten Intervall garantiert eine Nullstelle liegt.

Ein, neben der langsamen Konvergenz, weiterer Nachteil der Intervallhalbierung ist, dass das Startintervall so gewählt werden muss, dass die gesuchte Nullstelle enthalten ist.

9.2.2 Newton-Raphson-Verfahren

Beim Newton(-Raphson)-Verfahren wird an einen Startpunkt x_0 eine Tangente $t(x)$ an die Funktion $f(x)$ angelegt, d. h.

$$t'(x) = \frac{t(x) - t(x_0)}{x - x_0} \Rightarrow t(x) = t(x_0) + t'(x)(x - x_0) = f(x_0) + f'(x_0)(x - x_0).$$

$$(9.8)$$

Der neue Startwert x_1 ist dann die Nullstelle der Tangente:

$$t(x_1) = 0 \Rightarrow f(x_0) + f'(x_0)(x_1 - x_0) = 0 \qquad (9.9)$$

und man erhält

$$x_1 = x_0 - \frac{f(x_0)}{f'(x_0)}. \qquad (9.10)$$

Nun kann man wieder den neuen Startwert nehmen, d. h. man erhält iterativ eine Annäherung an die Nullstelle durch

$$\boxed{x_{n+1} = x_n - \frac{f(x_n)}{f'(x_n)}}. \qquad (9.11)$$

In Abb. 9.2 ist die Vorgehensweise dieses Verfahrens zu sehen.

Abb. 9.2 Iterative
Annäherung an die Nullstelle
beim Newton-Raphson-
Verfahren

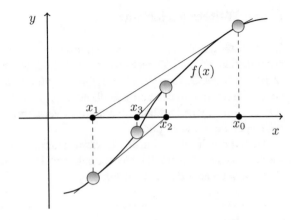

Ein Nachteil der Newton-Iteration ist, dass man die Ableitung der Funktion kennen muss. Die Konvergenz ist zwar quadratisch (Konvergenzordnung 2), hängt aber stark vom Startwert ab. Es ist nicht garantiert, dass man überhaupt eine Nullstelle findet, denn bei schlechter Wahl des Startwerts kann dieses Verfahren divergieren.

9.2.3 Sekantenverfahren

Anstatt der Ableitung im Newton-Raphson-Verfahren (9.11) kann man als Näherung auch den Differenzenquotienten $(f(x_n) - f(x_{n-1}))/(x_n - x_{n-1})$ verwenden, und man erhält

$$x_{n+1} = x_n - \frac{f(x_n)(x_n - x_{n-1})}{f(x_n) - f(x_{n-1})} = \frac{f(x_n)x_{n-1} - f(x_{n-1})x_n}{f(x_n) - f(x_{n-1})}. \tag{9.12}$$

Damit lässt sich, analog zum Newton-Raphson-Verfahren, die Nullstelle iterativ berechnen, man benötigt jedoch nicht mehr die Ableitung der Funktion $f(x)$. Die Konvergenz ist ebenfalls nicht garantiert und die Konvergenzordnung geringer als beim Newton-Raphson-Verfahren (ca. 1,62 statt 2).

9.2.4 False-Positive-Verfahren *(regula falsi)*

Beim False-Positive-Verfahren kombiniert man die Vorteile des Sekantenverfahrens und der Intervallhalbierung. Man startet mit einem Intervall, in dem die Nullstelle liegt, und bestimmt dann mit der Sekanten der Intervallgrenzen mit dem Sekantenverfahren den nächsten Punkt. Je nach Vorzeichen des neuen Punktes wird einer der beiden Intervallgrenzen verworfen und ein entsprechendes neues Intervall ausgewählt.

Vorteil dieses Verfahrens ist die garantierte Konvergenz (von der Intervallhalbierung) und die schnelle Konvergenz (vergleichbar mit dem Sekantenverfahren). Damit lässt sich also mit geringem Rechenaufwand zuverlässig eine Nullstelle finden.

9.2.5   Weitere Verfahren

Es gibt natürlich noch weitere Nullstellensuchverfahren, die z. B. durch Interpolation der Funktion $f(x)$ die Zuverlässigkeit und Geschwindigkeit weiter erhöhen können (z. B. das Brent-Dekker-Verfahren). Diese finden sich, zusammen mit den besprochenen Verfahren, in der SciPy-Bibliothek *scipy.optimize*. Zu bedenken ist jedoch, dass es kein allgemeines und zuverlässiges Verfahren gibt, um alle Nullstellen einer beliebigen Funktion zu finden.

Auch für mehrdimensionale Funktionen können diese Verfahren verallgemeinert werden. Da dies aber für die Anwendungen in diesem Buch nicht benötigt wird, soll es hier nicht weiter diskutiert werden.

9.3   Interpolation

Bei Messungen oder numerischen Berechnungen erhält man oft nur wenige Datenwerte. Möchte man aus diesen Werten aber z. B. Zwischenwerte berechnen, so sucht man eine analytische Funktion, die die Datenpunkte optimal verbindet. Die Funktion soll dabei an den Datenpunkten, den sog. **Stützstellen,** identisch mit den Datenwerten sein. Zwischen den Datenpunkten werden die Werte interpoliert.

Eine Interpolation verwendet man häufig, wenn die Bestimmung der Datenpunkte sehr aufwendig ist. Auch lassen sich damit Datenpunkte durch glatte Kurven ersetzen, um diese z. B. numerisch zu integrieren (s. Abschn. 9.5). Eine Interpolation ist dabei nicht zu verwechseln mit einer Anpassung, bei der man eine Modellfunktion vorgibt, die an die Daten angepasst wird. Die Werte der Modellfunktion an den Stützstellen sind dabei i. Allg. nicht identisch mit den Datenwerten. Eine Bestimmung von Datenwerten außerhalb des Bereichs der Daten nennt man **Extrapolation,** bekannt z. B. durch die Taylor-Entwicklung.

Die wichtigsten Interpolationsmethoden finden sich in der SciPy-Bibliothek *scipy.interpolate* und können damit bequem in Python verwendet werden.

9.3.1   Lineare Interpolation

Die einfachste Variante (neben der konstanten Interpolation durch Stufenwerte) ist die lineare Interpolation. Hierbei wird eine lineare Funktion angesetzt, die jeweils zwei benachbarte Punkte verbindet. Mathematisch lässt sich die Funktion zwischen den Punkten (x_0, y_0) und (x_1, y_1) einfach angeben:

$$f(x) = y_0 + \frac{y_1 - y_0}{x_1 - x_0}(x - x_0) = \frac{y_0(x_1 - x) + y_1(x - x_0)}{x_1 - x_0}. \tag{9.13}$$

Die lineare Verbindung von $N + 1$ Datenpunkten (x_i, y_i) mit $i = 0, \ldots, N$ ergibt die Interpolationsfunktion, die jedoch an den Stützstellen i. Allg. nicht stetig ist. Möchte man eine stetige Interpolationsfunktion, so wird ein Polynom höherer Ordnung benötigt.

9.3.2 Polynominterpolation

Grundlage der Polynominterpolation ist die Tatsache, dass sich $N + 1$ Datenpunkte (x_i, y_i) immer eindeutig mit einem Polynom $P(x) = \sum_{i=0}^{N} a_i x^i$ der Ordnung N verbinden lassen. Das versteht man sofort, da dieses Polynom an allen Stützstellen $x_0, \ldots, x_N$ identisch mit den Datenwerten $y_0, \ldots, y_N$ sein soll und damit das Gleichungssystem

$$
\begin{aligned}
y_0 &= P(x_0) = a_0 + a_1 x_0 + \cdots + a_N x_0^N \\
y_1 &= P(x_1) = a_0 + a_1 x_1 + \cdots + a_N x_1^N \\
&\vdots \\
y_N &= P(x_N) = a_0 + a_1 x_N + \cdots + a_N x_N^N
\end{aligned}
\tag{9.14}
$$

für $a_0, \ldots, a_N$ erfüllen muss. Durch Einsetzen der Lösung des Gleichungssystems in $P(x)$ erhält man das Interpolationspolynom. In Abb. 9.3 ist das Ergebnis am Beispiel von vier Datenpunkten zusammen mit der linearen Interpolation zu sehen.

Der Fehler der Interpolation einer Funktion $f(x)$ lässt sich durch ein Restglied $R_N(x) = f(x) - p_N(x)$ angeben, dass vergleichbar auch bei der Taylor-Entwicklung auftritt. Es lautet

$$
R_N(x) = \frac{f^{(N+1)}(\xi(x))}{(N+1)!} \prod_{k=0}^{N} (x - x_k)
\tag{9.15}
$$

mit einem $\xi \in [a, b]$.

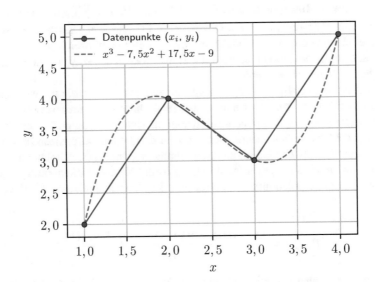

Abb. 9.3 Lineare und Polynominterpolation am Beispiel von vier Datenpunkten

Die direkte Lösung des LGS ist sehr aufwendig (s. Abschn. 11.1), d. h., die Verwendung der Standardbasis $\{1, x, x^2, \ldots\}$ ist hier nicht optimal. Durch geeignete Wahl anderer Basisfunktionen gibt es jedoch verschiedene Verfahren, welche die Bestimmung des Interpolationspolynoms deutlich effizienter machen.

Lagrange-Interpolation

Verwendet man die sog. **Lagrange-Polynome** (Joseph-Louis Lagrange 1736–1813), definiert durch

$$L_i(x) = \prod_{\substack{k=0 \\ k \neq i}}^{N} \frac{x - x_k}{x_i - x_k} \tag{9.16}$$

als Basisfunktionen, so erhält man das Interpolationspolynom wegen $L_i(x_k) = \delta_{ik}$ einfach durch

$$P_N(x) = \sum_{i=0}^{N} y_i L_i(x). \tag{9.17}$$

Der Aufwand ist nur noch von der Ordnung $\mathcal{O}(N^2)$. Die Basisfunktionen $L_i(x)$ sind unabhängig von den Werten y_i, sodass bei festen Stützstellen schnell das Interpolationspolynom bei Änderung der y_i bestimmt werden kann. Ändern sich aber die Stützstellen, müssen alle Basisfunktionen neu berechnet werden, was diese Methode für praktische Zwecke oft unbrauchbar macht.

Newton- und Neville-Aitken-Interpolation

Bei der **Newton-Interpolation** wird das Polynom $P(x) = \sum_{i=0}^{N} a_i N_i(x)$ mit den sog. Newton-Basisfunktionen $N_0 = 1$, $N_i(x) = \prod_{k=1}^{i}(x - x_k)$ geschrieben, sodass die Koeffizienten durch Berechnung von dividierten Differenzen bestimmt werden können. Mithilfe des Horner-Schemas (s. Tipp 8.1) kann das Polynom dann effizient an jeder Stelle berechnet werden.

Der Aufwand der Berechnung ist zwar immer noch $\mathcal{O}(N^2)$, die Auswertung des Polynoms für jede Stelle aber nur noch $\mathcal{O}(N)$. Dieses Verfahren verwendet man daher, wenn man das Interpolationspolynom an vielen Stellen auswerten möchte oder sich die Stützstellen ändern. Aufgrund der dividierten Differenzen kann es bei sehr kleiner Schrittweite jedoch zu Auslöschungen kommen (s. Abschn. 8.1.2).

Weniger empfindlich gegen Auslöschung ist die **Neville-Aitken-Interpolation.** Hier wird das Interpolationspolynom für $N + 1$ Stützstellen rekursiv definiert:

$$P_{i,i}(x) = y_i$$
$$P_{i,j}(x) = \frac{(x - x_i)P_{i+1,j}(x) - (x - x_j)P_{i,j-1}(x)}{x_j - x_i}, \tag{9.18}$$

d. h., man berechnet rekursiv jeweils für $1, 2, 3, \ldots, N + 1$ Stützstellen das entsprechende Interpolationspolynom. Dies wird im Neville-Schema in der Tab. 9.1 veranschaulicht. Das gesuchte Interpolationspolynom ist damit $P(x) = P_{0,N}(x)$.

Tab. 9.1 Neville-Schema der Neville-Aitken-Interpolation für drei Datenpunkte

$$y_0 = P_{0,0}(x)$$

$$y_1 = P_{1,1}(x) \quad \rightarrow \quad P_{0,1}(x)$$

$$y_2 = P_{2,2}(x) \quad \rightarrow \quad P_{1,2}(x) \quad \rightarrow \quad P_{0,2}(x) = P(x)$$

Auch hier lassen sich Stützstellen problemlos hinzufügen, um z. B. die Genauigkeit des Interpolationspolynoms zu verbessern.

Runge-Problem

Ein Problem der Polynominterpolation ist, dass Polynome höherer Ordnung stark oszillieren können, d. h. bei vielen Stützstellen ein Polynom die Werte nur noch schlecht interpoliert. Dies wurde bekannt unter dem Namen **Runge-Problem** (Carl Runge 1856–1927).

Ein bekanntes Beispiel, bei dem dieses Problem auftritt, ist die Interpolation der Runge-Funktion $R(x) = \frac{1}{1+x^2}$, wie in Abb. 9.4 zu sehen ist. Eine Lösung dieses Problems ist eine bessere Wahl der Stützstellen oder die Verwendung von stückweise definierten Polynomen. Nimmt man anstelle von äquidistanter Stützstellen z. B. die Nullstellen der Tschebyschow-Polynome $T_n(x) = \cos(n \arccos x)$ als Stützstellen, so kann man die Fehler der Interpolation minimieren.

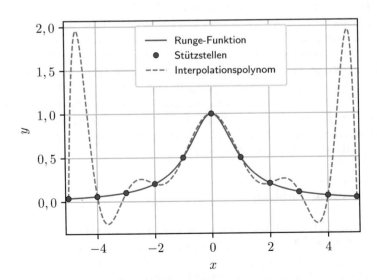

Abb. 9.4 Polynominterpolation der Runge-Funktion $R(x) = \frac{1}{1+x^2}$ mit $n = 11$ Stützstellen

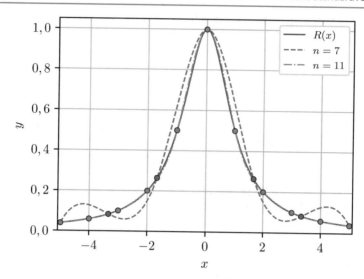

Abb. 9.5 *Spline*-Interpolation der Runge-Funktion $R(x)$ mit $n = 7$ und $n = 11$ Stützstellen

9.3.3 *Spline*-Interpolation

Um trotz äquidistanter Stützstellen eine gute (glatte) interpolierende Funktion zu
erhalten, muss man bedenken, dass sich eine glatte Funktion nur lokal wie ein Polynom verhält (s. Taylor-Entwicklung). Daher ist es sinnvoll, die glatte Funktion stückweise aus Polynomen (sog. *Splines*) zusammenzusetzen und diese glatt zu verbinden
(d. h. nicht z. B. durch lineare Interpolation, s. Abschn. 9.3.1).

Die gebräuchlichste Art von *Splines* sind **kubische Splines** *(cubic splines)*. Hierbei werden für jedes Teilstück Polynome dritten Grades verwendet und diese dann
stetig differenzierbar verbunden. Die Anschlussbedingungen der *Splines* und die
Randbedingungen an den Intervallgrenzen ergeben ein Gleichungssystem für die
Koeffizienten der *Splines,* dessen Lösung die glatte Interpolationsfunktion ergibt.

Abb. 9.5 zeigt die Interpolation der Runge-Funktion $R(x)$ durch *Spline*-
Interpolation für $n = 7$ und $n = 11$ Stützstellen. Die Oszillationen der Polynominterpolation werden offensichtlich vermieden, und schon für 11 Stützstellen ist
das Ergebnis sehr nahe an der Runge-Funktion.

9.4   Fourier-Analyse

Die Frequenzanalyse, d. h. die Bestimmung der Frequenzanteile eines Signals, spielt
eine entscheidende Rolle bei der Signalanalyse und -verarbeitung (s. Kap. 18).
Aber auch bei der Modenzerlegung (s. Abschn. 16.2.1) oder der Stabilitätsanalyse
(s. Abschn. 16.1.4) erweist sich eine Fourier-Analyse als sehr nützlich.

Für die Interpolation von periodischen Funktionen sind Polynome offensichtlich wenig geeignet, da sie selbst nicht periodisch sind. Besser eignen sich daher periodische Funktionen, z. B. trigonometrische Funktionen, die man als Basis für die sog. **reelle Fourier-Reihen** (Jean Baptiste Joseph Fourier 1768–1830) verwendet:

$$f_n(x) = \frac{a_0}{2} + \sum_{j=1}^{n} \left(a_j \cos(k_j x) + b_j \sin(k_j x) \right), \quad k_j = \frac{2\pi}{L} j \qquad (9.19)$$

mit der Intervalllänge $L = b - a$ und den Fourier-Koeffizienten

$$a_j(x) = \frac{2}{L} \int_a^b f(x) \cos(k_j x) \, dx \quad (j \geq 0),$$

$$b_j(x) = \frac{2}{L} \int_a^b f(x) \sin(k_j x) \, dx \quad (j > 0), \qquad (9.20)$$

bzw. die **komplexen Fourier-Reihen**

$$f_n(x) = \sum_{j=-n}^{n} c_j e^{ik_j x}, \quad c_j = \frac{1}{L} \int_a^b f(x) e^{-ik_j x} \, dx, \qquad (9.21)$$

wobei $a_j = c_j + c_{-j}$ und $b_j = i(c_j - c_{-j})$.

Jede auf dem Intervall $[a, b]$ periodische Funktion $f(x)$ lässt sich dann durch eine Fourier-Reihe $f_n(x)$ nähern. Je höher dabei die Ordnung n der Fourier-Reihe, desto besser wird die periodische Funktion genähert.

Je schneller die Fourier-Koeffizienten konvergieren, desto kleiner kann die Ordnung n gewählt werden, um eine gute Näherung der periodischen Funktion zu erhalten. In Abb. 9.6 sind die Fourier-Reihen und -Koeffizienten der Dreiecksfunktion und der Stufenfunktion für verschiedene Ordnungen n zu sehen. Man erkennt sehr gut die folgenden Eigenschaften der Fourier-Reihen:

- Symmetrie: Ist $f(x)$ symmetrisch/antisymmetrisch, so gilt $b_j = 0/a_j = 0 \, (\forall j)$.
- Stetigkeit: Ist $f(x)$ stetig/unstetig, so sind die Fourier-Koeffizienten proportional zu $\frac{1}{j^2}/\frac{1}{j}$.
- **Gibbs-Phänomen:** An Unstetigkeiten der Funktion treten Überschwinger auf, die bis zu ca. 9 % betragen können.

9.4.1 Fourier-Transformation

Die Vorteile der Fourier-Reihe möchte man natürlich auch auf nichtperiodische Funktionen erweitern. Das lässt sich bewerkstelligen, indem man das Intervall auf $(-\infty, \infty)$ ausdehnt (d. h. den Grenzfall $L \to \infty$ betrachtet). Damit werden die

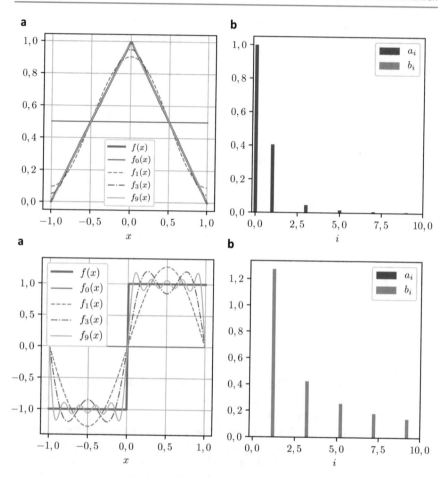

Abb. 9.6 Fourier-Reihen (**a**) und -Koeffizienten (**b**) der Dreiecksfunktion $f(x) = 1 - |x|$ und der Rechtecksfunktion $f(x) = \text{sgn}(x)$ jeweils im Intervall $x \in [-1, 1]$

(eindeutigen) Fourier-Koeffizienten quasi-kontinuierlich, und man kann diese mit der **kontinuierlichen Fourier-Transformation** identifizieren:

$$c_j = \frac{1}{L} \int_{-L/2}^{L/2} f(x)\, e^{-ik_j x}\, dx \overset{L \to \infty}{\longrightarrow} \int_{-\infty}^{\infty} f(x)\, e^{-ikx}\, dx = \hat{f}(k). \qquad (9.22)$$

Das bedeutet, die Koeffizienten c_j sind im endlichen Fall die Näherung der Fourier-Transformation $\mathcal{F}\{f(x)\} = \hat{f}(k)$ der Funktion $f(x)$. In Abb. 9.7 sieht man dies am Beispiel der Rechteckfunktion.

Numerisch ist die Funktion natürlich nur an endlich vielen Stellen bekannt. Die Variable x muss daher wie in (8.6) diskretisiert werden, d. h. $x = x_0 + kh$. Mit (8.7)

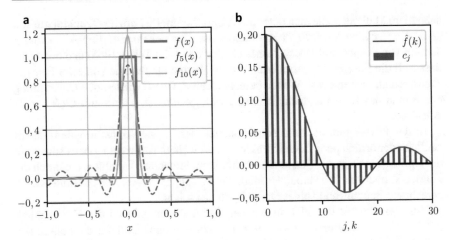

Abb. 9.7 (**b**) Vergleich der Fourier-Koeffizienten c_j mit der kontinuierlichen Fourier-Transformation $\hat{f}(k)$ für die Rechteckfunktion $f(x)$ (**a**)

und $L = Nh$ erhält man

$$
\begin{aligned}
c_j &= \frac{1}{L} \int_{x_0}^{x_N} f(x)\, e^{-ik_j x}\, dx \approx \frac{1}{L} \sum_{k=0}^{N-1} f(x_k)\, e^{-ik_j x_k} h \\
&= \frac{1}{N} \sum_{k=0}^{N-1} f_k e^{-i\frac{2\pi}{L} j(x_0 + kh)} \tag{9.23} \\
&= \frac{e^{-ik_j x_0}}{N} \sum_{k=0}^{N-1} f_k e^{-i\frac{2\pi}{N} jk}. \tag{9.24}
\end{aligned}
$$

Damit ergibt sich die **diskrete Fourier-Transformation** (DFT) sowie analog deren Umkehrung.

9.4.2 Diskrete Fourier-Transformation

Die diskrete Form der Fourier-Transformation ist definiert durch

$$
\begin{aligned}
\hat{f}_j &= \sum_{k=0}^{N-1} f_k e^{-i2\pi \frac{jk}{N}} \quad (j = 0, \dots, N-1), \\
f_k &= \frac{1}{N} \sum_{j=0}^{N-1} \hat{f}_j e^{i2\pi \frac{jk}{N}} \quad (k = 0, \dots, N-1). \tag{9.25}
\end{aligned}
$$

Die Berechnung der diskreten Fourier-Transformation durch (9.25) ist für eine große Anzahl N an Werten offensichtlich sehr aufwendig ($\mathcal{O}(N^2)$). Es gibt jedoch schnellere Methoden, die man unter dem Begriff **schnelle Fourier-Transformation** *(Fast Fourier transform, FFT)* zusammenfasst. Der bekannteste FFT-Algorithmus stammt von Cooley und Tukey (James Cooley und John Tukey 1965) und nutzt aus, dass sich die Fourier-Transformation von N Werten als Summe von zwei Fourier-Transformationen mit $N/2$ Werten berechnen lässt. Durch wiederholte Unterteilung erhält man das Ergebnis, wenn N eine Zweierpotenz ist, bereits mit $\mathcal{O}(N \log N)$ Aufwand.

In der Physik gibt es viele Anwendungen der Fourier-Transformation, da oft zeitlich oder örtlich periodische Strukturen auftauchen. Außerdem gibt es sowohl in der Optik als auch in der Quantenmechanik komplementäre Variablen, die durch die Fourier-Transformation verbunden sind. Als Beispiel ist in Abb. 9.8 das mittels DFT berechnete Beugungsbild eines Doppelspalts zu sehen.

Zur Berechnung der FFT in eigenen Programmen gibt es die C-Bibliothek FFTW *(Fastest Fourier Transform in the West)*. Python stellt dafür die Funktionen *numpy.fft.fft()* und *numpy.fft.ifft()* bzw. *scipy.fftpack.fft()* und *scipy.fftpack.ifft()* für die Vorwärts- und Rückwärtstransformation zur Verfügung.

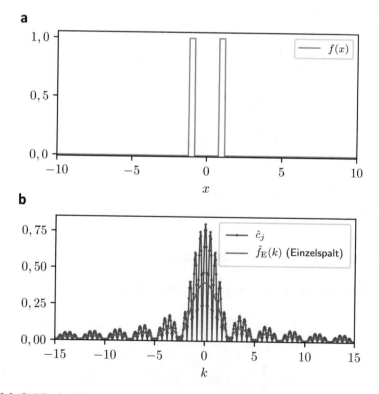

Abb. 9.8 (**b**) Mittels DFT berechnetes Beugungsmuster eines Doppelspalts (**a**) im Vergleich zum analytischen Beugungsmuster $\hat{f}_E(k)$ eines Einzelspalts

9.4.3 Faltung

Die Faltung *(convolution)* zweier kontinuierlicher Funktionen ist definiert durch das Faltungsintegral

$$(f * g)(t) = \int_{-\infty}^{\infty} f(\tau) g(t - \tau) \, d\tau. \tag{9.26}$$

Es handelt sich also um einen gewichteten Mittelwert der Funktion f mit der (gespiegelten) Gewichtung g. Die Faltung hat zahlreiche Anwendungen in der Signalanalyse (s. Abschn. 8.3.3), dort meist allerdings in der diskreten Version

$$(f * g)_j = \sum_k f_k g_{j-k}. \tag{9.27}$$

Der Index j läuft dabei typischerweise über alle Werte von f, wobei g im Zweifel mit Nullen aufzufüllen ist.

Die Berechnung einer Faltung lässt sich mit dem **Faltungstheorem** auf das Produkt der Fourier-Transformation der beiden Funktionen f und g zurückführen:

$$\mathcal{F}\{f * g\} = k\mathcal{F}\{f\} \cdot \mathcal{F}\{g\}. \tag{9.28}$$

k ist hier eine Konstante, die je nach Definition der Fourier-Transformation auftritt. Durch Verwendung des Faltungstheorems kann man den Aufwand der Berechnung einer diskreten Faltung von $\mathcal{O}(N^2)$ bei Verwendung von FFT-Methoden (s. Abschn. 9.4.2) auf $\mathcal{O}(N \log N)$ reduzieren.

Zur Berechnung der Faltung in Python kann man entweder das Faltungstheorem und die Fourier-Transformationen aus NumPy und SciPy verwenden, oder man benutzt direkt die Funktionen *numpy.convolve()* (für eindimensionale Felder) oder *scipy.signal.convolve()* (für beliebig dimensionale Felder), wobei man bei Letzterer sogar die Methode der Berechnung (Summe, FFT-Methode oder schnellste Methode) angeben kann.

9.4.4 Auto- und Kreuzkorrelation

Die Korrelation zwischen zwei kontinuierlichen Signalen ist definiert durch

$$(f \star g)(t) = \int_{-\infty}^{\infty} f^*(\tau) g(\tau + t) \, d\tau. \tag{9.29}$$

f^* ist die komplex Konjugierte von f und unterscheidet sich von f nur bei komplexen Signalen. Bei der Korrelation handelt es sich also quasi um einen gleitenden Mittelwert der Funktion f^* mit der Gewichtung g und wird für $f \neq g$ auch **Kreuzkorrelation** genannt. Das zweite Signal g wird dabei um t gegenüber dem ersten Signal f verschoben, und der Wert des Integrals gibt die Übereinstimmung an.

Ein Vergleich mit der Faltung (9.26) zeigt, dass dort das zweite Signal g im Vergleich zur Korrelation invertiert ist.

Bei den in der Praxis auftretenden diskreten Signalen benötigt man die diskrete Korrelation

$$(f \star g)_j = \sum_k f_k^* g_{k+j}. \tag{9.30}$$

Man erkennt die Ähnlichkeit zur diskreten Faltung (9.27). Deshalb verwundert es nicht, dass man die diskrete Korrelation auch mit dem Faltungstheorem berechnen kann:

$$\mathcal{F}\{f \star g\} = k\mathcal{F}\{f^*(-t)\} \cdot \mathcal{F}\{g\} = k\mathcal{F}^*\{f\} \cdot \mathcal{F}\{g\}. \tag{9.31}$$

Im letzten Schritt wurde eine Eigenschaft der Fourier-Transformation ausgenutzt. Die Berechnung ist damit also mit dem gleichen Aufwand wie die Faltung möglich.

Ein Spezialfall ist die sog. **Autokorrelation** für zwei identische Funktionen, also die Korrelation für $g = f$. Mit dieser kann man bestimmen, ob ein Signal f mit einer Kopie von sich korreliert ist, d. h. sich z. B. wiederholt. Das Faltungstheorem der Autokorrelation lautet also $\mathcal{F}\{f \star f\} = k|\mathcal{F}\{f\}|^2$.

Für die Berechnung der Korrelation in Python gibt es speziell die Funktionen *numpy.correlate()* bzw. *scipy.signal.correlate()* analog zu den Faltungsfunktionen oder *scipy.signal.correlate2d()* für zweidimensionale Felder. Anwendungen der Korrelation bei der Bildanalyse werden in Abschn. 18.3.4 besprochen.

9.5   Numerische Integration

Auch das Lösen von Integralen ist ein wichtiger Bestandteil vieler physikalischer Probleme. Im Gegensatz zur Berechnung der Ableitung ist die Berechnung von Integralen (d. h. die Bestimmung der Stammfunktion) nur in wenigen Fällen analytisch möglich. Benötigt werden daher numerische Methoden, mit denen man Integrale einer Funktion bestimmen kann, z. B. zur Berechnungen von Wahrscheinlichkeiten (s. Abschn. 18.1.3). In SciPy finden sich diese Methoden in der Bibliothek *scipy.integrate*.

Durch geeignete Wahl von (endlich vielen) Stützstellen soll das Integral einer Funktion näherungsweise aus den Werten der Funktion berechnet werden. Wir beginnen mit dem einfachsten Fall, nämlich mit äquidistanten Stützstellen, und betrachten nur Funktionen einer Variable.

9.5.1   Newton-Cotes-Formeln

Um die zu integrierende Funktion möglichst gut nachzubilden, interpoliert man die Funktion anhand der gegebenen Stützstellen. Berechnet wird daher

$$\int_a^b f(x)\, dx \approx \int_a^b p_N(x)\, dx \tag{9.32}$$

mit dem interpolierenden Polynom $p_N(x)$. Unter Verwendung der Lagrange-Polynome (9.16) setzt man das interpolierende Polynom (9.17) ein und erhält

$$\int_a^b f(x)\,\mathrm{d}x \approx \int_a^b \sum_{i=0}^N f(x_i) L_i(x)\,\mathrm{d}x$$

$$= \sum_{i=0}^N f(x_i) \underbrace{\int_a^b L_i(x)\,\mathrm{d}x}_{=:(b-a)w_i} = (b-a) \sum_{i=0}^N w_i f(x_i), \qquad (9.33)$$

die sog. **Newton-Cotes-Formeln** (Isaac Newton und Roger Cotes 1676/1722). Das zu berechnende Integral lässt sich also mit den Funktionswerten $f(x_i)$ an den Stützstellen x_i und den zu bestimmenden Gewichten w_i numerisch ermitteln. Da $N+1$ freie Parameter w_i vorliegen, wird man damit mindestens Polynome bis zum Grad N exakt integrieren können.

Es ist klar, dass man nur wenige Stützstellen (und damit ein Interpolationspolynom kleiner Ordnung) verwenden wird, da aufgrund des Runge-Problems (s. Abschn. 9.3.2) höhere Polynome die Funktion i. Allg. nicht mehr gut beschreiben. Benötigt man jedoch mehr Stützstellen, z. B. wenn die Funktion stark variiert bzw. das Integral genauer berechnet werden soll, so unterteilt man einfach den Integrationsbereich in n Teilintervalle

$$\int_a^b f(x)\,\mathrm{d}x = \sum_{j=0}^{n-1} \int_{x_j}^{x_{j+1}} f(x)\,\mathrm{d}x \qquad (9.34)$$

und wendet jeweils die Newton-Cotes-Formeln an. Wir verwenden analog zur *Spline-Interpolation* (s. Abschn. 9.3.3) eine stückweise Integration der Funktion mit Interpolationspolynomen kleiner Ordnung, um das Integral zu berechnen. Diese sog. **summierten Newton-Cotes-Formeln** basieren daher auf stückweise zusammengesetzten Interpolationspolynomen, die jedoch für die Integration nicht stetig verbunden sein müssen, die Anschlussbedingungen der Polynome sind damit nicht relevant. Im Folgenden werden die am häufigsten verwendeten Newton-Cotes-Formeln und deren summierte Form erläutert.

Rechteckregel

Der einfachste Fall ist die Verwendung von nur einem Stützpunkt x_0, also ist $N = 0$. Dann ist

$$w_0 = \frac{1}{b-a} \int_a^b L_0(x)\,\mathrm{d}x = \frac{b-a}{b-a} = 1 \qquad (9.35)$$

und das Integral wird zu

$$\int_a^b f(x)\,\mathrm{d}x \approx (b-a)w_0 f(x_0) = (b-a)f(x_0). \qquad (9.36)$$

Nimmt man z. B. $x_0 = a$, so ergibt sich

$$\int_a^b f(x)\,dx \approx (b-a)f(a). \tag{9.37}$$

Dies wird meist (linke) **Rechteckregel** genannt.

Unter Verwendung von $x_0 = \frac{a+b}{2}$ (den Mittelpunkt des Intervalls), ergibt sich

$$\int_a^b f(x)\,dx \approx (b-a)f(\frac{a+b}{2}). \tag{9.38}$$

Dies ist bekannt unter dem Namen **Mittelpunktsregel** *(mid point rule)*, wird aber auch als Tangententrapezregel bezeichnet, da die Fläche des Tangententrapezes durch den Mittelpunkt identisch zum Rechteck durch den Mittelpunkt ist.

Welche der beiden Regeln sollte man nun verwenden? Dazu betrachten wir jeweils den **Diskretisierungsfehler.** Dieser ist gegeben durch

$$\Delta_N = \int_a^b f(x)\,dx - \int_a^b p_N(x)\,dx = \int_a^b R_N(x)\,dx. \tag{9.39}$$

mit dem Restglied $R_N(x) = f(x) - p_N(x)$ der Polynominterpolation (9.15).

Für einen Stützpunkt ($N = 0$) ergibt sich dann mit dem Mittelwertsatz der Integralrechnung:

$$\Delta_0 = \int_a^b f'(\xi(x))(x - x_0)\,dx \le f'(\xi)\int_a^b (x - x_0)\,dx. \tag{9.40}$$

Damit erhält man den betragsmäßigen Fehler der Rechteckregel ($x_0 = a$)

$$|\Delta_R| \le |f'(\xi)|\int_a^b (x - a)\,dx = \frac{(b-a)^2}{2}|f'(\xi)| \tag{9.41}$$

und den betragsmäßigen Fehler der Mittelpunktsregel ($x_0 = \frac{a+b}{2}$)

$$|\Delta_M| \le |f'(\xi)|\int_a^b \left|x - \frac{a+b}{2}\right|\,dx = \frac{(b-a)^2}{4}|f'(\xi)|. \tag{9.42}$$

Mithilfe der Taylor-Entwicklung lässt sich dieser Fehler sogar noch besser abschätzen:

$$|\Delta_M| \le \frac{1}{2}|f''(\xi)|\int_a^b \left(x - \frac{a+b}{2}\right)^2\,dx = \frac{(b-a)^2}{24}|f''(\xi)|. \tag{9.43}$$

Man erkennt daher, dass die Mittelpunktsregel deutlich genauer ist als die linke Rechteckregel. Der Mittelpunkt spielt damit eine besondere Rolle, genauso wie beim numerischen Ableiten die zentrale Differenz (9.5).

Eine Funktion mit nur einem Stützpunkt zu nähern, ist natürlich sehr ungenau. Die Verwendung von mehreren Teilintervallen, d. h. die Verwendung der summierten Formeln ist daher sicher sinnvoll. Bei n Intervallen der Breite $h_j = x_{j+1} - x_j$ ergibt sich dann die **summierte Rechteckregel**

$$
\begin{aligned}
\int_a^b f(x)\,dx &= \sum_{j=0}^{n-1} \int_{x_j}^{x_{j+1}} f(x)\,dx \\
&= \sum_{j=0}^{n-1} h_j f(x_j) \pm \frac{(b-a)^2}{2n} |f'(\xi)| \quad (9.44) \\
&\stackrel{\text{äquidist.}}{=} h \sum_{j=0}^{n-1} f(x_j) \pm \frac{|b-a|h}{2} |f'(\xi)|. \quad (9.45)
\end{aligned}
$$

Im letzten Schritt wurden äquidistante Intervalle der Breite $h = (b-a)/n$ angenommen. Analog folgt die **summierte Mittelpunktsregel**

$$
\begin{aligned}
\int_a^b f(x)\,dx &= \sum_{j=0}^{n-1} h_j f\left(\frac{x_j + x_{j+1}}{2}\right) \pm \frac{|b-a|^3}{24n^2} |f''(\xi)| \quad (9.46) \\
&\stackrel{\text{äquidist.}}{=} h \sum_{j=0}^{n-1} f(x_j) \pm \frac{|b-a|h^2}{24} |f''(\xi)|. \quad (9.47)
\end{aligned}
$$

(Sekanten)-Trapezregel

Eine bessere Näherung kann man mit zwei Stützpunkten ($N = 1$) erwarten. Mit $x_0 = a$ und $x_1 = b$ erhält man die Trapezregel

$$
\int_a^b f(x)\,dx \approx (b-a) \sum_{i=0}^{1} w_i f(x_i) = \frac{b-a}{2}(f(a) + f(b)). \quad (9.48)
$$

Der Fehler ergibt sich zu

$$
|\Delta_{\mathrm{T}}| \le \frac{|f''(\xi)|}{2} \left| \int_a^b (x-a)(x-b)\,dx \right| = \frac{|b-a|^3}{12} |f''(\xi)|. \quad (9.49)
$$

Die **summierte Trapezregel** ist damit

$$\int_a^b f(x)\,dx \;=\; \sum_{j=0}^{n-1} \frac{h_j}{2}\left(f(x_j)+f(x_{j+1})\right) \pm \frac{|b-a|^3}{12n^2}|f''(\xi)| \tag{9.50}$$

$$\stackrel{\ddot{a}quidist.}{=} \frac{h}{2}\sum_{j=0}^{n-1}\left(f(x_j)+f(x_{j+1})\right)\pm\frac{|b-a|h^2}{12}|f''(\xi)| \tag{9.51}$$

$$= \; h\sum_{j=0}^{n-1} f(x_j) - \frac{h}{2}\left(f(a)+f(b)\right) \pm \frac{|b-a|h^2}{12}|f''(\xi)|. \tag{9.52}$$

Wie man sieht, wird die summierte Trapezregel bei vielen äquidistanten Teilintervallen (d. h. $h \to 0$) identisch zur Mittelpunktsregel. Damit erklärt sich auch, dass der Fehler beider Methoden von gleicher Ordnung $\mathcal{O}(h^2)$ ist.

Simpson-Regel

Mit den drei Stützpunkten $x_0 = a$, $x_1 = \frac{a+b}{2}$ und $x_2 = b$ erhält man die Simpson-Regel (Thomas Simpson 1710–1761) auch als **Kepler'sche Fassregel** bekannt, da sich damit das Volumen eines Weinfasses sehr gut nähern lässt. Es ist daher

$$\int_a^b f(x)\,dx \approx (b-a)\sum_{i=0}^{2} w_i f(x_i) = \frac{b-a}{6}\left(f(a)+4f\left(\frac{a+b}{2}\right)+f(b)\right). \tag{9.53}$$

Eine Abschätzung des Fehlers der Simpsonregel ergibt damit

$$|\Delta s| \le \frac{|b-a|^5}{2880}|f^{(4)}(\xi)|. \tag{9.54}$$

Für die summierte Formel ergibt sich für n Teilintervalle dann

$$\int_a^b f(x)\,dx \;=\; \sum_{j=0}^{n-1}\frac{h_j}{6}\left(f(x_j)+4f\left(\frac{x_j+x_{j+1}}{2}\right)+f(x_{j+1})\right)$$

$$\pm\frac{|b-a|^5}{2880(n/2)^4}|f^{(4)}(\xi)| \tag{9.55}$$

$$\stackrel{\ddot{a}quidist.}{=} \frac{h}{3}\left(f(a)+2\sum_{j=1}^{n-1}f(x_{2j})+4\sum_{j=1}^{n}f(x_{2j-1})+f(b)\right)$$

$$\pm\frac{|b-a|h^4}{180}|f^{(4)}(\xi)|. \tag{9.56}$$

Der Fehler skaliert also mit der Intervallbreite $h = (b-a)/n$ wie $\mathcal{O}(h^4)$. Bei genügend kleiner Intervallbreite ist dieses Verfahren daher sehr genau und wird deshalb oft für die numerische Integration verwendet.

Tab. 9.2 Übersicht der wichtigsten Newton-Cotes-Formeln

Regel	Stützstellen	Gewichte	Fehler	Sum. Fehler
Rechteck	a	1	$\frac{(b-a)^2}{2}\|f'(\xi)\|$	$\mathcal{O}(h)$
Mittelpunkt	$\frac{a+b}{2}$	1	$\frac{\|b-a\|^3}{24}\|f''(\xi)\|$	$\mathcal{O}(h^2)$
Trapez	a,b	$\frac{1}{2},\frac{1}{2}$	$\frac{\|b-a\|^3}{12}\|f''(\xi)\|$	$\mathcal{O}(h^2)$
Simpson	$a,\frac{a+b}{2},b$	$\frac{1}{6},\frac{2}{3},\frac{1}{6}$	$\frac{\|b-a\|^5}{2880}\|f^{(4)}(\xi)\|$	$\mathcal{O}(h^4)$
Simpson-3/8	$a,\frac{a+b}{3},\frac{2(a+b)}{3},b$	$\frac{1}{8},\frac{3}{8},\frac{3}{8},\frac{1}{8}$	$\frac{\|b-a\|^5}{6480}\|f^{(4)}(\xi)\|$	$\mathcal{O}(h^4)$

Zusammenfassung

Wie wir gesehen haben, nimmt die Genauigkeit der Berechnung mit zunehmender Anzahl an Stützstellen schnell zu. Jedoch ist man dadurch begrenzt, dass die Polynominterpolation bei vielen Stützstellen schnell versagt und aufgrund von negativen Gewichten Auslöschungen auftreten können. Mithilfe der summierten Formeln für n Teilintervalle kann jedoch die Genauigkeit beliebig erhöht werden. In Tab. 9.2 sind die gebräuchlichsten Newton-Cotes-Formeln und deren Fehler wiedergegeben. Abb. 9.9 zeigt die besprochenen Newton-Cotes-Formeln im Vergleich.

Uneigentliche Integrale

Bisher wurden nur Integrale über das Intervall $[a, b]$ betrachtet. Es ist aber klar, dass durch Substitution die Integralgrenzen jederzeit angepasst werden können. Zum Beispiel werden im nächsten Abschnitt nur Integrale über das Intervall $[-1, 1]$ betrachtet, denn die Substitution

$$x(\xi) = \frac{b+a}{2} + \frac{b-a}{2}\xi \tag{9.57}$$

ändert dabei jedes Integral zu

$$\int_a^b f(x)\,dx = \frac{b-a}{2}\int_{-1}^1 f(x(\xi))\,d\xi. \tag{9.58}$$

Mithilfe von geeigneten Substitutionen können damit auch uneigentliche Integrale über unbeschränkten Intervallen so umgeformt werden, dass die Integralgrenzen endlich werden und sich das Integral numerisch lösen lässt. Hier die wichtigsten Substitutionen:

$$\int_a^\infty f(x)\,dx = \int_0^1 f\left(a + \frac{\xi}{1-\xi}\right)\frac{1}{(1-\xi)^2}\,d\xi, \tag{9.59}$$

$$\int_{-\infty}^a f(x)\,dx = \int_0^1 f\left(a - \frac{1-\xi}{\xi}\right)\frac{1}{\xi^2}\,d\xi, \tag{9.60}$$

$$\int_{-\infty}^\infty f(x)\,dx = \int_{-1}^1 f\left(\frac{\xi}{1-\xi^2}\right)\frac{1+\xi^2}{(1-\xi^2)^2}\,d\xi \tag{9.61}$$

$$= \int_{-1}^1 \frac{f(\text{atanh}\,\xi)}{1+\xi^2}\,d\xi = \int_{-\pi/2}^{\pi/2} \frac{f(\tan\xi)}{\cos^2\xi}\,d\xi. \tag{9.62}$$

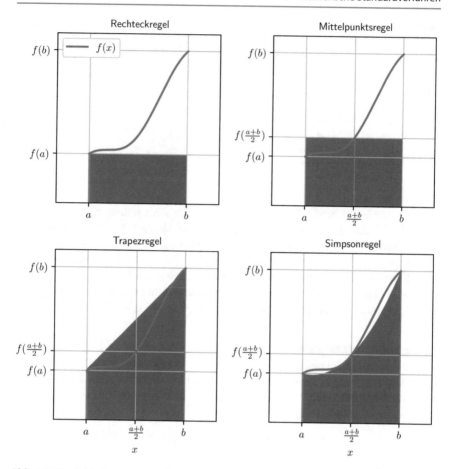

Abb. 9.9 Vergleich der ersten Newton-Cotes-Formeln zur numerischen Integration

9.5.2 Gauß-Quadratur

Bisher haben wir uns noch keine Gedanken über die Verteilung der Stützstellen gemacht. Lassen sich die Stützstellen frei wählen, z. B. bei einer Messung oder durch Auswertung einer Funktion, so liegt es nahe, die Lage der Stützstellen so zu optimieren, dass der Fehler minimal wird.

Die Idee ist, in (9.33) sowohl die Gewichte als auch die Lage der Stützstellen als Unbekannte aufzufassen. Damit erreicht man, dass mit N Stützstellen Polynome bis zum Grad $2N - 1$ (statt $N - 1$ bei den Newton-Cotes-Formeln) exakt integriert werden. Man kann daher eine deutlich höhere Genauigkeit erwarten. Diese Methoden werden **Gauß-Quadratur** (Johann Carl Friedrich Gauß 1777–1855) genannt.

Beispiel: 2-Punkt-Gauß-Quadratur

Zum Verständnis lässt sich die Gauß-Quadratur für zwei Stützstellen herleiten. Dabei beschränken wir uns wegen (9.58) auf Integrale über dem Intervall $[-1, 1]$.

Wir möchten, dass Polynome vom Grad 3 ($f(x) = a_0 + a_1 x + a_2 x^2 + a_3 x^3$) exakt integriert werden, d. h., aus (9.33) folgt

$$\int_{-1}^{1} \left(a_0 + a_1 x + a_2 x^2 + a_3 x^3 \right) \, \mathrm{d}x = \sum_{i=0}^{1} w_i f(x_i) = w_0 f(x_0) + w_1 f(x_1). \quad (9.63)$$

Dies lässt sich berechnen, und wir erhalten

$$\begin{aligned}
2a_0 + \frac{2}{3}a_2 &= w_0 \left(a_0 + a_1 x_0 + a_2 x_0^2 + a_3 x_0^3 \right) + w_1 \left(a_0 + a_1 x_1 + a_2 x_1^2 + a_3 x_1^3 \right) \\
&= a_0(w_0 + w_1) + a_1(w_0 x_0 + w_1 x_1) + a_2 \left(w_0 x_0^2 + w_1 x_1^2 \right) \\
&\quad + a_3 \left(w_0 x_0^3 + w_1 x_1^3 \right).
\end{aligned} \quad (9.64)$$

Ein Koeffizientenvergleich bringt

$$w_0 + w_1 = 2, \; w_0 x_0 + w_1 x_1 = 0, \; w_0 x_0^2 + w_1 x_1^2 = \frac{2}{3}, \; w_0 x_0^3 + w_1 x_1^3 = 0, \quad (9.65)$$

mit der einfach zu prüfenden Lösung $w_0 = w_1 = 1$, $x_0 = 1/\sqrt{3}$, $x_1 = -1/\sqrt{3}$.

Wir können daher mit nur zwei Stützstellen jedes Polynom bis zum Grad 3 exakt integrieren. Die 2-Punkt-Gauß-Quadratur lautet

$$\boxed{\int_{-1}^{1} f(x) \, \mathrm{d}x \approx f\left(\frac{1}{\sqrt{3}} \right) + f\left(-\frac{1}{\sqrt{3}} \right).} \quad (9.66)$$

Gauß-Legendre-Quadratur

Um die Gewichte und Lage der Stützstellen für mehr als zwei Stützstellen zu bestimmen, ist das bisherige Vorgehen leider unpraktisch. Man kann jedoch zeigen, dass die Stützstellen durch die Nullstellen der orthogonalen **Legendre-Polynome** (Adrien-Marie Legendre 1752–1833) gegeben sind und sich die Gewichte in (9.33) immer durch

$$w_i = \int_{-1}^{1} L_i(x) \, \mathrm{d}x \quad (9.67)$$

mit $i = 0, \ldots, N - 1$ bestimmen lassen. Diese Methode wird **Gauß-Legendre Quadratur** genannt. Für drei Stützstellen erhält man damit z. B. die 3-Punkt-Gauß-Legendre-Formel

$$\int_{-1}^{1} f(x) \, \mathrm{d}x \approx \frac{5}{9} f\left(\sqrt{\frac{3}{5}} \right) + \frac{8}{9} f(0) + \frac{5}{9} f\left(-\sqrt{\frac{3}{5}} \right), \quad (9.68)$$

die Polynome bis zum Grad 5 exakt integriert.

Tab. 9.3 Übersicht über die verallgemeinerten Gauß-Quadratur-Methoden

Name	Intervall	Gewichtsfunktion $g(x)$	Orthogonale Polynome
Gauß-Legendre	$[-1, 1]$	1	Legendre-Polynome
Gauß-Laguerre	$[0, \infty]$	e^{-x}	Laguerre-Polynome
Gauß-Hermite	$[-\infty, \infty]$	e^{-x^2}	Hermite-Polynome
Gauß-Tschebyschow	$[-1, 1]$	$1/\sqrt{1 - x^2}$	Tschebyschow-Polynome

Verallgemeinerte Gauß-Quadratur

Eine verallgemeinerte Form der Gauß-Quadratur für das Integral einer Funktion über das Intervall $[a, b]$ mit einer Gewichtsfunktion $g(x)$ lässt sich ebenfalls herleiten:

$$\int_a^b g(x) f(x)\, dx \approx \sum_{i=0}^{N-1} w_i f(x_i). \tag{9.69}$$

Für $g(x) = 1$ und das Intervall $[-1, 1]$ erhält man z. B. die Gauß-Legendre-Quadratur.

Die Gewichte w_i sowie die Stützstellen x_i sind natürlich von $g(x)$ abhängig. Jedoch zeigt sich analog zur Gauß-Legendre-Quadratur, dass die Stützstellen durch die Nullstellen bestimmter orthogonaler Polynome gegeben sind. Die Gewichte berechnen sich dann analog durch

$$w_i = \int_a^b g(x) L_i(x)\, dx. \tag{9.70}$$

Tab. 9.3 zeigt eine Übersicht über die wichtigsten Gauß-Quadratur-Methoden.

Natürlich gibt es auch für die Gauß-Quadratur rekursive Methoden, um die Genauigkeit schrittweise zu erhöhen. Dabei sollte man darauf achten, die bereits berechneten Stützstellen und Gewichte weiter nutzen zu können, d. h., die neuen Stützpunkte sollten optimal zwischen den alten liegen. Ein Beispiel, bei dem das hervorragend gelingt, ist die **Gauß-Kronrod-Quadratur** (Alexander Semenovich Kronrod 1965).

9.6   Methode der kleinsten Quadrate

Eine häufig notwendige Aufgabe ist die Anpassung einer Modellfunktion $f(x; \boldsymbol{\alpha})$ an vorhandene Datenpunkte $y_i(x_i)$ ($i = 1, \ldots, N$). Dabei sollen diejenigen Parameter $\boldsymbol{\alpha} = (\alpha_1, \ldots, \alpha_M)$ bestimmt werden, bei denen die Abweichung der Modellfunktion von den Daten minimal wird. Bei der Methode der kleinsten Quadrate *(least square)* nach Gauß wird die Summe der Quadrate der Abweichungen

Abb. 9.10 Datenpunkte,
Modellfunktion und
Residuen am Beispiel

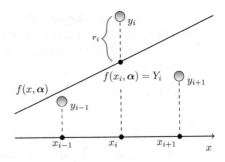

(sog. **Residuen** r_i) bestimmt und dann, abhängig von den Modellparametern, minimiert. Mathematisch lautet das Problem also

$$\min_{\boldsymbol{\alpha}} \sum_{i=1}^{N} (y_i - f(x_i, \boldsymbol{\alpha}))^2 = \min_{\boldsymbol{\alpha}} \sum_{i=1}^{N} r_i^2(\boldsymbol{\alpha}) = \min_{\boldsymbol{\alpha}} \chi^2(\boldsymbol{\alpha}). \qquad (9.71)$$

Abb. 9.10 zeigt Datenpunkte, Modellfunktion und Residuen für Beispieldaten. Die Anwendung bei der Datenanalyse wird in Abschn. 18.2 besprochen.

Für einfache Modellfunktionen lässt sich das Minimum direkt berechnen. Bei komplizierteren Modellen ist es nur noch numerisch möglich. Im Folgenden werden verschiedene Anwendungen der Kleinste-Quadrate-Methode besprochen.

9.6.1   Lineare Anpassung (Regression)

Eine einfache Anwendung der Kleinste-Quadrate-Methode ist die Anpassung einer linearen Funktion an die Daten $y_i(x_i)$. Dies wird auch Lineare Regression genannt. Die Modellfunktion ist hier also eine lineare Funktion $f(x; a, b) = a + bx$, und das Minimierungsproblem wird zu

$$\min_{a,b} \chi^2(a, b) = \min_{a,b} \sum_{i=1}^{N} (y_i - (a + bx_i))^2. \qquad (9.72)$$

Das Minimum lässt sich mit der Ableitung nach a und b direkt berechnen, und man erhält das Gleichungssystem

$$\begin{matrix} \langle y \rangle = & b\langle x \rangle + a \\ \langle xy \rangle = & b\langle x^2 \rangle + a\langle x \rangle \end{matrix} \quad \Leftrightarrow \quad \begin{pmatrix} 1 & \langle x \rangle \\ \langle x \rangle & \langle x^2 \rangle \end{pmatrix} \begin{pmatrix} a \\ b \end{pmatrix} = \begin{pmatrix} \langle y \rangle \\ \langle xy \rangle \end{pmatrix}, \qquad (9.73)$$

wobei hier die Mittelwerte $\langle x \rangle = \frac{1}{n} \sum_{i=1}^{N} x_i$ etc. verwendet werden. Die Lösung lässt sich leicht bestimmen:

$$a = \langle y \rangle - b\langle x \rangle, \, b = \frac{\langle xy \rangle - \langle x \rangle \langle y \rangle}{\langle x^2 \rangle - \langle x \rangle^2} = \frac{\text{cov}(x, y)}{\sigma_x^2}. \qquad (9.74)$$

a ergibt sich also durch Einsetzen der Mittelwerte in die Modellfunktion, und *b* ist das Verhältnis der sog. **Kovarianz** zur Varianz σ^2 von *x* (s. Verschiebungssatz 18.4).

Die Kovarianz gibt die Korrelation zweier Variablen (hier *x* und *y*) an und berechnet sich durch

$$\text{cov}(x, y) = \langle (x - \langle x \rangle)(y - \langle y \rangle) \rangle = \langle xy + \langle x \rangle \langle y \rangle - x \langle y \rangle - y \langle x \rangle \rangle = \langle xy \rangle - \langle x \rangle \langle y \rangle. \tag{9.75}$$

Man sieht sofort, dass $\text{cov}(x, x) = \langle x^2 \rangle - \langle x \rangle^2 = \sigma_x^2$, also die Varianz von *x* ist.

Da *b* die Steigung der Modellfunktion ist, bedeutet also eine negative Korrelation von *x* und *y* eine negative Steigung bzw. eine positive Korrelation von *x* und *y* eine positive Steigung.

In Python kann man den Mittelwert und die Varianz eines NumPy-Arrays *x* über *x.mean()* und *x.var()* direkt berechnen. Die Kovarianz zwischen *x* und *y* bekommt man mit *numpy.cov(x, y)[0][1]*, denn *numpy.cov(x, y)* berechnet die sog. Kovarianzmatrix, wobei *numpy.cov(x, y)[0][0]* σ_x^2 und *numpy.cov(x, y)[1][1]* σ_y^2 entspricht. Die Lineare Anpassung/Regression kann man in Python aber auch direkt über die Funktion *slope, intercept, r_value, p_value, std_err = scipy.stats.linregress(x,y)* bestimmen. *slope* und *intercept* sind die optimalen Parameter *b* und *a*.

Das Konzept der Linearen Anpassung lässt sich einfach auf Daten mit Unsicherheiten $y_i \pm \sigma_i$ erweitern. Die Unsicherheiten werden mit der Gewichtung $w_i = 1/\sigma_i^2$ in der Summe der Residuenquadrate berücksichtigt, d. h.

$$\chi^2(\boldsymbol{\alpha}) = \sum_{i=1}^{N} w_i \left(y_i - f(x_i, \boldsymbol{\alpha}) \right)^2, \tag{9.76}$$

und man erhält das identische Ergebnis wie bei der Linearen Anpassung ohne Unsicherheiten, wenn man die gewichteten Mittelwerte $\langle x \rangle = \sum_{i=1}^{N} w_i x_i = \sum_{i=1}^{N} \frac{x_i}{\sigma_i^2}$ etc. verwendet.

9.6.2 Polynomregression

Analog zur Linearen Anpassung lässt sich das Problem auch allgemein für ein Polynom vom Grad *n* $f(x; \boldsymbol{\alpha}) = \sum_{j=0}^{n} \alpha_j x^j$ als Modellfunktion lösen. Damit ist

$$\chi^2(\boldsymbol{\alpha}) = \sum_{i=1}^{N} \left(y_i - \sum_{j=0}^{n} \alpha_j x^j \right)^2, \tag{9.77}$$

und man erhält ein LGS aus $n + 1$ Gleichungen, die sog. **Normalgleichungen:**

$$\begin{pmatrix} 1 & \langle x \rangle & \cdots & \langle x^n \rangle \\ \langle x \rangle & \langle x^2 \rangle & \cdots & \langle x^{n+1} \rangle \\ \vdots & \vdots & \ddots & \vdots \\ \langle x^n \rangle & \langle x^{n+1} \rangle & \cdots & \langle x^{2n} \rangle \end{pmatrix} \begin{pmatrix} \alpha_0 \\ \alpha_1 \\ \cdots \\ \alpha_n \end{pmatrix} = \begin{pmatrix} \langle y \rangle \\ \langle xy \rangle \\ \cdots \\ \langle x^n y \rangle \end{pmatrix}. \tag{9.78}$$

Die Koeffizientenmatrix dieses LGS enthält also alle sog. Momente von x (s. Abschn. 18.1.1) und lässt sich mit Methoden der Linearen Algebra (s. Kap. 11) einfach lösen. In Python kann die Polynomregression für ein Polynom vom Grad n mit *numpy.polyfit(x,y,n)* bestimmt werden. Das Ergebnis sind die Koeffizienten α, aus denen man mit *poly1d(alpha)* ein Polynom erzeugen kann.

Normalerweise wird die Anzahl der Datenpunkte N viel größer als der Grad des Polynoms n sein (s. Runge-Problem in Abschn. 9.3.2). Im Spezialfall $n = N - 1$ erhält man mit dieser Methode das interpolierende Polynom (s. Abschn. 9.3.2), welches exakt durch die Datenpunkte läuft.

Aufgaben

9.1 Bestimmen Sie für eine feste Schrittweite die **Ableitung** der Funktion $f(x) = \sin(x^2)$ mit der Vorwärts- und der zentralen Differenz numerisch. Wann weicht die Näherung deutlich vom exakten Ergebnis ab?

9.2 Schreiben Sie in C oder Python ein Programm, um die Nullstelle der Funktion $f(x) = \cos x - x$ mit dem **Sekantenverfahren** zu berechnen.

9.3 Mithilfe des **Newton-Verfahrens** lässt sich die Quadratwurzel einer Zahl a berechnen, indem man die Funktion $f(x) = x^2 - a$ betrachtet (babylonisches Wurzelziehen). Wie lautet für $f(x)$ die (vereinfachte) Newton-Iteration? Programmieren Sie dafür das Newton-Verfahren, um die Wurzel aus 3 zu berechnen. Nach wie vielen Schritten ist die Maschinengenauigkeit erreicht?

9.4 Schreiben Sie ein Python-Programm, dass das **Interpolationspolynom** für drei beliebige Datenpunkte mit der Neville-Aitken-Interpolation findet. Testen Sie Ihr Programm anhand von drei gewählten Punkten und der SciPy-Funktion *scipy.interpolate.lagrange*. Stellen Sie das Ergebnis mit den Datenpunkten grafisch dar.

9.5 Analog zur Fourier-Reihe lässt sich eine Funktion auf dem Intervall $[-1, 1]$ auch in die orthonormalen **Legendre-Polynome** $P_l(x)$ (Normierung: $\int_{-1}^{1} P_i(x)P_j(x)\,dx = \frac{2}{2j+1}\delta_{ij}$) entwickeln (s. Abschn. 18.2.2):

$$f(x) = \sum_{l=0}^{\infty} a_l P_l(x), \quad a_l = \frac{2l+1}{2} \int_{-1}^{1} f(x)P_l(x)\,dx. \qquad (9.79)$$

Berechnen Sie die Entwicklungskoeffizienten a_l durch **numerische Integration** für die Funktion $f(x) = \sin(\pi x)$ und stellen Sie die Näherungen grafisch dar.

9.6 Berechnen Sie die Gewichte der **Trapez- und Simpson-Regel** in Tab. 9.2 und damit die angegebenen Regeln (9.48) und (9.53). Überprüfen Sie die Gewichte der **2-Punkt-Gauß-Quadratur** mit Formel (9.70).

9.7 Das radiale **Beugungsmuster** einer runden Lochblende ist gegeben durch die Intensität $I(r) = (J_1(kr)/kr)^2$ mit $k = 2\pi/\lambda$ und den Bessel-Funktionen

$$J_m(x) = \frac{1}{\pi} \int_0^\pi \cos(m\vartheta - r\sin\vartheta)\,d\vartheta. \tag{9.80}$$

Schreiben Sie ein Python-Programm zur Berechnung von $J_0(x)$, $J_1(x)$ und $J_2(x)$ mit der **Trapezmethode** ($N = 100$). Vergleichen Sie die Ergebnisse mit den entsprechenden Python-Funktionen (s. Abb. 6.2).

Stellen Sie damit das Beugungsmuster einer Lochblende als Dichteplot für verschiedene Wellenlängen dar.

9.8 Eine ebene Welle der Wellenlänge λ wird an einer scharfen Kante gebeugt. Die Intensität auf einem Schirm im Abstand z ist dann gegeben durch

$$I = \frac{I_0}{8}\left((2C(u)+1)^2 + (2S(u)+1)^2\right) \tag{9.81}$$

mit $u = x\sqrt{2/(\lambda z)}$ und den **Fresnel-Integralen** (6.3).

Schreiben Sie ein Programm zur numerischen Berechnung der Fresnel-Integrale und damit der Intensität (9.81) und stellen Sie das Ergebnis für verschiedene Wellenlängen und Abstände zum Schirm grafisch dar.

9.9 Berechnen Sie die Koeffizienten a_i der reellen **Fourier-Reihe**

$$f_n(x; a) = \sum_{i=0}^n a_i \cos(k_i x) \tag{9.82}$$

mithilfe der **Kleinste-Quadrate-Methode**, d. h.

$$\chi^2(a) = \int (f(x) - f_n(x; a))^2\,dx. \tag{9.83}$$

Es ergeben sich die bekannten Fourierkoeffizienten (s. Abschn. 9.4), die also die quadratischen Abweichungen der Näherung f_n von der Funktion f minimieren.

9.10 Bestimmen Sie mit einem Python-Programm die Parameter a und b einer **Linearen Regression** für die drei Datenpunkte $(-1; 0)$, $(0; 2)$ und $(1; 1)$. Bestimmen Sie nun mit *scipy.optimize.curve_fit()* die **Nichtlineare Anpassung** an die Datenpunkte.

Berechnen Sie dann das interpolierende Polynom 2. Ordnung mittels **Polynomregression** und nähern Sie das Polynom mit einer linearen Funktion durch **Polynomapproximation** (s. Abschn. 18.2.2) mithilfe der **Legendre-Polynome.** Vergleichen Sie die Approximation mit der Regression bzw. Anpassung.

Numerik von gewöhnlichen Differenzialgleichungen 10

Inhaltsverzeichnis

Gewöhnliche Differenzialgleichungen treten bei der Beschreibung von vielen physikalischen Problemen auf. Eine wichtige Anwendung sind z. B. Bewegungsgleichungen in der Mechanik (s. Kap. 13 und 14). Aber auch Wachstums- und Zerfallsprozesse lassen sich damit beschreiben. Die Anwendungen sind daher nicht nur auf physikalische Probleme beschränkt, sondern finden sich auch in Chemie und Biologie.

In diesem Kapitel schauen wir uns die wichtigsten numerischen Verfahren zur Lösung von gewöhnlichen Differenzialgleichungen an.

10.1 Euler-Verfahren

Betrachtet man die allgemeine, gewöhnliche Differenzialgleichung (GDGL) erster Ordnung

$$f'(x) = F(f(x), x) \tag{10.1}$$

mit der Startbedingung $f(0) = f_0$, so lässt sich die Ableitung einfach durch die Vorwärtsdifferenz (9.1) ersetzen und man erhält mit der Diskretisierung $h = \Delta x$ und Umstellen

$$\boxed{f_{n+1} = f_n + h \cdot F(f_n, x_n)}, \tag{10.2}$$

das **explizite Euler-Verfahren**.

© Springer-Verlag GmbH Deutschland, ein Teil von Springer Nature 2019
S. Gerlach, *Computerphysik*, https://doi.org/10.1007/978-3-662-59246-5_10

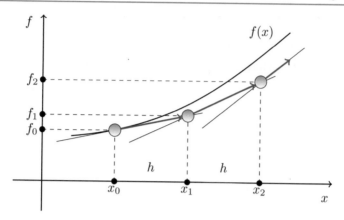

Abb. 10.1 Iterative Berechnung von Funktionswerten zur Lösung von GDGL erster Ordnung mit dem expliziten Euler-Verfahren (Polygonzugverfahren)

Die numerische Lösung der Differenzialgleichung ergibt sich im expliziten Euler-Verfahren also durch iterative Anwendung von (10.2) beginnend bei f_0, d. h.

$$f_0 \rightarrow f_1 \rightarrow f_2 \rightarrow f_3 \rightarrow \dots \tag{10.3}$$

Die grafische Darstellung der einzelnen Zwischenschritte in Abb. 10.1 zeigt deutlich, warum man dieses Verfahren auch **Polygonzugverfahren** nennt.

10.1.1 Genauigkeit des expliziten Euler-Verfahrens

Die Genauigkeit lässt sich mit einer Taylor-Entwicklung von $f(x + h)$ bestimmen:

$$f(x + h) = f(x) + hf'(x) + \frac{h^2}{2} f''(x) + \mathcal{O}(h^3). \tag{10.4}$$

Damit wird der Differenzenquotient zu

$$\frac{f(x + h) - f(x)}{h} = f'(x) + \frac{h}{2} f''(x) + \dots = f'(x) + \mathcal{O}(h), \tag{10.5}$$

d. h., der Fehler des Differenzenquotienten ist von der Ordnung $\mathcal{O}(h)$, und man erhält nach Umstellen

$$f_{n+1} = f_n + h \underbrace{f'_n}_{F(f_n, x_n)} + \mathcal{O}(h^2). \tag{10.6}$$

Lokal, d. h. pro Schritt, ist der Fehler des Euler-Verfahrens also proportional zu h^2. Der **globale Fehler** der Lösung $f(x)$ nach N Schritten ist dann proportional zu Nh^2.

Da jedoch die Anzahl der Schritte umgekehrt proportional zur Schrittweite h ist, wird der globale Fehler proportional zu h. Man sagt, die Konvergenzordnung ist 1.

Anstelle der Vorwärtsdifferenz in (10.5) könnte man auch die Rückwärtsdifferenz (9.2) betrachten:

$$\frac{f(x) - f(x - h)}{h} = -f'(x) + \frac{h}{2}f''(x) + \dots = f'(x) + \mathcal{O}(h). \qquad (10.7)$$

Diese hat jedoch die gleiche Genauigkeit wie die Vorwärtsdifferenz und führt auf das implizite Euler-Verfahren (s. Abschn. 10.4).

Verwendet man die zentrale Differenz (9.3), die eine höhere Genauigkeit besitzt, so sieht man, dass zur Berechnung von f_{n+1} nicht nur f_n, sondern auch f_{n-1} benötigt wird, man erhält also ein sog. Mehrschrittverfahren (s. Abschn. 10.3).

10.1.2 Stabilität des expliziten Euler-Verfahrens

Neben der Genauigkeit eines numerischen Verfahrens ist auch dessen Stabilität ein wichtiges Kriterium für den praktischen Einsatz. Stabilität bedeutet hier, wie empfindlich ein Verfahren auf Störungen (z. B. Rundungsfehler) reagiert. Insbesondere die Schrittweite spielt eine entscheidende Rolle, ob ein Verfahren konvergiert, oszilliert oder divergiert.

Als Beispiel schauen wir uns das explizite Euler-Verfahren für die GDGL $\dot{x}(t) = -\lambda x(t)$ an. Die analytische Lösung dieser Gleichung ist offensichtlich das Zerfallsgesetz $x(t) = Ce^{-\lambda t}$. Es lässt sich zeigen, dass die numerische Lösung mit dem expliziten Euler-Verfahren bei der Schrittweite h stabil ist, wenn $|1 - h\lambda| \leq 1$ erfüllt ist. Umgestellt ergibt sich damit eine maximale Schrittweite für ein stabiles Verfahren von $h_{max} = 2/\lambda$. Für größere Schrittweiten ist das explizite Euler-Verfahren instabil, und die numerische Lösung oszilliert oder divergiert. Schaut man sich jedoch das **implizite Euler-Verfahren** (s. Abschn. 10.4) an, so ist dieses stabil für alle Schrittweiten h. Auch viele andere implizite Verfahren sind stabiler als ihre expliziten Versionen.

Die zeitliche Entwicklung der Ungenauigkeiten eines numerischen Verfahrens wird z. B. bei der Von-Neumann-Stabilitätsanalyse untersucht, um die Stabilität von zeitabhängigen partiellen DGL zu untersuchen (s. Abschn. 16.1.4).

10.2 Runge-Kutta-Verfahren

Wir betrachten weiterhin die GDGL (10.1). Die Taylor-Entwicklung der Funktion $f(x)$ für eine Schrittweite $\pm h$ ist

$$f(x \pm h) = f(x) \pm hf'(x) + \frac{h^2}{2}f''(x) \pm \frac{h^3}{6}f'''(x) + \mathcal{O}(h^4) \qquad (10.8)$$

bzw.

$$f_{n\pm1} = f_n \pm hf'_n + \frac{h^2}{2}f''_n \pm \frac{h^3}{6}f'''_n + \mathcal{O}(h^4).$$ (10.9)

Die Idee ist jetzt, durch Kombination der beiden Taylor-Näherungen mit der Schrittweite $\pm\frac{h}{2}$ um den Punkt $x_{n+\frac{1}{2}}$ zu einer genaueren Lösung zu kommen:

$$f(x_{n+\frac{1}{2}} + \frac{h}{2}) \; = \; f(x_{n+1}) = f_{n+1}$$ (10.10)

$$\overset{\text{Taylor}}{=} f_{n+\frac{1}{2}} + \frac{h}{2}f'_{n+\frac{1}{2}} + \frac{1}{2}\left(\frac{h}{2}\right)^2 f''_{n+\frac{1}{2}} + \mathcal{O}(h^3),$$ (10.11)

$$f(x_{n+\frac{1}{2}} - \frac{h}{2}) \; = \; f(x_n) = f_n$$ (10.12)

$$\overset{\text{Taylor}}{=} f_{n+\frac{1}{2}} - \frac{h}{2}f'_{n+\frac{1}{2}} + \frac{1}{2}\left(\frac{h}{2}\right)^2 f''_{n+\frac{1}{2}} + \mathcal{O}(h^3).$$ (10.13)

Damit erhält man direkt

$$f_{n+1} - f_n = h \underbrace{f'_{n+\frac{1}{2}}}_{F(f_{n+\frac{1}{2}},x_{n+\frac{1}{2}})=F(f_n+\frac{h}{2}f'_n+\mathcal{O}(h^2),x_n+\frac{h}{2})} + \mathcal{O}(h^3),$$ (10.14)

$$\boxed{f_{n+1} = f_n + hF(f_n + \frac{h}{2}F(f_n, x_n), x_n + \frac{h}{2}) + \mathcal{O}(h^3)},$$ (10.15)

das sog. Runge-Kutta-Verfahren (*Carl Runge* und *Martin Wilhelm Kutta*, um 1900) zweiter Ordnung, auch „RK2", modifiziertes Euler-Verfahren oder *midpoint method* genannt.

Pro Schritt sind beim RK2-Verfahren zwei Funktionsauswertungen der Funktion F nötig, sodass man das Verfahren z.B. auch folgendermaßen zerlegen kann:

$$k_1 = hF(f_n, x_n),$$
$$k_2 = hF(f_n + \frac{k_1}{2}, x_n + \frac{h}{2}),$$
$$f_{n+1} = f_n + k_2 \,(+\mathcal{O}(h^3)).$$ (10.16)

Die Genauigkeit des RK2-Verfahrens ist damit eine Ordnung höher als beim Euler-Verfahren.

Um die Genauigkeit noch weiter zu erhöhen, kann man noch weitere Zwischenschritte einsetzen und erhält damit z.B. das sehr gebräuchliche Runge-Kutta-

Verfahren vierter Ordnung („Klassisches Runge-Kutta-Verfahren") mit vier Funktionsauswertungen:

$$k_1 = hF(f_n, x_n),$$

$$k_2 = hF(f_n + \frac{k_1}{2}, x_n + \frac{h}{2}),$$

$$k_3 = hF(f_n + \frac{k_2}{2}, x_n + \frac{h}{2}),$$

$$k_4 = hF(f_n + k_3, x_n + h),$$

$$f_{n+1} = f_n + \frac{k_1}{6} + \frac{k_2}{3} + \frac{k_3}{3} + \frac{k_4}{6} \ (+\mathcal{O}(h^5)). \tag{10.17}$$

Ist jedoch die Auswertung der Funktion F aufwendig, erhöht sich damit auch der Rechenaufwand erheblich. Ein weiteres Problem der Runge-Kutta-Verfahren ist, dass diese Verfahren nicht zeitumkehrinvariant sind und damit Größen wie die Energie nicht automatisch erhalten sind. Wir werden in Abschn. 13.3 deshalb bessere Verfahren zur Lösung von Bewegungsgleichungen kennenlernen.

10.3 Mehrschrittverfahren

Die Idee der Mehrschrittverfahren ist es, mehrere zurückliegende Schritte zur Berechnung eines neuen Schritts zu verwenden. Am bekanntesten sind die sog. **Adams-Bashforth-Methoden** (John Couch Adams und Francis Bashforth 1883)

$$f_{n+1} = f_n + \frac{h}{2}(3F(f_n, x_n) - F(f_{n-1}, x_{n-1})), \tag{10.18}$$

$$f_{n+1} = f_n + \frac{h}{12}(23F(f_n, x_n) - 16F(f_{n-1}, x_{n-1}) \tag{10.19}$$
$$+5F(f_{n-2}, x_{n-2}))$$

etc.

(s. Aufgabe 10.2), die eine explizite Lösung bei Verwendung der zurückliegenden Schritte ermöglichen. Die zusätzlichen Startwerte können z. B. mit der Euler-Methode bestimmt werden.

Mehrschrittverfahren können sich auch ergeben, wenn höhere Ableitungen in einer DGL auftreten. Bei einer DGL der Form $f''(x) = F(f(x), x)$, welche oft bei Bewegungsgleichungen auftreten, verwendet man z. B. einfach die zentrale zweite Ableitung (9.6) und erhält (Aufgabe 10.1) die einfache iterative Vorschrift

$$f_{n+1} = 2f_n + h^2 \underbrace{f_n''}_{F(f_n, x_n)} - f_{n-1}, \tag{10.20}$$

auch bekannt als **Verlet-Verfahren** (Loup Verlet 1967).

10.4   Implizite Verfahren

Durch Einsetzen der Rückwärtsdifferenz in die GDGL (10.1) erhalten wir

$$f_{n+1} = f_n + h F(f_{n+1}, x_{n+1}), \tag{10.21}$$

das **implizite Euler-Verfahren.**
Dieses hat, wie bereits gesehen, die gleiche Genauigkeit wie das explizite Euler-Verfahren, ist aber numerisch stabiler. Der Nachteil ist jedoch, dass man eine implizite Gleichung lösen muss (f_{n+1} kommt auf beiden Seiten der Gleichung vor). Um f_{n+1} zu berechnen, muss man also i. Allg. ein Gleichungssystem lösen.

Um sich das Lösen des Gleichungssystems bei jeder Iteration zu ersparen, gibt es jedoch einen Trick, die sog. **Prediktor-Korrektor-Verfahren.** Und diese funktionieren folgendermaßen:

Man bestimmt einen Schätzwert („Prediktor") mit dem expliziten Euler-Verfahren und berechnet damit den nächsten Schritt als „Korrektor", d. h., man verwendet die beiden Schritte

$$f_{n+1}^P \overset{\text{Euler}}{=} f_n + h F(f_n, x_n), \tag{10.22}$$

$$f_{n+1} = f_n + h F(f_{n+1}^P, x_{n+1}). \tag{10.23}$$

Angewandt auf das implizite RK2-Verfahren $f_{n+1} = f_n + h \frac{F(f_{n+1}, x_{n+1}) + F(f_n, x_n)}{2}$ ergibt sich also z. B.

$$f_{n+1}^P = f_n + h F(f_n, x_n), \tag{10.24}$$

$$f_{n+1} = f_n + \frac{h}{2} (\underbrace{F(f_n, x_n)}_{= \frac{f_{n+1}^P - f_n}{h}, \, (10.24)} + F(f_{n+1}^P, x_{n+1}))$$

$$f_{n+1} = \frac{1}{2} \left(f_n + f_{n+1}^P + h F(f_{n+1}^P, x_{n+1}) \right). \tag{10.25}$$

Dieses Verfahren ist auch bekannt unter dem Namen **Heun-Methode** (*Karl Heun* 1859–1929) und wird aufgrund der guten Genauigkeit und Stabilität gerne angewendet.

10.5   Fortgeschrittene Verfahren

Oft stellt sich die Frage, welches numerische Verfahren man zur Lösung einer Differenzialgleichung verwenden soll. Dabei muss man zwischen dem Aufwand der Berechnung und der Genauigkeit abwägen. Wichtig ist aber auch die Stabilität eines Verfahrens, welche man durch eine Stabilitätsanalyse untersuchen kann. Darauf wird hier nicht weiter eingegangen, sondern die Verfahren werden nach *trial and error* am Ergebnis überprüft.

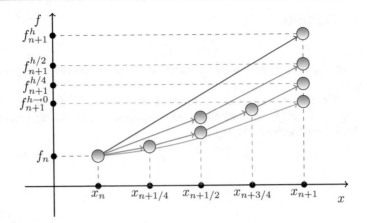

Abb. 10.2 Extrapolation der Schrittweite $h \to 0$ bei den Burlisch-Stoer-Methoden

Bei allen bisherigen Verfahren wurde eine feste Schrittweite h verwendet. Gerade bei stark variierender Dynamik ist jedoch eine Steuerung der Schrittweite sinnvoll. Hierfür gibt es zwei Möglichkeiten, die hier kurz angesprochen werden sollen:

- Vergleiche den Fehler bei der Schrittweite h mit zwei Schritten der Schrittweite $h/2$. Ist der Fehler größer als eine vorgegebene Fehlerschranke, wiederhole das Ganze mit der Schrittweite $h/2$. Für das klassische Runge-Kutta-Verfahren führt dies auf das *Runge-Kutta-Fehlberg-Verfahren* (RKF4).
- Berechne das Ergebnis für verschiedene Schrittweiten h und extrapoliere für $h \to 0$. Dies ist auch als **Richardson-Extrapolation** (Lewis Fry Richardson 1911) bekannt. Ein beliebtes Verfahren, das die Richardson-Extrapolation ausnutzt, sind die **Burlisch-Stoer-Methoden** (Roland Burlisch und Josef Stoer 1980) zur Lösung von GDGL. Abb. 10.2 zeigt, wie man sich die Extrapolation $h \to 0$ dabei vorstellen kann.

Aufgaben

10.1 Leiten Sie die Iterationsvorschrift (10.20) für GDGL der Form

$$f''(x) = F(f(x), x) \tag{10.26}$$

her. Ersetzen Sie dafür die zweite Ableitung durch die zentrale Differenz (9.6). Woran erkennt man, dass es sich um ein **Mehrschrittverfahren** handelt?

10.2 Die Idee der **Adams-Bashforth-Methoden** ist es, anstatt der GDGL

$$f'(x) = F(f(x), x) \tag{10.27}$$

die vereinfachte GDGL

$$f'(x) = p(x) \tag{10.28}$$

durch Integration zu lösen. $p(x)$ ist dabei das **interpolierende Polynom** für $F(f(x), x)$.

Finden Sie das lineare interpolierende Polynom (9.13) durch die Punkte $F(f_{n-1}, x_{n-1})$ und $F(f_n, x_n)$ und damit durch Integration von (10.28) die 2-Punkt-Adams-Bashforth-Methode (10.18).

Verfahren der linearen Algebra

11

Inhaltsverzeichnis

Viele Probleme der Physik lassen sich auf das Lösen von Aufgaben der linearen Algebra zurückführen. Dazu gehören z. B. viele Anwendungen in der Mechanik (Mehrteilchensysteme, analytische Geometrie etc.), aber auch Anwendungen in der Quantenmechanik. Dabei treten oft große lineare Gleichungssysteme auf, für deren Lösung effektive numerische Verfahren benötigt werden. Andererseits lassen sich auch viele numerische Methoden auf das Lösen von linearen Gleichungssystemen reduzieren.

Eine weitere wichtige Klasse aus dem Bereich der linearen Algebra sind sog. Eigenwertprobleme, deren Lösungen, d. h. Eigenwerte und -vektoren, numerisch bestimmt werden sollen. Diese treten z. B. als Eigenschwingungen in der Mechanik auf, werden aber auch in der Quantenmechanik verwendet, um Eigenenergien und -zustände zu beschreiben.

In diesem Kapitel beschäftigen wir uns mit verschiedenen numerischen Methoden zum exakten und iterativen Lösen von linearen Gleichungssystemen und mit verwandten Methoden für Eigenwertprobleme. Diese werden in den Abschn. 15.2, Kap. 16 und 17 benötigt.

11.1 Lineare Gleichungssysteme

Lineare Gleichungssysteme (LGS) treten bereits bei einfachen Textaufgaben auf und lassen sich dort problemlos durch Umstellen und Einsetzen lösen. Aber auch bei vielen physikalischen Problemen und bei der Diskretisierung (finite Differenzen, Lösen von partiellen Differenzialgleichungen) treten (deutlich größere) LGS auf, für die sich Lösungen direkt oder indirekt berechnen lassen. Wir diskutieren die wichtigsten Verfahren anhand von LGS der Größe $M \times N$ mit der Notation

$$
\begin{array}{l}
a_{11}x_1 + \dots + a_{1N}x_N = b_1 \\
a_{21}x_1 + \dots + a_{2N}x_N = b_2 \\
\qquad \dots \\
a_{M1}x_1 + \dots + a_{MN}x_N = b_M
\end{array}
\Leftrightarrow \boxed{A \cdot x = b}, A = (a_{ij}) =
\begin{pmatrix}
a_{11} & a_{12} & \dots & a_{1N} \\
a_{21} & a_{22} & \dots & a_{2N} \\
& & \dots & \\
a_{M1} & a_{M2} & \dots & a_{MN}
\end{pmatrix}.
$$

$$(11.1)$$

Die Form der $M \times N$-Koeffizientenmatrix A bestimmt dabei, welches numerische Verfahren für ein effizientes Lösen in Frage kommt.

11.1.1 Exaktes Lösen von LGS

Das direkte (exakte) Lösen eines LGS nutzt die Linearität aus und versucht, durch Kombination der einzelnen Gleichungen das System auf eine einfache Form (z. B. Diagonalform) zu bringen. Die Lösung lässt sich dann einfach ablesen bzw. durch Umstellen finden. Der Rechenaufwand, besonders bei großen Matrizen, kann dabei jedoch sehr hoch werden. Auch muss man auf Rundungsfehler achtgeben, was man aber durch geschicktes Zeilenvertauschen („Pivotisierung") vermeiden kann. Wir beginnen mit der bereits in der Schule verwendeten Gauß-Elimination und betrachten exemplarisch quadratische LGS, d. h. $N = M$.

Gauß-Elimination

Das Ziel der Gauß-Elimination ist es, die Koeffizientenmatrix A auf (obere) Dreiecksform

$$
U =
\begin{pmatrix}
u_{11} & u_{12} & u_{13} & \dots & u_{1N} \\
0 & u_{22} & u_{23} & \dots & u_{2N} \\
0 & 0 & u_{33} & \dots & u_{3N} \\
\dots & \dots & \dots & \dots & \dots \\
0 & 0 & 0 & \dots & u_{NN}
\end{pmatrix}
\tag{11.2}
$$

zu bringen. Dafür werden schrittweise jeweils zwei Zeilen kombiniert (Addition mit entsprechenden Vorfaktoren), um einen der Koeffizienten zu eliminieren. Die Lösung ergibt sich dann durch Rückwärtseinsetzen.

Beim Gauß-Jordan-Verfahren (Johann Carl Friedrich Gauß und Wilhelm Jordan 1887) wird die Koeffizientenmatrix aus der Dreiecksform durch weiteres Umformen auf Diagonalform gebracht. Dann lässt sich die Lösung direkt ablesen. Dieses Verfahren nutzt man z. B. auch, um die Inverse einer Matrix zu bestimmen.

Der Aufwand dieser Eliminationsverfahren ist aufgrund der vielen Operationen sehr hoch und skaliert mit der Anzahl der Zeilen N mit $\mathcal{O}(N^3)$. Speziell für dünn besetzte *(sparse)* Matrizen, bei denen also viele Einträge null sind, reduziert sich der

Aufwand erheblich, und man kann effektiv die Lösung bestimmen. Ein einfaches Verfahren für spezielle, dünn besetzte Matrizen ist der Thomas-Algorithmus.

Thomas-Algorithmus

Bei vielen Problemen treten sog. Tridiagonalmatrizen auf, bei denen nur die Hauptdiagonale und die nächsten Nebendiagonalen besetzt sind. Das LGS lässt sich also als

$$a_i x_{i-1} + b_i x_i + c_i x_{i+1} = d_i \quad (i = 1, ..., N) \tag{11.3}$$

(wobei $a_1 = c_N = 0$) bzw. mit der Koeffizientenmatrix

$$T = \begin{pmatrix} b_1 & c_1 & 0 & ... & 0 \\ a_2 & b_2 & c_2 & \ddots & \vdots \\ 0 & a_3 & b_3 & \ddots & 0 \\ \vdots & \ddots & \ddots & \ddots & c_{N-1} \\ 0 & ... & 0 & a_N & b_N \end{pmatrix} \tag{11.4}$$

schreiben. Der Thomas-Algorithmus (Llewellyn Thomas 1903–1992) eliminiert im ersten Schritt alle a_i durch Einsetzen und löst dann im zweiten Schritt alle Gleichungen durch Rückwärtseinsetzen. Der Aufwand dafür skaliert mit $\mathcal{O}(N)$, ist also deutlich geringer als bei der Gauß-Elimination. Sind einzelne Koeffizienten a_i, b_i, c_i oder d_i konstant, wie z. B. bei der Lösung der eindimensionalen Diffusionsgleichung (s. Abschn. 16.1.3), so lässt sich die Berechnung sogar noch weiter vereinfachen. Eine C-Funktion zur Implementierung des Thomas-Verfahrens ist in Listing 11.1 zu sehen.

Listing 11.1 C-Implementierung des Thomas-Verfahrens für das LGS in (11.3)

```
// n - Groesse, a..d - Koeffizienten, x - Loesung
void thomas(int n, double *a, double *b, double *c,
    double *d, double *x) {
  int i;
  for (i = 1; i < n; i++) {
    double m = a[i]/b[i-1];
    b[i] = b[i] - m*c[i-1];
    d[i] = d[i] - m*d[i-1];
  }

  x[n-1] = d[n-1]/b[n-1];

  for (i = n - 2; i >= 0; i--)
    x[i] = (d[i]-c[i]*x[i+1])/b[i];
}
```

LU Zerlegung

Die LU-Zerlegung einer Matrix ist eine Methode, um das Lösen eines LGS zu beschleunigen. Dabei wird die Koeffizientenmatrix A in eine untere *(lower)* Dreiecksmatrix L und eine obere *(upper)* Dreiecksmatrix U zerlegt. Mit $A = L \cdot U$ lässt sich dann das LGS zerlegen in

$$A \cdot x = L \cdot \underbrace{(U \cdot x)}_{=:y} = b. \tag{11.5}$$

Das heißt, man löst das LGS durch einfaches Vorwärts- und Rückwärtseinsetzen

$$y = L^{-1} \cdot b, \tag{11.6}$$
$$x = U^{-1} \cdot y. \tag{11.7}$$

Der Aufwand der LU-Zerlegung ist mit $\mathcal{O}(\frac{2}{3}N^3)$ deutlich geringer als bei der Gauß-Elimination. Das Vorwärts- und Rückwärtseinsetzen skaliert dabei mit $\mathcal{O}(N^2)$, ist also vernachlässigbar. Ein weiterer Vorteil der LU-Zerlegung ist, dass die Zerlegung der Matrix nur einmal vorgenommen werden muss, das LGS dann aber durch Einsetzen für beliebige b gelöst werden kann. Es bietet sich also besonders dann an, wenn man mehrere bzw. unbekannte Vektoren b vorliegen hat.

Cholesky-Zerlegung

Ein weiteres wichtiges Verfahren ist die Cholesky-Zerlegung, die für positiv definite Matrizen angewendet werden kann. Die Zerlegung lautet dabei

$$A = L \cdot D \cdot L^{\mathrm{T}} = (L \cdot D^{\frac{1}{2}})(L \cdot D^{\frac{1}{2}})^{\mathrm{T}} = C \cdot C^{\mathrm{T}}. \tag{11.8}$$

Damit lässt sich das LGS wieder durch Vorwärts- und Rückwärtseinsetzen lösen. Der Vorteil der Cholesky-Zerlegung gegenüber der Gauß-Elimination ist, dass sie nur ca. halb so viele Rechenoperationen benötigt.

11.1.2 Iterative Lösung

Das iterative Lösen von LGS ist mit deutlich weniger Aufwand verbunden als das exakte Lösen. Man erhält damit schnell eine gute Näherung für die exakte Lösung, es kann also z. B. auch zur Nachiteration verwendet werden, um die Rechenungenauigkeiten der direkten Verfahren zu verbessern.

Beim iterativen Lösen beginnt man mit einer gewählten Startlösung x^0 und berechnet damit iterativ die Lösung x^n, bis diese die gewünschte Genaugkeit erreicht hat. Ein wichtiges Verfahren dieser Art ist das Jacobi-Verfahren.

Jacobi-Verfahren

Die Idee beim Jacobi-Verfahren ist das Umstellen des LGS und Ineinandereinsetzen, d. h.

$$
x^{n+1} = \begin{pmatrix} \frac{1}{a_{11}}(b_1 - a_{12}x_2^n \dots - a_{1N}x_N^n) \\ \dots \\ \frac{1}{a_{NN}}(b_N - a_{N1}x_1^n \dots - a_{N,N-1}x_{N-1}^n) \end{pmatrix}. \tag{11.9}
$$

So lassen sich iterativ die Lösungen berechnen, bis die gewünschte Genauigkeit erreicht ist. Die Diagonalwerte a_{ii} der Koeffizientenmatrix dürfen dabei offensichtlich nicht 0 sein.

Es handelt sich um ein Gesamtschrittverfahren, da die Berechnung der Zeilen des LGS nicht voneinander abhängen und somit gleichzeitig erfolgen können. Die Konvergenz ist dabei garantiert, wenn die Koeffizientenmatrix strikt diagonal dominant ist, also a_{ii} vom Betrag her größer ist als alle anderen Werte einer Zeile. Das ist z. B. bei der Relaxationsmethode (s. Abschn. 15.2) der Fall.

11.1.3 Software

Da das Lösen von LGS zu den Standardproblemen der Numerik gehört, gibt es entsprechend gute Softwarebibliotheken. Der wichtigste Standard dafür ist LAPACK, der bereits in Abschn. 6.1.3 genannt wurde. Dort gibt es z. B. die Funktionen *getrf (* = s,c,d,z)* zur Berechnung der LU-Zerlegung einer allgemeinen Matrix und die Funktionen *getrs*, um damit die Lösungen zu bestimmen. Die Funktionen *gesv*, *posv*, *sysv*, *hesv* berechnen *(sv = solve)* direkt die Lösung eines LGS für eine allgemeine *(ge)*, positiv definite *(po)*, symmetrische *(sy)* oder hermitesche *(he)* Koeffizientenmatrix. Listing 11.2 zeigt ein Beispiel für die Verwendung der LAPACK-Schnittstelle LAPACKE. Auch die GSL stellt eine Schnittstelle zur Benutzung von LAPACK zur Verfügung.

In Python gibt es eine Reihe von Funktionen in der Bibliothek SciPy, um LGS zu lösen. Die einfachste Funktion dafür ist *scipy.linalg.solve(A, b)*. Eine explizite LU-Zerlegung ist mit *scipy.linalg.lu(A)* möglich und *scipy.linalg.lu_solve((lu, piv), b)* löst dann das LGS. Die Cholesky-Zerlegung erledigt *scipy.linalg. cholesky(A)*.

Für Koeffizientenmatrizen in Dreiecksform stellt SciPy eine Lösungsfunktion *linalg.solve_triangular(A, b, lower=False)* zur Verfügung. Der Parameter *lower* gibt an, ob es sich um eine obere Dreiecksmatrix U oder eine untere Dreiecksmatrix L handelt. Ist die Koeffizientenmatrix eine Bandmatrix, so kann man *scipy.linalg.solve_banded((l,u), A, b)* verwenden.

Listing 11.2 Lösen eines LGS in C mithilfe von LAPACKE und der Intel MKL-Bibliothek

```
// gcc -o programm programm.c -llapacke -lmkl_rt
#include <stdio.h>
#include <lapacke.h>

double A[] = {
  2, 1, 0,
  1, 2, 1,
  0, 1, 2
};

double b[] = {
  1, 1, 1
};

int main() {
  int ipiv[3];
  int i, j, info;

  info = LAPACKE_dgesv(LAPACK_COL_MAJOR, 3, 1, A, 3,
                       ipiv, b, 3);
  if (info != 0)
    fprintf(stderr, "Fehler %d\n", info);

  printf("x:\n");
  for (i = 0; i < 3; ++i)
    printf("%5.1f %3d\n", b[i], ipiv[i]);
}
```

11.2 Eigenwertprobleme

Eine große Klasse von numerischen Problemen sind Eigenwertprobleme der Form

$$A \cdot v = \lambda v. \tag{11.10}$$

Gesucht sind also die Eigenwerte λ und die zugehörenden Eigenvektoren v der Matrix A. Beispiele aus der Physik werden wir in Kap. 17 betrachten.

Für das direkte Lösen des Eigenwertproblems $(A - \lambda \mathbb{1}) \cdot v = 0$ nutzt man, dass $\det(A - \lambda \mathbb{1}) = 0$ sein muss, um nichttriviale Lösungen zu erhalten. Dies führt zur Bestimmung der Nullstellen des charakteristischen Polynoms N-ten Grades in λ. Leider ist jedoch die Bestimmung des charakteristischen Polynoms, d.h. die Berechnung der Determinanten von $A - \lambda \mathbb{1}$ bei größeren Matrizen sehr aufwendig. Man ist also auf iterative Verfahren angewiesen, wenn man Eigenwerte größerer Matrizen berechnen möchte.

11.2.1 Iteratives Lösen von Eigenwertproblemen

Es gibt eine Reihe iterativer Verfahren zur Bestimmung von Eigenwerten einer Matrix. Oft möchte man nur den größten oder kleinsten Eigenwert berechnen, was mit diesen Methoden in wenigen Schritten möglich ist.

QR-Verfahren

Jede Matrix A kann zerlegt werden in

$$A = Q \cdot R, \tag{11.11}$$

wobei Q eine unitäre Matrix ist (bzw. im reellen Fall orthogonal) und R eine obere Dreiecksmatrix. Es gibt mehrere Methoden, um die QR-Zerlegung zu bestimmen. Bekannt ist vor allem die Gram-Schmidt-Orthonormierung, aber auch die Householder-Transformation (Alston Scott Householder 1958) und Givens-Rotation (James Wallace Givens, Jr. 1958) werden oft verwendet. Mithilfe der QR-Zerlegung können im QR-Verfahren alle Eigenwerte der Matrix bestimmt werden.

Potenzmethode (power iteration)

Mit der Potenzmethode (auch Vektoriteration oder Von-Mises-Iteration) kann man den betragsmäßig größten Eigenwert iterativ bestimmen.

Man beginnt mit einem Startvektor $|\psi_0\rangle = \sum_n |n\rangle\langle n|\psi_0\rangle = \sum_n a_n |n\rangle$ und berechnet

$$A|\psi_0\rangle = \sum_n a_n A|n\rangle = \sum_n a_n \lambda_n |n\rangle =: |\psi_1\rangle. \tag{11.12}$$

Iteratives Anwenden von A (also Potenzieren) ergibt

$$|\psi_k\rangle = A^k|\psi_0\rangle = \sum_n a_n \lambda_n^k |n\rangle \overset{k\to\infty}{\to} a_m \lambda_m^k |m\rangle. \tag{11.13}$$

λ_m ist der größte Eigenwert von A. Zu beachten ist, dass $a_m = \langle m|\psi_0\rangle \neq 0$, d.h., der Startvektor darf nicht orthogonal zum Eigenvektor des größten Eigenwerts sein.

Für $k \to \infty$ ist also

$$|\psi_{k+1}\rangle = A|\psi_k\rangle = a_m \lambda_m^{k+1}|m\rangle = \lambda_m(a_m \lambda_m^k |m\rangle) = \lambda_m|\psi_k\rangle, \tag{11.14}$$

d.h., $|\psi_k\rangle$ ist der Eigenvektor von A zum größten Eigenwert λ_m.

Der sog. **Rayleigh-Quotient** (Lord Rayleigh 1842–1919) wird dann zu

$$\frac{\langle\psi_k|A|\psi_k\rangle}{\langle\psi_k|\psi_k\rangle} = \frac{\langle\psi_k|\psi_{k+1}\rangle}{\langle\psi_k|\psi_k\rangle} = \frac{|a_m|^2 \lambda_m^{2k+1}\langle m|m\rangle}{|a_m|^2 \lambda_m^{2k}\langle m|m\rangle} = \lambda_m. \tag{11.15}$$

Zur Stabilisierung kann man auch den Vektor bei jeder Iteration normieren, d. h., man berechnet

$$|\psi_{k+1}\rangle = \frac{A|\psi_k\rangle}{\sqrt{\langle\psi_k|\psi_k\rangle}} = \frac{A|\psi_k\rangle}{||\psi_k||}. \tag{11.16}$$

Dann ergibt sich die Norm

$$\sqrt{\langle\psi_{k+1}|\psi_{k+1}\rangle} = \sqrt{\frac{\langle\psi_k|A^\dagger A|\psi_k\rangle}{\langle\psi_k|\psi_k\rangle}} \xrightarrow{k\to\infty} \sqrt{\frac{|a_m|^2|\lambda_m|^{2k+2}\langle m|m\rangle}{|a_m|^2|\lambda_m|^{2k}\langle m|m\rangle}} = |\lambda_m|. \tag{11.17}$$

Anwenden der Potenzmethode auf $(A - \lambda_m\mathbb{1})$ ergibt einen weiteren (kleineren) Eigenwert λ, denn

$$(A - \lambda_m\mathbb{1})|l\rangle = \lambda|l\rangle \Leftrightarrow A|l\rangle = (\lambda_m + \lambda)|l\rangle, \tag{11.18}$$

und man erhält mit $\lambda_l = \lambda_m + \lambda$ einen weiteren Eigenwert von A und den zugehörenden Eigenvektor $|l\rangle$.

Die Konvergenz der Potenzmethode ist zwar nur linear, aber das Verfahren ist meist stabiler als schnellere Methoden.

Inverse Iteration

Die inverse Iteration ist eine Variante der Potenzmethode, die beliebige Eigenwerte einer quadratischen Matrix bestimmen kann. Dabei wird die Potenzmethode auf $(A - \lambda\mathbb{1})^{-1}$ angewendet:

$$|\psi_{k+1}\rangle = \frac{(A - \lambda\mathbb{1})^{-1}|\psi_k\rangle}{\sqrt{\langle\psi_k|\psi_k\rangle}} \Leftrightarrow (A - \lambda\mathbb{1})|\psi_{k+1}\rangle = \frac{|\psi_k\rangle}{||\psi_k||}. \tag{11.19}$$

Damit erhält man den Eigenvektor, dessen Eigenwert λ am nächten liegt. Zur Berechnung benötigt man jetzt keine Matrix-Vektor-Operationen, sondern man muss nur ein LGS lösen.

Rayleigh-Iteration

Die Rayleigh-Iteration ersetzt in der inversen Iteration den Eigenwert durch den Rayleigh-Quotienten, d. h.

$$(A - \lambda_k\mathbb{1})|\psi_{k+1}\rangle = \frac{|\psi_k\rangle}{||\psi_k||} \tag{11.20}$$

mit

$$\lambda_k = \frac{\langle\psi_k|A|\psi_k\rangle}{\langle\psi_k|\psi_k\rangle}. \tag{11.21}$$

Dadurch wird kubische, also sogar eine höhere Konvergenz als bei der inversen Iteration erreicht.

11.2.2 Software

Auch Eigenwertprobleme lassen sich mit LAPACK-Routinen numerisch lösen. Es gibt mehrere Funktionen in LAPACK, um Eigenwerte und -vektoren zu berechnen. Die Funktionen *sterf* und *steqr* verwenden eine effiziente Variante der QR-Zerlegung und die Funktionen *stein* die inverse Iteration. Es existieren aber auch allgemeine Funktionen *geev*, um Eigenwerte und -vektoren zu berechnen. Listing 11.3 zeigt die Verwendung der LAPACK-Routine *dsyev* zur Berechnung der Eigenwerte und -vektoren einer symmetrischen Matrix mithilfe der Intel MKL-Bibliothek.

Listing 11.3 Berechnung der Eigenwerte und -vektoren einer symmetrischen Matrix mithilfe der LAPACK-Routine *dsyev*

```
// gcc -o programm programm.c -lmkl_rt
#include <stdio.h>
#include <stdlib.h>
#include "mkl_lapack.h"
#define N 3

double A[] = {
  2, 1, 0,
  1, 2, 1,
  0, 1, 2
};

int main() {
  char JOBZ = 'V';    // Eigenwerte und -vektoren
  char UPLO = 'U';    // Obere Dreiecksmatrix speichern
  int LWORK = 3*N-1,  INFO, NN = N;
  double EV[N];
  double *WORK = (double *)malloc(LWORK*sizeof(double));

  dsyev(&JOBZ, &UPLO, &NN, A, &NN, EV, WORK, &LWORK,
      &INFO);

  if (INFO != 0) fprintf(stderr, "Fehler %d\n", INFO);
  int i, j;
  for (i = 0; i < N; ++i) {
    printf("%g :", EV[i]);
      for (j = 0; j < N; j++)
        printf(" %g", A[i*N+j]);
    putchar('\n');
  }
}
```

In Python gibt es sowohl in der Bibliothek NumPy als auch in der Bibliothek SciPy im Paket *linalg* die Funktion *eig(A)* zur Berechnung von Eigenwerten und -vektoren. Diese verwenden im Hintergrund die LAPACK-Routinen *geev*. Listing 11.4 zeigt die Verwendung am Beispiel von NumPy. Benötigt man nur die Eigenwerte, so kann man die Funktion *linalg.eigvals(A)* verwenden. Die QR-Zerlegung berechnet *linalg.qr(A)*.

Listing 11.4 Berechnung der Eigenwerte und -vektoren in Python mithilfe von NumPy

```
import numpy as np

A= np.array(((2,1,0),(1,2,1),(0,1,2)));
eval, evec = np.linalg.eig(A);
print eval
print evec
```

11.3 Minimierungsmethoden

Als Erweiterung der Nullstellensuche für Funktionen eines Parameters benötigt man für viele Probleme, wie z. B. die Nichtlineare Anpassung (s. Abschn. 18.2.3), die Minimierung einer Funktion mehrerer Parameter. Hier sollen beispielhaft nur die später benötigten Verfahren besprochen werden, die jedoch bereits eine sehr gute Kenntnis der Linearen Algebra voraussetzen.

Das mehrdimensionale Newton-Verfahren (s. Abschn. 9.2.2) gibt eine iterative Vorschrift, wie man die Nullstelle einer vektorwertigen Funktion $f(x)$ finden kann:

$$x_{n+1} = x_n - J_f^{-1}(x_n) f(x_n). \tag{11.22}$$

Hierbei ist $J_f(x)$ die **Jacobi-Matrix** von f. Numerisch lässt sich dieses Problem besser als LGS

$$J_f(x_n) \underbrace{(x_{n+1} + x_n)}_{\Delta x_n} = -f(x_n) \tag{11.23}$$

iterativ mit $x_{n+1} = x_n + \Delta x_n$ lösen.

Da die Berechnung der Jacobi-Matrix aufwendig ist, kann man diese entweder nur alle paar Schritte neu berechnen, oder man nähert die Ableitungen numerisch (s. Abschn. 9.1). Diese Verfahren konvergieren allerdings i. Allg. langsamer und werden **Quasi-Newton-Verfahren** genannt.

Um nun ein Minimum einer Funktion $f(x)$ zu finden, kann man das mehrdimensionale Newton-Verfahren einfach auf den Gradienten der Funktion anwenden, und man erhält:

$$x_{n+1} = x_n - J_{\nabla f}^{-1}(x_n) \nabla f(x_n) = x_n - H_f^{-1} \nabla f(x_n) \tag{11.24}$$

mit der **Hesse-Matrix** H_f, die die zweiten Ableitungen von f enthält.

Wendet man nun das Newton-Verfahren auf die Kleinste-Quadrate-Methode an, d. h. verwendet als Funktion $\chi^2(\boldsymbol{\alpha})$, so erhält man

$$\boldsymbol{\alpha}_{n+1} = \boldsymbol{\alpha}_n - J_{\nabla\chi^2}^{-1}(\boldsymbol{\alpha}_n)\nabla\chi^2(\boldsymbol{\alpha}_n). \tag{11.25}$$

$J_{\nabla\chi^2} = H_{\chi^2}$ lässt sich unter der Annahme kleiner Residuen $\boldsymbol{r}$ als $2J_r^{\mathrm{T}} \cdot J_r$ nähern, und es ergibt sich das sog. **Gauß-Newton-Verfahren**

$$\boldsymbol{\alpha}_{n+1} = \boldsymbol{\alpha}_n - (J_r^{\mathrm{T}}(\boldsymbol{\alpha}_n) \cdot J_r(\boldsymbol{\alpha}_n))^{-1} \cdot J_r^{\mathrm{T}}(\boldsymbol{\alpha}_n) \cdot \boldsymbol{r}(\boldsymbol{\alpha}_n) \tag{11.26}$$

bzw.

$$(J_r^{\mathrm{T}}(\boldsymbol{\alpha}_n) \cdot J_r(\boldsymbol{\alpha}_n))\Delta\boldsymbol{\alpha}_n = -J_r^{\mathrm{T}}\boldsymbol{\alpha}_n \cdot \boldsymbol{r}(\boldsymbol{\alpha}_n), \tag{11.27}$$

mit dem man aus den aktuellen Residuen $\boldsymbol{r}$ iterativ die optimalen Parameter $\boldsymbol{\alpha}$ bestimmen kann.

Der Nachteil des Gauß-Newton-Verfahrens ist jedoch, dass die Konvergenz nicht garantiert ist (genauso wie beim Newton-Verfahren). Das Problem lässt sich beheben, indem man eine problemabhängige Schrittweite einführt und damit die Konvergenz erzwingt. Dafür führt man einen sog. **Marquardt-Parameter** λ ein und erweitert das Gauß-Newton-Verfahren zu

$$(J_r^{\mathrm{T}}(\boldsymbol{\alpha}_n) \cdot J_r(\boldsymbol{\alpha}_n) + \lambda_n\,\mathrm{diag}(J_r^{\mathrm{T}}(\boldsymbol{\alpha}_n) \cdot J_r(\boldsymbol{\alpha}_n)))\Delta\boldsymbol{\alpha}_n = -J_r^{\mathrm{T}}\boldsymbol{\alpha}_n \cdot \boldsymbol{r}(\boldsymbol{\alpha}_n), \quad (11.28)$$

dem **Levenberg-Marquardt-Algorithmus** (Kenneth Levenberg und Donald Marquardt 1944).

Für $\lambda_n \to 0$ erhält man das Gauß-Newton-Verfahren und für $\lambda_n \to \infty$:

$$\lambda_n \mathbb{1}\Delta\boldsymbol{\alpha}_n = -J_r^{\mathrm{T}}\boldsymbol{\alpha}_n \cdot \boldsymbol{r}(\boldsymbol{\alpha}_n), \tag{11.29}$$

$$\boldsymbol{\alpha}_{n+1} = \boldsymbol{\alpha}_n - \frac{1}{\lambda_n}J_r^{\mathrm{T}}\boldsymbol{\alpha}_n \cdot \boldsymbol{r}(\boldsymbol{\alpha}_n), \tag{11.30}$$

$$\boldsymbol{\alpha}_{n+1} = \boldsymbol{\alpha}_n - \gamma_n\nabla\chi^2(\boldsymbol{\alpha}_n). \tag{11.31}$$

Das ist das sog. **Gradientensuchverfahren**. Hier wird iterativ das Minimum der Funktion $\chi^2(\boldsymbol{\alpha})$ bestimmt, indem man jeweils in Richtung des negativen Gradienten das Minimum auf der Linie bestimmt (**Liniensuchverfahren**) und damit die Schrittweite $\gamma_n = \frac{1}{2\lambda_n}$.

Der Levenberg-Marquardt-Algorithmus ist also eine ausgewogene Kombination des Gauß-Newton-Verfahrens und des Gradientensuchverfahrens und wird deshalb auch als gedämpfte Kleinste-Quadrate-Methode bezeichnet. Er gehört aufgrund seiner Robustheit zu den am häufigsten verwendeten Algorithmen der nichtlinearen Anpassung (s. Abschn. 18.2.3).

Aufgaben

11.1 Bestimmen Sie mithilfe der **Gauß-Elimination** die Lösung des LGS

$$2x_1 + x_2 = 1,$$
$$x_1 + 2x_2 + x_3 = 1,$$
$$x_2 + 2x_3 = 1. \tag{11.32}$$

Schreiben Sie ein C-Programm, um Ihr Ergebnis mit dem **Thomas-Algorithmus** (s. Listing 11.1) zu überprüfen.

11.2 Schreiben Sie ein Python-Programm, das die **Eigenwerte und -vektoren** der Pauli-Matrizen $\sigma_x = \begin{pmatrix} 0 & 1 \\ 1 & 0 \end{pmatrix}$, $\sigma_y = \begin{pmatrix} 0 & -i \\ i & 0 \end{pmatrix}$ und $\sigma_z = \begin{pmatrix} 1 & 0 \\ 0 & -1 \end{pmatrix}$ bestimmt.

11.3 Eigenwerte mit dem charakteristischen Polynom berechnen

a) Schreiben Sie eine C-Funktion, die die **Determinante** einer 2×2-Matrix berechnet. Verwenden Sie diese, um eine weitere C-Funktion zu schreiben, die die Determinante einer 3×3-Matrix berechnet mittels Entwicklung z. B. nach der ersten Zeile.

b) Gesucht sind die **Eigenwerte** der Matrix $A = \begin{pmatrix} 2 & 1 & 0 \\ 1 & 2 & 1 \\ 0 & 1 & 2 \end{pmatrix}$. Definieren Sie das charakteristische Polynom $f(\lambda) = \det(A - \lambda\mathbb{1})$ und plotten Sie die Funktion $f(\lambda)$ für den Bereich [0,4].

c) Bestimmen Sie die drei Eigenwerte von A, indem Sie die Nullstellen von $f(\lambda)$ bestimmen. Wählen Sie dazu drei geeignete Intervalle und verwenden Sie jeweils eine **Intervallhalbierung.** Vergleichen Sie die Ergebnisse mit der Ausgabe von Listing 11.4.

Zufallszahlen

12

Inhaltsverzeichnis

Der Zufall spielt bei vielen Prozessen in der Natur eine wichtige Rolle. Diese Prozesse nennt man stochastische Prozesse. In einer Simulation lassen sich diese nur nachbilden, wenn man auch den Zufall als Zufallsexperiment simuliert. Simulationen, die auf diesen Zufallsexperimenten beruhen, werden auch Monte-Carlo-Simulationen, als Anspielung auf das Casino in Monte-Carlo, genannt.

Für die Simulation von stochastischen Prozessen werden daher zufällige Zahlen, sog. **Zufallszahlen,** benötigt. Diese müssen entweder extern, durch ein stochastisches Experiment (z. B. radioaktiver Zerfall), oder auf dem Computer erzeugt werden. Da ein Computer deterministisch vorgeht, kann er jedoch keine echten Zufallszahlen erzeugen, sondern nur sog. **Pseudozufallszahlen.** Die dafür verwendeten Algorithmen werden Zufallszahlengeneratoren *(random number generator)* genannt. Das statistische Verhalten kann dabei so gut sein, dass man auf echte Zufallszahlen meist verzichten kann. Auch liefern Zufallszahlengeneratoren deutlich mehr und schneller gute Zufallszahlen, als es z. B. eine Messung des radioaktiven Zerfalls leisten kann. Wir betrachten in diesem Kapitel deshalb nur Pseudozufallszahlengeneratoren. Außerdem betrachten wir auch wichtige Verteilungen von Zufallszahlen und wie man diese auf dem Computer erzeugen kann.

Auch für kryptografische Anwendungen auf dem Computer sind Zufallszahlen wichtig. Da diese Zufallszahlen aber andere Anforderungen besitzen, werden wir uns hier nicht weiter damit beschäftigen.

© Springer-Verlag GmbH Deutschland, ein Teil von Springer Nature 2019
S. Gerlach, *Computerphysik,* https://doi.org/10.1007/978-3-662-59246-5_12

12.1 Zufallszahlengeneratoren

Zufallszahlengeneratoren *(random number generator, RNG)* dienen der Erzeugung von (Pseudo-)Zufallszahlen auf einem Computer. Sie verwenden deterministische Algorithmen, um eine Folge von Zufallszahlen zu erzeugen. Da die Algorithmen deterministisch sind, erzeugt der Computer bei jedem Durchlauf die gleichen Zufallszahlen, jedoch haben die meisten Algorithmen eine Startwert *(seed)*, mit dem man den Start der Folge festlegen kann. Als Startwert für Zufallszahlengeneratoren können daher z. B. echte Zufallszahlen verwendet werden.

Die verschiedenen Zufallszahlengeneratoren unterscheiden sich in der Qualität der Zufallszahlen, der Geschwindigkeit und der Periode, d. h. ab wann sich die Folge der Zufallszahlen wiederholt. Fast alle Zufallszahlengeneratoren erzeugen eine Folge gleichverteilter Zufallszahlen in einem bestimmten Intervall, die man mit einer Vielzahl von statistischen Tests prüfen kann. Ein Beispiel ist der sog. **Spektraltest,** bei dem jeweils d Zufallszahlen zu Tupeln zusammengefasst werden und als Punkt im d-dimensionalen Raum untersucht werden. Ein Beispiel zeigt Abb. 12.1.

Die richtige Auswahl eines Zufallszahlengenerators ist eine Wissenschaft für sich. Man sollte sich im Zweifel auf die bekannten und getesteten Generatoren verlassen. Im Folgenden werden zwei Beispiele für oft verwendete Zufallszahlengeneratoren gezeigt.

12.1.1 Linearer Kongruenzgenerator

Der lineare Kongruenzgenerator (LKG) ist einer der einfachsten Zufallszahlengeneratoren und gehört zu den iterativen Generatoren. Er ist durch die folgende Vorschrift definiert:

$$x_{n+1} = (ax_n + b) \quad \mod m. \tag{12.1}$$

Wegen der einfachen Berechnung erzeugt er sehr schnell Zufallszahlen, jedoch ist die Periode maximal m. Die Qualität der Zufallszahlen ist jedoch nicht besonders gut. Die so erzeugten Zufallszahlen weisen z. B. ein Hyperebenenverhalten beim Spektraltest auf, wie in Abb. 12.1 zu sehen ist. Dies ist auch bekannt unter der Bezeichnung **Satz von Marsaglia** (George Marsaglia 1968).

Da es jedoch Algorithmen gibt, die sehr schnell hochwertigere Zufallszahlen erzeugen können, sollte man diesen Generator nur zum Testen verwenden.

12.1.2 Mersenne-Twister

Ein deutlich besserer Zufallszahlengenerator ist der sog. Mersenne-Twister. Sein besonderes Merkmal ist die extrem lange Periode von $2^{19937} - 1 \sim 10^{6001}$ (daher oft auch als „MT19937" abgekürzt). Außerdem ist der Generator sehr schnell, und die erzeugten Zufallszahlen besitzen sehr gute statistische Eigenschaften (hochgradig

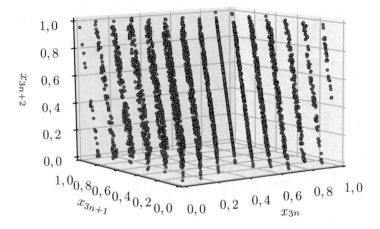

Abb. 12.1 Hyperebenenverhalten des linearen Kongruenzgenerators für $a = 65.539$, $b = 0$ und $m = 2^{31}$ im dreidimensionalen Spektraltest

gleichverteilt und extrem geringe Korrelation der Zahlen). Deshalb wird dieser Generator oft in Monte-Carlo- und Molekulardynamik-Simulationen verwendet. Auch in Python ist dieser der Standardzufallszahlengenerator.

12.1.3 Verwendung

Da die korrekte und effiziente Implementierung sowie das Testen eines Zufallszahlengenerators sehr aufwendig ist, sollte man auf Bibliotheken zurückgreifen, die diese Generatoren bereitstellen. Die Funktionen der C-Standardbibliothek (*random()* etc.) verwenden eher einfache Generatoren und sind oft plattformabhängig. Besser ist daher, auf z. B. die GSL (s. Abschn. 6.1.3) zurückzugreifen. Die Verwendung der GSL-Bibliothek zur Erzeugung von Zufallszahlen mit dem Mersenne-Twister zeigt das C-Programm in Listing 12.1.

In Python lassen sich Zufallszahlen mit den Funktionen *random.random()* (Bereich $[0, 1)$), *random.uniform(a,b)* (Bereich $[a, b]$) oder *random.randint(a,b)* (ganzzahlig im Bereich $[a, b]$) aus dem Modul *random* erzeugen. Dabei wird als Zufallszahlengenerator der Mersenne-Twister genutzt. Der Startwert ist die Systemzeit bzw. kann mit *seed(S)* gesetzt werden.

12.2 Zufallszahlenverteilungen

Die besprochenen Zufallszahlengeneratoren liefern (idealerweise) gleichverteilte Zufallszahlen. Für viele Anwendungen benötigt man aber Zufallszahlen mit einer bestimmten Wahrscheinlichkeitsverteilung (s. Abschn. 18.1). Ein Beispiel ist das in Abschn. 19.1.3 besprochene *Importance sampling*.

Listing 12.1 C-Programm *gsl-rng.c* zur Erzeugung von Zufallszahlen mit dem Mersenne-Twister aus der GSL-Bibliothek

```
// gcc -o gsl-rng gsl-rng.c -lgsl -gslcblas
#include <stdio.h>
#include <gsl/gsl_rng.h>

#define RNG gsl_rng_mt19937    // Mersenne-Twister
#define SEED 42                // Startwert
#define N 100                  // Anzahl an Zufallszahlen

int main () {
    gsl_rng *rng = gsl_rng_alloc(RNG);
    gsl_rng_set(rng, SEED);

    int i;
    for (i = 0; i < N; i++)
        printf("%.5f\n", gsl_rng_uniform(rng));

    gsl_rng_free(rng);
}
```

Es gibt jedoch mehrere Methoden, wie man ausgehend von gleichverteilten Zufallszahlen Zufallszahlen mit einer bestimmten Häufigkeitsverteilung erzeugen kann. Diese werden im Folgenden besprochen.

12.2.1 Inversionsmethode

Die erste Methode basiert darauf, die Verteilung der Zufallszahlen von der Gleichverteilung in die gewünschte Verteilung zu transformieren.

Ausgehend von der normierten Wahrscheinlichkeitsverteilung $\rho(x)$ definiert man die kumulative Verteilungsfunktion über die Wahrscheinlichkeit P durch

$$F_X(x) := P(X_\rho \leq x) = \int_{-\infty}^{x} \rho(x')\,dx' \qquad (12.2)$$

wobei X eine Zufallsvariable ist, die eine ρ-Verteilung besitzt. F ist daher die Stammfunktion von ρ, und es ist $F(-\infty) = 0$ und $F(\infty) = 1$.

Sei U eine gleichverteilte Zufallsvariable, d. h.

$$F_U(x) = P(U \leq x) = \int_{-\infty}^{x} dx = x, \qquad (12.3)$$

dann erhält man eine ρ-verteilte Zufallsvariable durch

$$\boxed{Z := F_X^{-1}(U)}. \qquad (12.4)$$

F_X^{-1} ist hier die Umkehrfunktion von $F_X(x)$, bei diskreten Verteilungen die sog. Quantilfunktion.

Der Beweis von (12.4) wird folgendermaßen durchgeführt:

$$F_Z(x) = P(Z \le x) = P(F_X^{-1}(U) \le x) = P(U \le F_X(x))$$

$$= F_U(F_X(x)) \overset{(12.3)}{=} F_X(x). \tag{12.5}$$

Z ist damit wie X eine ρ-verteilte Zufallsvariable.

Um daher ρ-verteilte Zufallszahlen zu erzeugen, bestimmt man die Inverse der Stammfunktion der Verteilung und wendet diese dann auf gleichverteilte Zufallszahlen an. Die Invertierungsmethode ist damit auf Verteilungen begrenzt, deren Stammfunktion existiert und invertierbar ist.

Beispiel 1 – Exponentialverteilung

Für die Exponentialverteilung $\rho(x) = a e^{-ax}$ ($x \in [0, \infty)$) erhält man

$$F(x) = \int_0^x \rho(x')\,dx' = 1 - e^{-ax} = u, \tag{12.6}$$

wobei u eine gleichverteilte Zufallsvariable ist. Die mit $\rho(x)$ verteilte Zufallsvariable x ist nach (12.4) $x = -\frac{1}{a}\ln(1 - u)$. Man erhält daher aus n gleichverteilten Zufallszahlen u_i exponentiell-verteilte Zufallszahlen x_i durch

$$\boxed{x_i = -\frac{1}{a}\ln(1 - u_i)} \quad (i = 1, ..., n). \tag{12.7}$$

Beispiel 2 – (Cauchy-)Lorentz-Verteilung

Für die Lorentz-Verteilung $\rho(x) = \frac{\gamma}{\pi(\gamma^2 + x^2)}$ ($x \in (-\infty, \infty)$) ist

$$F(x) = \int_{-\infty}^x \rho(x')\,dx' = \frac{1}{2} + \frac{1}{\pi}\operatorname{atan}\left(\frac{x}{\gamma}\right) = u. \tag{12.8}$$

Durch Invertieren erhält man $x = \gamma \tan\left(\pi\left(u - \frac{1}{2}\right)\right)$, d. h. die Vorschrift

$$\boxed{x_i = \gamma \tan\left(\pi\left(u_i - \frac{1}{2}\right)\right)} \quad (i = 1, ..., n). \tag{12.9}$$

12.2.2 Verwerfungsmethode

Mit der Inversionsmethode lassen sich also nur bestimmte Zufallszahlenverteilungen erzeugen. Eine allgemeinere Methode ist die **Verwerfungsmethode** *(rejection method)*.

Die Idee hierbei ist es, Zufallszahlen zu erzeugen und nur mit der gewünschten Wahrscheinlichkeit zu verwenden. Das ist natürlich mit jeder (normierten) Verteilung möglich. Ein Beispiel: Wir möchten Zufallszahlen im Bereich [0, 1] mit einer Wurzelverteilung erzeugen. Dazu generiert man (gleichverteilte) Zufallszahlen $x_i \in [0, 1]$ und verwendet diese nur mit der Wahrscheinlichkeit $\rho(x) = \sqrt{x}$. Dies geschieht, indem man eine zweite (gleichverteilte) Zufallszahl z_i erzeugt und x_i nur verwendet, wenn $z_i \leq \rho(x_i)$. Ist die Bedingung nicht erfüllt, wird x_i verworfen. Bei sehr vielen Zufallszahlen wird man daher eine Verteilung der x_i mit $\rho(x)$ erhalten. In Abb. 12.2 ist die Methode veranschaulicht.

Die Effizienz ist offensichtlich dadurch bestimmt, wie viele Zahlen verworfen werden. Das ist aber gerade das Verhältnis der Flächeninhalte

$$\frac{\int_a^b \rho(x)\,\mathrm{d}x}{\Delta x \, \Delta y} \tag{12.10}$$

mit $\Delta x = b - a$ und $\Delta y = \rho_{\max} - \rho_{\min}$. Damit ist diese Methode offensichtlich ineffizient für Verteilungen, deren Werte sehr schwanken.

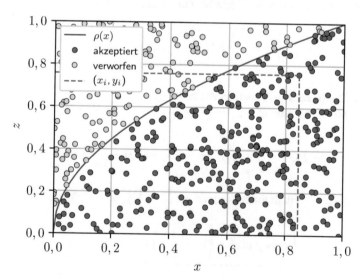

Abb. 12.2 Veranschaulichung der Verwerfungsmethode für eine Verteilung $\rho(x) = \sqrt{x}$

12.2.3 Normalverteilte Zufallszahlen

Für viele Anwendungen, nicht nur in der Physik, benötigt man Zufallszahlen mit einer Normalverteilung (Gauß-Verteilung). Hier führt die (eindimensionale) Inversionsmethode auf die Fehlerfunktion, die nicht analytisch berechenbar ist, und die Verwerfungsmethode ist aufgrund der Form der Verteilung sehr ineffektiv.

Eine andere Möglichkeit ist jedoch, die Inversionsmethode im Zweidimensionalen anzuwenden. Diese Methode ist bekannt unter dem Namen **Box-Muller-Methode** (George Edward Pelham Box und Mervin Edgar Muller 1958).

Box-Muller-Methode

Die zweidimensionale Standardnormalverteilung ist gegeben durch

$$\rho(x, y) = \frac{1}{2\pi} e^{-\frac{x^2+y^2}{2}} \tag{12.11}$$

bzw. in Polarkoordinaten

$$\rho(r, \varphi) = \frac{r}{2\pi} e^{-\frac{r^2}{2}}. \tag{12.12}$$

Nun kann für r die Inversionsmethode angewendet werden:

$$F(r) = \int_0^r e^{-\frac{r'^2}{2}} r' \, dr' = 1 - e^{-\frac{r^2}{2}} = 1 - u_1. \tag{12.13}$$

Hier kann man $1 - u_1$ statt u_1 verwenden, da u_1 gleichverteilt ist in dem Intervall $[0, 1]$ und damit auch $1 - u_1$.

Das Ergebnis ist daher

$$r = F^{-1}(1 - u_1) = \sqrt{-2 \ln u_1}, \tag{12.14}$$

bzw. wieder in kartesischen Koordinaten ($\varphi =: 2\pi u_2$ ist gleichverteilt in $[0, 2\pi]$)

$$x = r \cos \varphi = \sqrt{-2 \ln u_1} \cos(2\pi u_2), \tag{12.15}$$

$$y = r \sin \varphi = \sqrt{-2 \ln u_1} \sin(2\pi u_2). \tag{12.16}$$

Mit dieser Vorschrift erhält man also zu je zwei gleichverteilten Zufallszahlen $u_1, u_2 \in [0, 1]$, zwei normalverteilte Zufallszahlen x, y.

Polarmethode

Um die aufwendigen trigonometrischen Funktionen der Box-Muller-Methode zu vermeiden, kann man auf Polarkoordinaten transformieren. Diese sog. Polarmethode wurde 1964 von Marsaglia entwickelt.

Für zwei gleichverteilte Zufallszahlen $u_1, u_2 \in [-1, 1]$ berechnet man $q = u_1^2 + u_2^2$ so lange, bis $q \leq 1$. Ist diese Bedingung erfüllt, erhält man mit

$$p = \sqrt{-2 \frac{\ln q}{q}} \qquad (12.17)$$

zwei normalverteilte Zufallszahlen durch

$$x = u_1 p, \qquad (12.18)$$
$$y = u_2 p. \qquad (12.19)$$

Zigguratmethode

Die wohl effizienteste Methode, um normalverteilte Zufallszahlen zu erzeugen, ist die sog. Zigguratmethode. Der Name stammt daher, dass die Normalverteilung mit Rechtecken überdeckt wird, sodass sich eine Zigguratform (eine Tempelform in Mesopotamien) ergibt. Für die einzelnen Rechtecke wird dann einfach die Verwerfungsmethode verwendet, wobei nur in ca. 2,5 % der Fälle der Wert verworfen werden muss und die Berechnung aufwendiger wird. Das macht diese Methode sehr schnell, aber auch komplexer.

12.2.4 Implementierung

Die Inversions- und Verwerfungsmethode lassen sich leicht selbst implementieren. Das Gleiche gilt für die Box-Muller- und Polarmethode für normalverteilte Zufallszahlen. Jedoch sollte man hier die effizientere Zigguratmethode verwenden, die z. B. in der GSL (s. Abschn. 6.1.3) verfügbar ist (s. Listing 12.2).

In Python lassen sich normalverteilte Zufallszahlen mit dem Mittelwert *mu* und Breite *sigma* über die Funktion *random.gauss(mu,sigma)* bzw. als Vektor von N Zufallszahlen mit *numpy.random.normal(mu,sigma,N)* berechnen. Dabei wird die Box-Muller-Methode verwendet.

Aufgaben

12.1 Betrachten Sie den **linearen Kongruenzgenerator** (12.1) mit $m = 2^{31}$, $a = 65.539$ und $b = 0$. Schreiben Sie ein Python-Programm, um damit 10^4 Zufallszahlen zu erzeugen und geben Sie die Zahlen in drei Spalten aus. Überprüfen Sie mit einer dreidimensionalen Darstellung der Daten mit Matplotlib, ob Sie das **Hyperebenenverhalten** in Abb. 12.1 reproduzieren können.

Listing 12.2 C-Programm *gsl-rng-zig.c* zur Erzeugung von normalverteilten Zufallszahlen mit der Zigguratmethode aus der GSL-Bibliothek

```c
#include <stdio.h>
#include <gsl/gsl_rng.h>
#include <gsl/gsl_randist.h>

#define RNG gsl_rng_mt19937   // Mersenne-Twister
#define SEED 42               // Startwert
#define N 100                 // Anzahl an Zufallszahlen
#define SIGMA 1.0             // Breite der Verteilung

int main () {
  gsl_rng *rng = gsl_rng_alloc(RNG);
  gsl_rng_set(rng, SEED);

  int i;
  for (i = 0; i < N; i++)
    printf("%g\n", gsl_ran_gaussian_ziggurat(rng, SIGMA));

}
```

Listing 12.3 Bestimmung der Nachkommastellen von π mittels Python

```python
from sympy.mpmath import mp

N=1000 # number of digits
mp.dps = N
s = str(mp.pi)

for i in range(2,N):
    print s[i],
```

12.2 Listing 12.3 zeigt, wie man in Python beliebig viele **Nachkommastellen** von π ausgeben kann. Verändern Sie das Programm, um die **Häufigkeitsverteilung** der Ziffern zu berechnen. Stellen Sie die Häufigkeitsverteilung grafisch dar und überprüfen Sie die Gleichverteilung.

Welche Nachteile könnten die Nachkommastellen von π als Zufallszahlengenerator haben?

12.3 Die Summe von N gleichverteilten Zufallszahlen ergibt im Grenzfall $N \to \infty$ eine **Normalverteilung.** Damit kann man also näherungsweise normalverteilte Zufallszahlen erzeugen.

Schreiben Sie ein Python-Programm und bestimmen Sie n Zufallszahlen z, indem Sie die Summe von jeweils zehn gleichverteilten Zufallszahlen r berechnen und den Mittelwert abziehen:

$$z_i = \sum_{j=1}^{10} r_{i,j} - 5. \tag{12.20}$$

Stellen Sie die Verteilung der Zufallszahlen z_i als Histogramm dar. Erzeugen Sie außerdem normalverteilte Zufallszahlen mit $\mu = 0$ und $\sigma = 1$ und vergleichen Sie die Verteilungen für verschiedene Mengen n an Zufallszahlen.

Teil IV
Computerphysik-Projekte

Der Oszillator

13

Inhaltsverzeichnis

Als erstes Projekt beschäftigen wir uns mit einem Standardbeispiel zur Untersuchung von physikalischen Vorgängen, dem Oszillator. In allen Bereichen der Physik, in denen Schwingungen eine Rolle spielen, findet man diesen in mehr oder weniger veränderter Form wieder. Der Oszillator sollte also zum Standardrepertoire jedes Physikers gehören.

Wir starten mit den physikalischen Grundlagen des Oszillators und wenden uns dann der numerischen Lösung der Bewegungsgleichung zu. Insbesondere schauen wir uns den gedämpften und ungedämpften harmonischen Oszillator mit und ohne Antrieb an. Da die analytische Lösung dieser Beispiele aus den Grundvorlesungen bekannt sein sollte, können wir diese verwenden, um die verschiedenen numerischen Lösungen zu vergleichen. In diesem Projekt geht es also weniger darum neue Physik einzuführen, sondern anhand der bekannten Physik die numerischen Methoden, deren Programmierung und Anwendung zu verstehen.

13.1 Physikalische Grundlagen

Man stelle sich einen Ball vor, der mit einem Gummiband an der Zimmerwand befestigt ist und von einem Kind angestoßen wird. Unser Modell vereinfacht den Ball zu einem Massepunkt und das Gummiband zu einer einfachen Feder. Die Einwirkung des Kindes wird mit einer äußeren Kraft modelliert. Zusätzlich soll auch die Reibung der Luft enthalten sein.

© Springer-Verlag GmbH Deutschland, ein Teil von Springer Nature 2019
S. Gerlach, *Computerphysik*, https://doi.org/10.1007/978-3-662-59246-5_13

Abb. 13.1 Skizze eines
eindimensionalen Oszillators

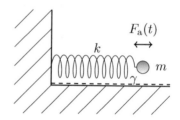

Wir betrachten also eine Masse m, die mit einer (harmonischen) Feder der Federkonstanten k an einer Wand befestigt und einer (Stokes'schen) Reibung (mit der Rei-
bungskonstanten γ) ausgesetzt ist. Zusätzlich soll eine äußere, zeitabhängige Kraft
$F_a(t)$, d. h. ein externer Antrieb, erlaubt sein. Abb. 13.1 zeigt dazu eine einfache
Skizze.

Die zu lösende Bewegungsgleichung für die eindimensionale Bewegung ergibt
sich dann durch Newtons zweites Gesetz zu

$$ma(t) = F_{\text{Reibung}}(t) + F_{\text{Feder}}(t) + F_a(t) = -\gamma v(t) - kx(t) + F_a(t). \quad (13.1)$$

Mit der Geschwindigkeit $v(t) = \dot{x}(t)$ und der Beschleunigung $a(t) = \dot{v}(t) = \ddot{x}(t)$,
d. h. der ersten und zweiten Ableitung des Ortes nach der Zeit, erhalten wir also eine
Differenzialgleichung (DGL) zweiter Ordnung für $x(t)$:

$$m\ddot{x}(t) + \gamma\dot{x}(t) + kx(t) = F_a(t). \quad (13.2)$$

Gesucht ist also die Lösung $x(t)$, d. h. der zeitabhängige Ort der Masse m, abhängig von den Parametern k, γ, der äußeren Kraft $F_a(t)$ und den Anfangsbedingungen.
Alternativ werden uns auch die Geschwindigkeit $\dot{x}(t)$ bzw. andere abgeleitete Größen
interessieren.

13.2 Numerische Lösung und Tests

Zur Vereinfachung betrachten wir zunächst den Fall $F_a = 0$ und $\gamma = 0$, d. h. keine
äußere Kraft und keine Reibung. Dann ergibt sich durch Einführung der Kreisfrequenz $\omega = \sqrt{k/m}$ die einfache DGL des harmonischen Oszillators zu

$$\ddot{x}(t) + \omega^2 x(t) = 0. \quad (13.3)$$

Zur Lösung dieser Gleichung benötigen wir zwei Anfangsbedingungen, denn es
handelt sich um eine DGL der zweiten Ordnung. Wir wählen zweckmäßig $x(0) = x_0$
und $\dot{x}(0) = v_0$.

Wir probieren zunächst das einfachste Verfahren, d. h. das explizite Euler-
Verfahren (s. Abschn. 10.1). Da dieses nur für DGL erster Ordnung gilt, verwenden
wir den Trick, dass wir die DGL zweiter Ordnung durch Einführung der Geschwindigkeit $v(t)$ in zwei DGL erster Ordnung umschreiben können:

$$\dot{x}(t) = v(t), \quad \dot{v}(t) = -\omega^2 x(t). \quad (13.4)$$

Abb. 13.2 Berechnung der
neuen Werte für den
harmonischen Oszillator im
Euler-Verfahren

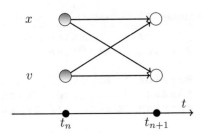

Nun wenden wir das Euler-Verfahren auf beide DGL an und erhalten

$$x_{n+1} = x_n + h v_n, \tag{13.5}$$

$$v_{n+1} = v_n + h \dot{v}_n = v_n - h \omega^2 x_n. \tag{13.6}$$

Die Ortsschritte x_n und Geschwindigkeitsschritte v_n lassen sich damit ausgehend von den Anfangsbedingungen x_0 und v_0 iterativ berechnen:

$$\begin{pmatrix} x_0 \\ v_0 \end{pmatrix} \to \begin{pmatrix} x_1 \\ v_1 \end{pmatrix} \to \begin{pmatrix} x_2 \\ v_2 \end{pmatrix} \to \dots \to \begin{pmatrix} x_n \\ v_n \end{pmatrix}. \tag{13.7}$$

Die Reihenfolge der jeweiligen Berechnung von x_{n+1} und v_{n+1} spielt hierbei keine Rolle. Das Schema der Auswertung kann man sich auch grafisch verdeutlichen (s. Abb. 13.2).

13.2.1 Implementierung

Die Umsetzung eines Euler-Schritts in einem C-Programm ist einfach (s. Listing 13.1). Dabei sollte man sich überlegen, wie man die Systemvariablen und Parameter sinnvoll skalieren kann, um einerseits die Implementierung zu vereinfachen und andererseits numerische Probleme (zu große oder zu kleine Werte) zu vermeiden. In unserem Beispiel setzen wir dazu die Kreisfrequenz *OMEGA* auf 1 und skalieren damit die Zeit in Einheiten von $t_s = 1/\omega$ auf handhabbare Werte unabhängig von der Kreisfrequenz. Den Ort skalieren wir mit der maximalen Auslenkung x_s, die wegen Energieerhaltung ($k x_s^2/2 = m v_s^2/2$), also $\omega x_s = v_s$, auch die Geschwindigkeit skaliert.

Listing 13.1 Euler-Schritt für den harmonischen Oszillator in einem C-Programm

```
xp = x + H*v;
vp = v - H*OMEGA*OMEGA*x;
```

Listing 13.2 C-Programm zur Lösung des harmonischen Oszillators mit dem Euler-Verfahren

```
// oszi.c: Simulation eines harmonischen Oszillators
#include <stdio.h>

#define T 30.0  // Laufzeit
#define H 0.01  // Zeitschritt
#define OMEGA 1 // Frequenz

int main() {
  double t, x = 0.0, v = 1.0, xp, vp;

  for (t = 0; t < T; t += H) {
    xp = x + H*v;
    vp = v - OMEGA*OMEGA*H*x;

    printf("%g %g %g\n",t,x,v);
    x = xp;
    v = vp;
  }
}
```

Die Schrittweite H wählen wir deutlich kleiner als die Periode $T = 2\pi$, also z. B. $H = 0,01$. Die Laufzeit der Simulation soll mehrere Perioden betragen, d. h., wir wählen beispielsweise die Laufzeit zu $5 \cdot T \approx 30$.

Nun müssen wir noch die beiden Anfangsbedingungen festlegen (z. B. $x_0 = 0$, $v_0 = 1$) und können dann die Simulation komplett implementieren (s. Listing 13.2). Um das Programm zu übersetzen, rufen wir *gcc -o oszi oszi.c* auf und können zum Testen der Simulation übergehen.

13.2.2 Testen der Ergebnisse

Wir starten das Programm *oszi* und lenken die Ausgabe mit dem Kommando

`./oszi > oszi.dat`

in eine Datei um. Zur Darstellung verwenden wir z. B. das Program Gnuplot und erhalten die grafische Darstellung der numerischen Lösung von $x(t)$ und $v(t)$ in Abb. 13.3. Eindeutig ist das erwartete oszillatorische Verhalten der Lösung zu erkennen. Außerdem ist die Phasenverschiebung zwischen dem Ort $x(t)$ und der Geschwindigkeit $v(t)$ gut zu erkennen. Die numerische Lösung entspricht also auf den ersten Blick dem (erwarteten) Ergebnis.

Abb. 13.3 Numerische
Lösung des harmonischen
Oszillators mithilfe des
Euler-Verfahrens

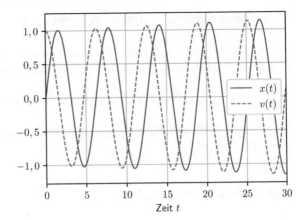

Abb. 13.4 Numerische und
analytische Lösung des
harmonischen Oszillators
mit dem Euler-Verfahren
sowie die Gesamtenergie als
Testgröße

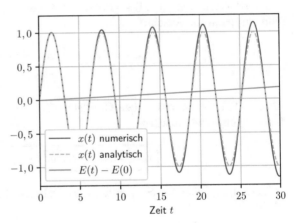

Zum weiteren Testen der numerischen Lösung sollte man Konstanten der Bewegung, d. h. beispielsweise die Energieerhaltung prüfen. Die Gesamtenergie lässt sich in einem C-Programm leicht mithilfe der Zeile in jedem

```
E = (v*v+OMEGA*OMEGA*x*x)/2.0;
```

Schritt aus x und v berechnen. Die Gesamtenergie $(E(t) - E(0))$ inklusive der numerischen und der analytischen Lösung zeigt Abb. 13.4. Nun erkennt man deutlich, dass die numerische Lösung nach nur wenigen Perioden von der analytischen Lösung abweicht und die Gesamtenergie keine Erhaltungsgröße darstellt. Der Grund dafür ist die Ungenauigkeit des verwendeten Euler-Verfahrens, welches zu einem numerischen Fehler führt.

Offensichtlich lässt sich der numerische Fehler minimieren, wenn man den Zeitschritt verkleinert. Der Fehler des Euler-Verfahrens nimmt jedoch nur linear mit der Schrittweite ab, sodass eine gute numerische Lösung nur mit großem Rechenaufwand zu erreichen ist. Sinnvollerweise werden wir also stattdessen ein besseres numerisches Verfahren verwenden.

13.3   Verbesserte numerische Lösungen

Um die numerische Lösung des Oszillators zu verbessern, werden wir zunächst bessere numerische Verfahren zur Lösung von Bewegungsgleichungen der Form

$$\ddot{x}(t) = F(\dot{x}(t), x(t), t)/m = f(\dot{x}(t), x(t), t) \tag{13.8}$$

betrachten. Alle diese Verfahren ergeben natürlich (bis auf numerische Fehler) die gleichen Lösungen.

13.3.1   Mehrschrittverfahren

Das Verlet-Verfahren (10.20) angewendet auf die allgemeine Bewegungsgleichung führt zur iterativen Vorschrift

$$x_{n+1} = 2x_n + h^2 \underbrace{\ddot{x}_n}_{f(t_n)} - x_{n-1}. \tag{13.9}$$

Für die DGL des harmonischen Oszillators $\ddot{x}(t) = f(t) = -\omega^2 x(t)$ ergibt sich damit die einfache Vorschrift

$$\boxed{x_{n+1} = x_n \left(2 - h^2 \omega^2\right) - x_{n-1}}. \tag{13.10}$$

Es handelt sich also um ein iteratives Zweischrittverfahren mit der Iterationsvorschrift

$$\begin{pmatrix} x_0 \\ x_1 \end{pmatrix} \to x_2, \ \begin{pmatrix} x_1 \\ x_2 \end{pmatrix} \to x_3, \ \dots, \ \begin{pmatrix} x_{n-1} \\ x_n \end{pmatrix} \to x_{n+1} \tag{13.11}$$

und dem Schema in Abb. 13.5.

Abb. 13.5 Schema der
Berechnung im
Verlet-Verfahren

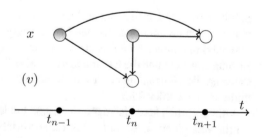

> **Tipp: Anfangsbedingungen bei Mehrschrittverfahren**
> Um die Anfangswerte von Mehrschrittverfahren zu bestimmen, verwendet
> man z. B. einfach das Euler-Verfahren $x_{n+1} = x_n + hx'_n$. Damit erhält man x_1
> aus x_0 und $v_0 = x'_0$ und kann das Zweischrittverfahren starten. Beispiele:
>
> - $x_0 = 0$, $v_0 = 1$: $x_1 = 0 + h = h$,
> - $x_0 = 1$, $v_0 = 0$: $x_1 = x_0 = 1$.

Die Berechnung der Geschwindigkeit ist dabei gar nicht notwendig, kann aber
z. B. zur Berechnung der kinetischen Energien benötigt werden. Normalerweise
reicht dafür jedoch der Differenzenquotient (mit der Ordnung $\mathcal{O}(h)$). Benötigt man
die Geschwindigkeit mit höherer Genauigkeit, empfiehlt sich stattdessen das sog.
Velocity-Verlet-Verfahren:

$$x_{n+1} = x_n + v_n h + \frac{f_n}{2} h^2 + \mathcal{O}(h^3),$$

$$v_{n+1} = v_n + \frac{f_n + f_{n+1}}{2} h + \mathcal{O}(h^2). \tag{13.12}$$

Dieses folgt direkt aus $v_n = \frac{x_{n+1} - x_{n-1}}{2h} + \mathcal{O}(h^2)$ bzw. $v_{n+1} = \frac{x_{n+2} - x_n}{2h} + \mathcal{O}(h^2)$.
Die Genauigkeit des Verlet-Verfahrens ergibt sich durch Taylor-Entwicklung zu:

$$x(t + h) + x(t - h) = 2x(t) + h^2 \ddot{x}(t) + \mathcal{O}(h^4) \tag{13.13}$$

$$\Rightarrow x_{n+1} = 2x_n + h^2 \ddot{x}_n - x_{n-1} + \mathcal{O}(h^4). \tag{13.14}$$

Lokal ist der Fehler also $\mathcal{O}(h^4)$ und global $\mathcal{O}(\frac{N(N+1)}{2} h^4) = \mathcal{O}(h^2)$ (da $N \sim 1/h$).
Diese Verfahren haben neben der höheren Genauigkeit auch noch weitere Vorteile
gegenüber dem Euler-Verfahren. Die Verfahren sind

- *zeitumkehrbar* (wegen der symmetrischen zweiten Ableitung), d. h., es gilt lang-
  fristig die Energieerhaltung.
- *symplektisch*, d. h., das Phasenraumvolumen ist erhalten.

Daher sind diese Verfahren sehr beliebt in großen mechanischen Systemen, z. B. in
der **Molekulardynamik,** bei der man die klassischen Bewegungsgleichungen vieler
Teilchen über lange Zeiträume löst und die Ergebnisse statistisch auswertet.

13.3.2 Leap-Frog-Verfahren

Statt eines Mehrschrittverfahrens lässt sich eine Bewegungsgleichung auch lösen,
indem man den Ort und die Geschwindigkeit zu verschiedenen Zeiten berechnet.
Wenn man das geschickt macht, erreicht man die gleichen Vorteile, die auch das

Abb. 13.6 Berechnung der
Werte im
Leap-Frog-Verfahren

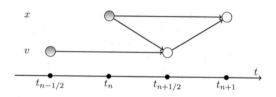

Verlet-Verfahren bietet. Der Name „Leap-Frog" (also Bocksprung) deutet an, dass man bei der abwechselnden Berechnung von x und v immer zwischen den Zeit-schritten hin und her springt.

Betrachtet man z. B. das RK2-Verfahren und berechnet die Geschwindigkeit einen halben Zeitschritt früher, so ergibt sich das Schema in Abb. 13.6 bzw.

$$v_{n+1/2} = v_{n-1/2} + hf(x_n, t_n) + \mathcal{O}(h^3),$$
$$x_{n+1} \quad = x_n + hv_{n+1/2} + \mathcal{O}(h^3). \tag{13.15}$$

Für den harmonischen Oszillator ($\ddot{x} + \omega^2 x = 0$), d. h. $v = \dot{x}$, $\dot{v} = -\omega^2 x = f(x, t)$ ergibt sich also im Leap-Frog-Verfahren die Vorschrift

$$v_{n+1/2} = v_{n-1/2} - h\omega^2 x_n \tag{13.16}$$
$$x_{n+1} = x_n + hv_{n+1/2}.$$

Man erhält also mit dem gleichen Aufwand wie beim Euler-Verfahren eine genauere ($\mathcal{O}(h^3)$), stabilere und symplektische Lösung. Der Vorteil gegenüber dem Verlet-Verfahren ist, dass man die Geschwindigkeit direkt mit höherer Genauigkeit berechnet. Ansonsten ist das Leap-Frog-Verfahren identisch zum Verlet-Verfahren, wenn man die Geschwindigkeit eliminiert:

$$\underbrace{(x_{n+1} - x_n) - (x_n - x_{n-1})}_{x_{n+1} - 2x_n + x_{n-1}} = hv_{n+1/2} - hv_{n-1/2} = h(v_{n+1/2} - v_{n-1/2}) = h^2 f(x_n, t_n)$$

$$\Rightarrow x_{n+1} = 2x_n + h^2 f(x_n, t_n) - x_{n-1}.$$

13.3.3 Implizite Verfahren

Neben den bisherigen Verfahren lassen sich auch sog. implizite Verfahren nutzen, um die Bewegungsgleichung des Oszillators zu lösen. Dabei wird der neue Zeitschritt bereits bei der Berechung verwendet. Dies führt in vielen Fällen zu einem deutlich stabileren Verfahren im Vergleich zu den entsprechenden expliziten Verfahren. Der Nachteil ist jedoch, dass bei jedem Zeitschritt ein i. A. nichtlineares Gleichungssystem zu lösen ist. Wir werden deshalb erst in Abschn. 16.1.3 darauf zurückkommen.

Es gibt jedoch die Möglichkeit, auf das Lösen des Gleichungssystems zu verzichten, indem man spezielle Mehrschrittverfahren verwendet, die sog. Prediktor-Korrektor-Methoden (s. Abschn. 10.4). Dabei wird zunächst der für die Berechnung benötigte neue Wert mit einer expliziten Methode bestimmt (Prediktor) und damit dann, im zweiten Schritt, der neue Wert mit dem impliziten Verfahren (Korrektor). Ein bekanntes Verfahren dieser Klasse ist die Heun-Methode (s. Abschn. 10.3).

13.4 Implementierung der verbesserten Verfahren

Im Vergleich zur Euler-Methode ist die Implementierung der verbesserten numerischen Verfahren natürlich aufwendiger. Wir werden das im Folgenden anhand von Beispielen im Detail diskutieren.

13.4.1 RK2-Verfahren für den harmonischen Oszillator

Die Anwendung des Runge-Kutta-Verfahrens zweiter Ordnung auf den harmonischen Oszillator ergibt zwei unabhängige Verfahren für den Ort x und die Geschwindigkeit v, die wir zweckmäßigerweise in einem Vektor $\boldsymbol{r} = \begin{pmatrix} x \\ v \end{pmatrix}$ zusammenfassen. Damit lässt sich die Bewegungsgleichung des harmonischen Oszillators umformen zu

$$\dot{\boldsymbol{r}} = \begin{pmatrix} \dot{x} \\ \dot{v} \end{pmatrix} = \begin{pmatrix} v \\ -\omega^2 x \end{pmatrix}, \tag{13.17}$$

und das Runge-Kutta-Verfahren zweiter Ordnung wird zu

$$\boldsymbol{k}_1 = h\boldsymbol{f}(\boldsymbol{r}_n, t_n) \tag{13.18}$$
$$\boldsymbol{k}_2 = h\boldsymbol{f}\left(\boldsymbol{r}_n + \frac{\boldsymbol{k}_1}{2}, t_n + \frac{h}{2}\right)$$
$$\boldsymbol{r}_{n+1} = \boldsymbol{r}_n + \boldsymbol{k}_2$$

bzw. in ausführlicher Schreibweise

$$\begin{aligned} k_1^x &= hv_n & k_1^v &= -\omega^2 h x_n \\ k_2^x &= h(v_n + k_1^v/2) & k_2^v &= -h\omega^2(x_n + k_1^x/2) \\ x_{n+1} &= x_n + k_2^x & v_{n+1} &= v_n + k_2^v. \end{aligned}$$

13.4.2 Die Heun-Methode für den gedämpften Oszillator

Als Beispiel für eine Prediktor-Korrektor-Methode betrachten wir die Heun-Methode (s. Abschn. 10.3). Diese lässt sich verallgemeinern zur Lösung von Differenzialgleichungen der Form $\dot{\boldsymbol{r}} = \boldsymbol{f}(\boldsymbol{r}, t)$, $\boldsymbol{r}(t_0) = \boldsymbol{r}_0$:

$$\boldsymbol{r}_{n+1}^{\mathrm{P}} = \boldsymbol{r}_n + h\boldsymbol{f}(\boldsymbol{r}_n, t_n),$$
$$\boldsymbol{r}_{n+1} = \frac{1}{2}\left(\boldsymbol{r}_n + \boldsymbol{r}_{n+1}^{\mathrm{P}} + h\boldsymbol{f}(\boldsymbol{r}_{n+1}^{\mathrm{P}}, t_{n+1})\right). \tag{13.19}$$

Damit können wir die Bewegungsgleichung $\ddot{x} + d\dot{x} + \omega^2 x = 0$ des gedämpften
Oszillators (mit $d = \gamma/m$) lösen, indem wir analog zum RK2-Verfahren $r = \begin{pmatrix} x \\ v \end{pmatrix}$
einführen, also

$$\begin{pmatrix} \dot{x} \\ \dot{v} \end{pmatrix} = \begin{pmatrix} v \\ -\omega^2 x - dv \end{pmatrix}, \quad r_0 = \begin{pmatrix} x_0 \\ v_0 \end{pmatrix}. \tag{13.20}$$

Im Heun-Verfahren wird daraus

$$
\begin{aligned}
x_{n+1}^{\mathrm{P}} &= x_n + h v_n, \\
v_{n+1}^{\mathrm{P}} &= v_n - h(\omega^2 x_n + d v_n), \\
x_{n+1} &= \frac{1}{2}\left(x_n + x_{n+1}^{\mathrm{P}} + h v_{n+1}^{\mathrm{P}}\right), \\
v_{n+1} &= \frac{1}{2}\left(v_n + v_{n+1}^{\mathrm{P}} - h(\omega^2 x_{n+1}^{\mathrm{P}} + d v_{n+1}^{\mathrm{P}})\right).
\end{aligned}
\tag{13.21}
$$

Ein entsprechendes C-Programm zeigt Listing 13.3. Die numerische Lösung ist in
Abb. 13.7 zu sehen und zeigt das erwartete Verhalten.

Listing 13.3 C-Programm zur Lösung des gedämpften Oszillators mit der Heun-Methode

```c
#include <stdio.h>

#define T 30.0       // Laufzeit
#define H 1.e-2      // Zeitschritt
#define OMEGA 1.0    // Frequenz
#define D 0.3        // Daempfung
#define X0 0.0       // x(0)
#define V0 1.0       // v(0)

int main() {
  double t, x = X0, v = V0, xp, vp;
  for (t = 0; t < T; t += H) {
    printf("%g %g %g\n",t,x,v);

    // Prediktor
    xp = x + H*v;
    vp = v - H*(OMEGA*OMEGA*x + D*v);

    // Korrektor
    x = 1./2.*(x + xp + H*vp);
    v = 1./2.*(v + vp - H*(OMEGA*OMEGA*xp + D*vp));
  }
}
```

Abb. 13.7 Numerische
Lösung des gedämpften
Oszillators mit der
Heun-Methode

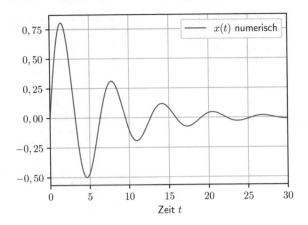

13.4.3 Verlet-Verfahren zur Lösung der allgemeinen Oszillatorgleichung

Zur numerischen Lösung der allgemeinen DGL des Oszillators (13.2), bzw.

$$\ddot{x}(t) + d\dot{x}(t) + \omega^2 x(t) = \alpha(t) = F_{\mathrm{a}}(t)/m, \qquad (13.22)$$

ersetzen wir die erste und zweite Ableitung durch die zentralen Differenzen (s. Abschn. 9.1), also $\ddot{x} \to \frac{x_{n+1}-2x_n+x_{n-1}}{h^2}$ und $\dot{x} \to \frac{x_{n+1}-x_{n-1}}{2h}$, und erhalten mit der Diskretisierung $\alpha(t) = \alpha(t_0 + nh) = \alpha_n$:

$$x_{n+1}\left(\frac{1}{h^2} + \frac{d}{2h}\right) = \alpha_n - \omega^2 x_n + \frac{2x_n}{h^2} + \left(\frac{d}{2h} - \frac{1}{h^2}\right)x_{n-1} \qquad (13.23)$$

bzw.

$$x_{n+1} = \frac{1}{2+dh}\left(2h^2\alpha_n + 2x_n(2 - h^2\omega^2) + x_{n-1}(dh - 2)\right). \qquad (13.24)$$

Setzen wir $d = 0$ und $\alpha_n = 0$, erhalten wir natürlich das Verlet-Verfahren für den harmonischen Oszillator (13.10):

$$x_{n+1} = \frac{1}{2}\left(4x_n - 2x_n h^2\omega^2 - 2x_{n-1}\right) = x_n\left(2 - h^2\omega^2\right) - x_{n-1}. \qquad (13.25)$$

Die numerische Lösung für $d = \alpha_n = 0$ ist in Abb. 13.8 dargestellt. Man sieht die kurzzeitigen Energieschwankungen (um Faktor 10 vergrößert), allerdings ist offensichtlich auf langen Zeiten die Energie eine Erhaltungsgröße. Ansonsten ist die numerische Lösung bei der gewählten Schrittweite nicht mehr von der analytischen Lösung zu unterscheiden.

Wir werden in Abschn. 14.2 auf die numerische Lösung der allgemeinen Oszillatorgleichung zurückkommen, da diese unter bestimmten Bedingungen chaotisches Verhalten zeigt.

Abb. 13.8 Numerische
Lösung des harmonischen
Oszillators mit dem
Verlet-Verfahren

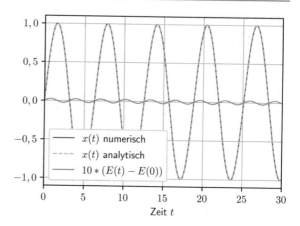

13.5 Auswertung und analytische Lösung

Da die Diskussion und Herleitung der analytischen Lösungen für den gedämpften Oszillator und den Oszillator mit Anregung Teil der Physik-Grundvorlesungen
sind, beschränken wir uns hier auf die Bestimmung und Darstellung der analytischen Lösungen mit einem Computeralgebrasystem (CAS). Dieses ergänzt oft die
Berechnungen „auf dem Papier" und hilft, eigene Rechenfehler zu finden. Natürlich
sollte man nie allein auf ein CAS vertrauen, sondern immer die Schritte zur Lösung
nachvollziehen können.

Wir verwenden das CAS *Mathematica* (s. Abschn. 6.3.1), um die Fähigkeiten
eines solchen Systems zu demonstrieren.

Zum analytischen Lösen von DGL gibt es unter *Mathematica* die Funktion
DSolve. Zum Beispiel kann man damit die analytische Lösung des harmonischen
Oszillators wie in Listing 13.4 bestimmen und grafisch darstellen.

Listing 13.4 *Mathematica*-Kommandos zur analytischen Lösung und Darstellung des harmonischen Oszillators

```
In[1]:= lsg = DSolve[{x''[t]+w^2 x[t]==0, x[0]==0, x'[0]==1}, x[t], t]

Out[1]= {{x[t] -> Sin[t w]/w}}

In[2]:= Plot[{x[t] /. lsg /. {w -> 1}}, {t, 0, 30}]
```

Auch der gedämpfte Oszillator lässt sich in *Mathematica* analytisch mit *DSolve*
lösen. Allerdings muss man beachten, dass für den Schwingfall und den Kriechfall unterschiedliche Bedingungen an die Lösung zu stellen sind, um diese zu vereinfachen. Für die analytische Lösung des Oszillators mit periodischer Anregung
muss man auch hier entsprechend vereinfachen (s. Listing 13.5). Die Lösung ist in
Abb. 13.9 zu sehen.

Die gefundenen analytischen Lösungen lassen sich natürlich noch weiter untersuchen, um z. B. Phänomene wie Resonanz und Phasenverschiebung zu studieren.

Abb. 13.9 Darstellung der analytischen (*Mathematica*-)Lösung des gedämpften Oszillators mit Anregung

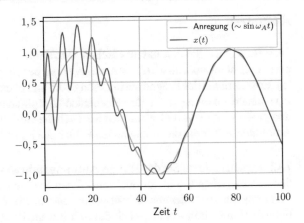

Dies ist jedoch nur bei einfachen Modellsystemen möglich. Oft wird man allein auf die numerische Lösung angewiesen sein, die man für verschiedene Parameter untersuchen kann. Dafür eignen sich die verbesserten numerischen Verfahren, die uns die Bewegungsgleichung des Oszillators mit guter Genauigkeit und Stabilität numerisch berechnen können.

Mit den vorgestellten Methoden sind wir nun in der Lage, auch kompliziertere Bewegungsgleichungen aus der Mechanik oder anderen Gebieten der Physik numerisch zu lösen.

Als Testgröße diente uns die Energie als Erhaltungsgröße beim harmonischen Oszillator bzw. die analytische Lösung zum Vergleich. Bei anderen Systemen wird man andere Testgrößen bzw. einfache Testsysteme zur Überprüfung der numerischen Lösung verwenden (s. Aufgabe 13.4).

Listing 13.5 *Mathematica*-Kommandos zur analytischen Lösung des periodisch angeregten Oszillators

```
lsg = DSolve[{x''[t] == -w^2 x[t] - d x'[t] +
    Sin[wA t], x[0] == 0, x'[0] == v0}, {x[t]}, t]
...
X[t_] = x[t] /. FullSimplify[lsg[[1, 1]] // ExpToTrig,
    Assumptions -> {4 w^2 - d^2 >= 0}]
...
Block[{w = 1, d = 0.1, wA = 0.1, v0 = 1},
    Plot[{X[t], Sin[wA t]}, {t, 0, 100}]]
```

Aufgaben

13.1 Betrachten Sie den **harmonischen Oszillator,** bei dem die Federkonstante k periodisch schwankt, also $k(t) = A \sin(\omega_k t)$ mit der Amplitude A und der Frequenz ω_k. Erweitern Sie das Programm in Listing 13.2 und berechnen Sie damit die Lösung $x(t)$ numerisch für $\omega_k = 2\omega$ für verschiedene Amplituden A. Was passiert für kleine und große Werte von A? Bestimmen Sie auch die Gesamtenergie und finden Sie die Amplitude A, für die die numerischen Fehler des Euler-Verfahrens verschwinden.

13.2 Implementieren Sie das **Runge-Kutta-Verfahren** zweiter Ordnung (RK2) für den harmonischen Oszillator und vergleichen Sie die Genauigkeit mit dem Euler-Verfahren für verschiedene Schrittweiten, indem Sie die Energieabweichung am Ende der Laufzeit in Abhängigkeit der Schrittweite darstellen.

13.3 Mithilfe von (13.25) lässt sich die **allgemeine Oszillatorgleichung** numerisch lösen. Versuchen Sie, den Schwingfall, den Kriechfall und den aperiodischen Grenz-fall numerisch zu finden, und plotten Sie typische Kurven für $x(t)$ und $v(x)$ (Pha-sendiagramm).

Für eine periodische, treibende Kraft $F_a(t) = \sin(\omega_t t)$ bestimmen Sie die sog. **Resonanzkurve** des Systems, indem Sie für eine feste Dämpfung γ die Amplitude $x_{\max}$ nach dem Einschwingvorgang in Abhängigkeit der Frequenz ω_t bestimmen und grafisch darstellen. Wie verändert sich die Resonanzkurve für verschiedene Werte von γ?

13.4 Stellen Sie die Bewegungsgleichungen für das zweidimensionale **Zweikörper-problem** auf. Verwenden Sie das **Verlet-Verfahren,** um eine Iterationsvorschrift zur Berechnung der Bewegung der beiden Körper herzuleiten. Schreiben Sie damit ein Programm, um die Bewegungsgleichungen zu lösen. Setzen Sie alle Parameter auf 1 und finden Sie mit den Startbedingungen $r_1 = \begin{pmatrix} 1 \\ 0 \end{pmatrix}$, $r_2 = \begin{pmatrix} -1 \\ 0 \end{pmatrix}$, $v_1 = \begin{pmatrix} 0 \\ 1 \end{pmatrix}$, $v_2 = \begin{pmatrix} 0 \\ -1 \end{pmatrix}$ eine geeignete Schrittweite und testen Sie die Spezialfälle ($m_1 = 0$, $m_2 = 0$ etc.), um alle Implementierungsfehler zu finden.

Verändern Sie nun die Startgeschwindigkeiten, um geschlossene Bahnen zu erhal-ten. Variieren Sie auch die Massen für weitere Bahnkurven. Welche Erhaltungsgrö-ßen gibt es und wie kann man diese berechnen?

Skalieren Sie das Problem, indem Sie als Einheiten den Abstand Erde – Sonne, die Masse der Sonne und die Zeit in Jahren verwenden. Überlegen Sie sich hiermit, wie alle Parameter damit skalieren, und setzen Sie es in Ihr Programm ein.

Wenn Sie alles richtig gemacht haben, erhalten Sie die korrekte Bahnkurve der Erde um die Sonne. Wenn Sie möchten, können Sie Ihr Programm nun noch für weitere Planeten, Monde oder Satelliten erweitern.

Nichtlineare Dynamik

14

Inhaltsverzeichnis

In der nichtlinearen Dynamik werden dynamische Systeme untersucht, bei denen die auftretenden Bewegungsgleichungen nichtlineare Funktionen enthalten. Diese Systeme können sehr interessante Eigenschaften besitzen (z. B. chaotisches Verhalten) und zu besonderen geometrischen Strukturen (sog. Fraktale) führen. Damit ergeben sich natürlich auch interessante Implikationen für reelle Systeme wie z. B. der Schmetterlingseffekt. Wichtige Anwendungen der nichtlinearen Dynamik finden sich auf folgenden Gebieten:

- mechanische Systeme (nichtlineare Oszillatoren),
- Astrophysik (Dreikörperproblem),
- Hydrodynamik (Turbulenz),
- Oberflächenphysik,
- Klimaforschung (Wetter).

Aber auch in der Biologie (Räuber-Beute-Modelle), der Medizin (Herzrhythmus) oder in den Wirtschaftswissenschaften (Börsenentwicklung) spielen nichtlineare Systeme eine wichtige Rolle.

Wir beginnen mit den typischen geometrischen Strukturen und Modellsystemen, schauen uns dann das nichtlineare Pendel an und werfen am Ende einen Blick auf sog. seltsame Attraktoren.

© Springer-Verlag GmbH Deutschland, ein Teil von Springer Nature 2019
S. Gerlach, *Computerphysik*, https://doi.org/10.1007/978-3-662-59246-5_14

14.1   Fraktale und Modellsysteme

Fraktale sind spezielle geometrische Strukturen. Diese zeigen besondere Eigen-
schaften wie Selbstähnlichkeit und besitzen meist eine gebrochenzahlige (fraktale)
Hausdorff-Dimension (Felix Hausdorff 1868–1942). Diese lässt sich aufgrund der
Selbstähnlichkeit durch

$$N = \left(\frac{1}{R}\right)^{-D} \Rightarrow D = \frac{\log N}{\log R} \tag{14.1}$$

berechnen, wobei N die Anzahl der selbstähnlichen Strukturen und R der Verklei-
nerungsfaktor ist. Diese Formel kann mit dem Grenzfall $R \to \infty$ erweitert werden,
um z. B. die fraktale Dimension einer beliebigen Struktur mit der **Boxcounting-
Methode** näherungsweise zu bestimmen.

Die Abb. 14.1 und 14.2 zeigen zwei einfache Beispiele:

- die Koch-Kurve/Koch-Flocke (Helge von Koch 1904) mit
  $D = \log 4/\log 3 \approx 1{,}26$,
- das Sierpinski-Dreieck (Wacław Franciszek Sierpiński 1915) mit
  $D = \log 3/\log 2 \approx 1{,}58$.

Wichtige Eigenschaften von fraktalen Strukturen und allgemein nichtlinearen Systemen sind:

- Selbstähnlichkeit (Skalierungseigenschaft),
- deterministisch und kritisch auf Anfangsbedingungen („Schmetterlingseffekt"),
- große Formenvielfalt (geometrische Eigenschaft).

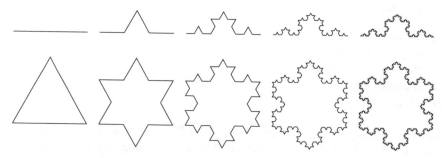

Abb. 14.1 Konstruktion der Koch-Kurve bzw. Koch-Flocke

Abb. 14.2 Konstruktion des Sierpiński-Dreiecks

14.1.1 Die logistische Abbildung

Eines der einfachsten Modellsysteme mit nichtlinearen Eigenschaften ist die logistische Abbildung (Pierre François Verhulst 1837). Diese wird durch die einfache, nichtlineare Iterationsvorschrift

$$x_{n+1} = rx_n(1 - x_n)$$ (14.2)

definiert und beschreibt z. B. die Entwicklung einer Population in einem Demografiemodell, wobei $0 \leq x_n \leq 1$ der Population im Jahre n entspricht. r beschreibt dann die Auswirkung von Vermehrung bzw. Aussterben. Ein typischer Startwert wäre z. B. $x_0 = 0,5$.

Je nach Wahl des Parameters r zeigt die logistische Abbildung reguläres oder chaotisches Verhalten. Tab. 14.1 enthält die verschiedenen Bereiche und das Verhalten der logistischen Abbildung. Das unterschiedliche Verhalten lässt sich gut in einem sog. **Feigenbaum-Diagramm** (Mitchell Jay Feigenbaum 1975) in Abb. 14.3 sehen, das durch Listing 14.1 erzeugt wurde. Dabei werden von den 1000 berechneten Werten nur die letzten 500 Punkte dargestellt, um nur das Konvergenzverhalten zu sehen. Da das Programm sehr viele Daten erzeugt, ist es sinnvoll, die Daten direkt in eine Datei zu schreiben, am besten sogar komprimiert (s. Abschn. 6.2.1).

Der Ausschnitt in Abb. 14.4 zeigt das Verhalten für $3,8 \leq r \leq 3,9$. Deutlich erkennt man die typischen Eigenschaften von nichtlinearen Systemen (Selbstähnlichkeit, kritisch auf Anfangsbedingungen [sog. *Bifurkation* an kritischen Punkten] und Formenvielfalt). Ein einfaches Kriterium, ob chaotisches Verhalten vorliegt oder nicht, werden wir später in Abschn. 14.1.3 kennenlernen. Zunächst betrachten wir jedoch ein weiteres, sehr bekanntes nichtlineares System.

14.1.2 Die Mandelbrot-Menge

Eine weitere, einfache nichtlineare iterative Abbildung ist

$$z_{n+1} = z_n^2 + c$$ (14.3)

Tab. 14.1 Verhalten der logistischen Abbildung abhängig vom Parameter r

Parameterbereich	Verhalten
$0 \leq r \leq 1$	Konvergiert gegen 0
$1 < r \leq 3$	Konvergiert gegen den Wert $1 - \frac{1}{r} > 0$
$3 < r \leq 1 + \sqrt{6}$	Zwei Häufungspunkte
$1 + \sqrt{6} < r$	Wechsel zwischen endlich vielen und unendlich vielen Häufungspunkten (chaotisch)

Listing 14.1 C-Programm zur Erzeugung des Feigenbaum-Diagramms

```c
#include <stdio.h>

#define N 1000
#define X0 0.5
#define START 0.0           // 3.8
#define END 4.0             // 3.9
#define STEP (END-START)/(double)N

int main() {
  double r;
  for (r = START; r <= END; r += STEP) {
    double x = X0;
    int i;
    for (i = 0; i < 1000; i++) {
      x = r*x*(1-x);

      if (i > 500)
        printf("%g %g\n", r, x);
    }
  }
}
```

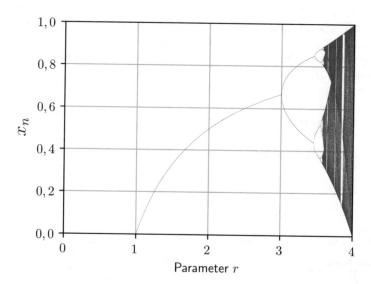

Abb. 14.3 Feigenbaum-Diagramm

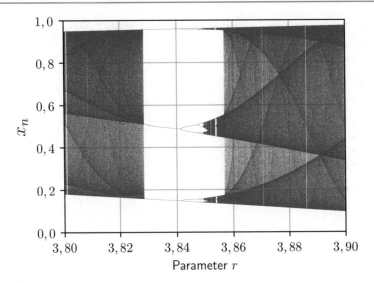

Abb. 14.4 Ausschnitt des Feigenbaum-Diagramms

mit $z_n, c \in \mathbb{C}$. Die Menge $c \in \mathbb{C}$, für die diese Abbildung konvergiert, wird Mandelbrot-Menge (Benoît B. Mandelbrot 1979) oder auch „Apfelmännchen" genannt. Wie sich zeigt, hat diese Menge eine fraktale Geometrie.

Eine grafische Darstellung der Mandelbrot-Menge kann mit Listing 14.2 erzeugt werden. Mit den Gnuplot-Befehlen *set view map* und *splot ‚mandel.dat' w pm3d* lässt sich die Menge einfach darstellen. Abb. 14.5 zeigt die Mandelbrot-Menge (genauer: das Konvergenzverhalten der nichtlinearen Abbildung). In Abb. 14.6 wird ein Ausschnitt, der die Selbstähnlichkeit und Formenvielfalt deutlich zeigt, wiedergegeben.

Untersucht man das Konvergenzverhalten der von (14.3) auf der reellen Achse, erhält man interessanterweise das Diagramm in Abb. 14.7, welches stark an das Feigenbaum-Diagramm erinnert.

Mithilfe des Programms *xaos* kann man interaktiv die Mandelbrot-Menge und viele weitere fraktale Strukturen betrachten. Wie kann man aber feststellen, ob eine Abbildung reguläres oder chaotisches Verhalten zeigt? Dafür führen wir den Ljapunow-Exponenten ein.

14.1.3 Der Ljapunow-Exponent

Um ein Kriterum zu finden, ob ein System chaotisches Verhalten zeigt oder nicht, nutzt man die Empfindlichkeit des Systems auf kleine Änderungen der Anfangsbedingungen. Man betrachtet also das Verhalten der Änderungen für $t \to \infty$ und verwendet dafür den Ansatz

$$|\Delta x(t)| = e^{\lambda t / \Delta t} |\Delta x(0)|. \tag{14.4}$$

Listing 14.2 C-Programm zur Berechnung der Mandelbrot-Menge

```c
#include <stdio.h>
#include <complex.h>

#define MAX 1000
#define N 100

#define LEFT -2.0          // -1.8
#define RIGHT 1.0          // 1.71
#define TOP 1.0            // 0.03
#define BOTTOM -1.0        // -0.03

int punkt(complex c) {
  complex z = 0;
  int i = 0;

  while (cabs(z) < MAX && i < N) {
    z = z*z + c;
    i++;
  }

  return i;
}

int main() {
  double a, b;

  for (a = LEFT; a < RIGHT; a += (RIGHT-LEFT)/1000) {
    for (b = BOTTOM; b < TOP; b += (TOP-BOTTOM)/1000) {
      complex c = a + I*b;
      int i = punkt(c);
      printf("%g %g %d\n", a, b, i);
    }
    printf("\n");
  }
}
```

mit dem (dimensionslosen) Ljapunow-Exponenten λ (Alexander Michailowitsch Ljapunow 1857–1918). Das Vorzeichen von λ beschreibt also, ob für $t \to \infty$ chaotisches Verhalten vorliegt oder nicht, genauer:

- $\lambda < 0$: System konvergiert (reguläres Verhalten),
- $\lambda = 0$: Es kann zu einer **Bifurkation** (Verzweigung) kommen,
- $\lambda > 0$: System divergiert (chaotisches Verhalten).

Für eine iterative Abbildung $x_{n+1} = f(x_n)$ lässt sich der Ljapunow-Exponent folgendermaßen berechnen:

$$|\Delta x_N| = e^{\lambda t/\Delta t}|\Delta x_0| \to \lambda = \frac{1}{N} \ln \left| \frac{\Delta x_N}{\Delta x_0} \right|. \qquad (14.5)$$

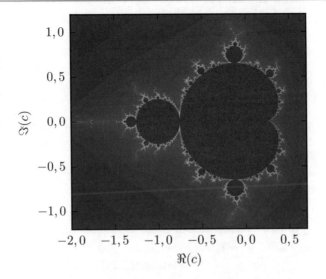

Abb. 14.5 Mandelbrot-Menge

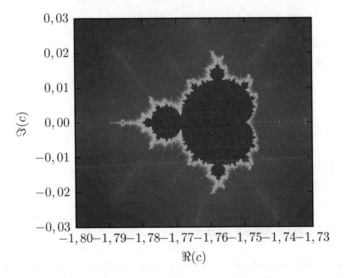

Abb. 14.6 Ausschnitt der Mandelbrot-Menge

Wegen

$$\frac{\Delta x_N}{\Delta x_0} = \frac{\Delta x_1}{\Delta x_0} \frac{\Delta x_2}{\Delta x_1} \cdots \frac{\Delta x_N}{\Delta x_{N-1}} = \prod_{n=0}^{N-1} \frac{\Delta x_{n+1}}{\Delta x_n} \tag{14.6}$$

und

$$\frac{\Delta x_{n+1}}{\Delta x_n} = \frac{x_{n+1} - x_n}{\Delta x_n} = \frac{f(x_n) - f(x_{n-1})}{\Delta x_n} = f'(x_{n-1}) \tag{14.7}$$

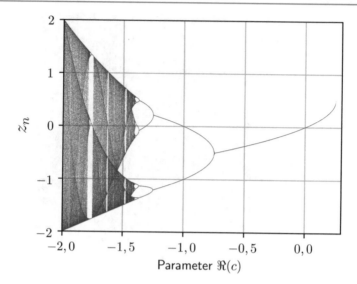

Abb. 14.7 Konvergenzverhalten der Mandelbrot-Menge auf der reellen Achse

erhält man für $t \to \infty$ (der Logarithmus eines Produkts ergibt eine Summe von Logarithmen)

$$\lambda = \lim_{N \to \infty} \frac{1}{N} \sum_{n=1}^{N} \ln(|f'(x_n)|).$$

(14.8)

Für die logistische Abbildung ist der Ljapunow-Exponent in Abb. 14.8 und 14.9 zu sehen. Man kann sehr gut das unterschiedliche Verhalten im Feigenbaum-Diagramm abhängig vom Wert des Ljapunow-Exponenten erkennen.

14.2   Das chaotische Pendel

Auch viele mechanische Systeme werden durch nichtlineare Bewegungsgleichungen beschrieben und können unter bestimmten Bedingungen chaotisches Verhalten zeigen. Beispiele dafür sind das Doppelpendel oder das im Folgenden betrachtete mathematische Pendel mit Antrieb.

Ein mathematisches Pendel, also ein ideales Fadenpendel mit Reibung und einer Antriebskraft, lässt sich (ohne Kleinwinkelnäherung) mit der folgenden Bewegungsgleichung für die generalisierte Koordinate φ beschreiben:

$$\ddot{\varphi} + \gamma \dot{\varphi} + \omega_0^2 \sin \varphi = A \cos(\omega_t t).$$

(14.9)

ω_0 ist dabei die Eigenfrequenz und γ die Dämpfungskonstante, ganz analog zum Oszillator (s. Kap. 13).

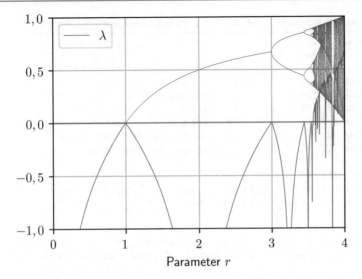

Abb. 14.8 Feigenbaum-Diagramm und zugehörender Ljapunow-Exponent λ, abhängig von r

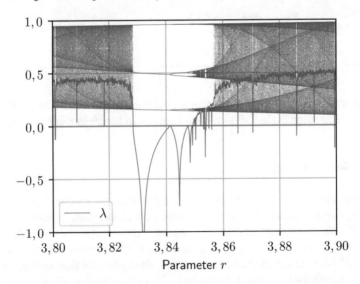

Abb. 14.9 Ausschnitt des Feigenbaum-Diagramms und zugehörender Ljapunow-Exponent λ

14.2.1 Numerik

Für die numerische Lösung verwenden wir sinnvollerweise ein Mehrschrittverfahren (s. Abschn. 13.3.1), indem wir die erste und zweite Ableitung entsprechend diskretisieren, und erhalten

$$\varphi_{n+1} = \frac{4\varphi_n}{2+\gamma h} + \frac{2h^2}{2+\gamma h}\left(A\cos(\omega_t t_n) - \omega_0^2 \sin\varphi_n\right) - \frac{2-\gamma h}{2+\gamma h}\varphi_{n-1}. \quad (14.10)$$

Listing 14.3 C-Programm zur numerischen Lösung des mathematischen Pendels

```
#include <stdio.h>
#include <math.h>

#define T 200          // Laufzeit
#define H 0.01         // Schrittweite
#define G 0.25         // gamma
#define w0 1           // omega_0
#define A 0.0          // Amplitude der Anregung
#define wT (2.0/3.0)   // anregende Frequenz

int main() {
  double t = 0.0, phialt = M_PI/2.0, phi = phialt, phin;
  FILE* f = fopen("pendel.dat", "w");

  while (t < T) {
    phin = 2.0*H*H/(2.0+G*H)*(A*cos(wT*t)-w0*w0*sin(phi))
         + 4.0/(2.0+G*H)*phi - phialt*(2.0-G*H)/(2.0+G*H);

    fprintf(f,"%g %g %g\n", t, phi, (phin-phialt)/H);

    phialt = phi; phi = phin;
    t += H;
  }
}
```

Mit dieser iterativen Vorschrift erhalten wir also die numerische Lösung für unser Problem. Umgesetzt in ein C-Programm könnte es so aussehen wie in Listing 14.3.

14.2.2 Auswertung

Ohne Anregung ($A = 0$) erhalten wir die Lösungen des gedämpften Oszillators (allerdings ohne Kleinwinkelnäherung), aber kein chaotisches Verhalten. Erst für $A \geq 0{,}55$ zeigt das Pendel Überschläge, und wir sehen chaotisches Verhalten.

Abb. 14.10 zeigt, wie empfindlich das chaotische Pendel auf die Variation $\Delta A = 10^{-5}$ der Anfangsbedingungen reagiert. Besonders die Entwicklung im Phasenraum in Abb. 14.11 macht das chaotische Verhalten des Pendels sichtbar.

Da es sich bei dem Pendel um ein φ-periodisches System handelt, lässt sich die Darstellung auch auf den Bereich $\varphi \in [0, 2\pi]$ reduzieren. Dafür müssen wir im C-Programm (s. Listing 14.3) nur *fmod(fabs(phi+M_PI),2*M_PI)-M_PI* statt *phi* ausgeben. Bestimmt man die Winkelgeschwindigkeit ω abhängig vom Parameter A, so erhält man das Diagramm in Abb. 14.12, in dem man sehr schön den Wechsel zwischen regulären und chaotischen Bereichen erkennt.

Zur Untersuchung periodischer dynamischer Systeme reicht es aus, nur einen Schnitt durch das Phasenraumdiagramm zu betrachten. Das heißt, man schaut sich nur Schnappschüsse an, die einen zeitlichen Abstand der Periode haben ($t_i =$

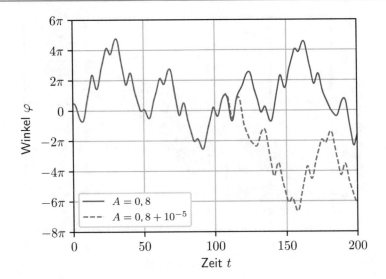

Abb. 14.10 Entwicklung des Winkels beim chaotischen Pendel für eine kleine Änderung der Amplitude A

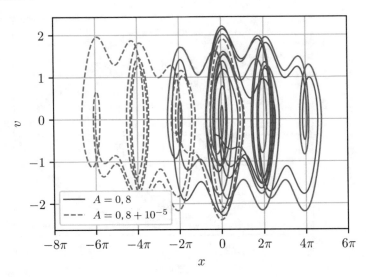

Abb. 14.11 Entwicklung des chaotischen Pendels im Phasenraum für eine kleine Änderung von A

$2\pi i/\omega_t$). Diese Diagramme nennt man auch **Poincaré-Abbildung** (Henri Poincaré 1854–1912). Als Beispiel wird in Abb. 14.13 das Poincaré-Diagramm für $A = 0{,}8$ und $A = 5{,}0$ gezeigt. Sehr gut kann man jetzt den Unterschied zwischen chaotischem Verhalten (unendlich viele Fixpunkte) für $A = 0{,}8$ und regulärem Verhalten (wenige Fixpunkte) für $A = 5{,}0$ erkennen.

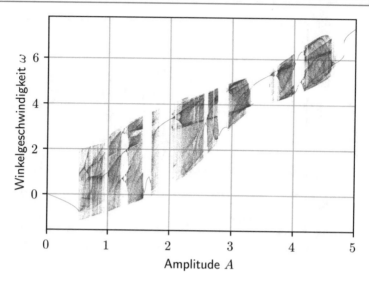

Abb. 14.12 Winkelgeschwindigkeit ω nach der Laufzeit $T = 200$ abhängig vom Parameter A

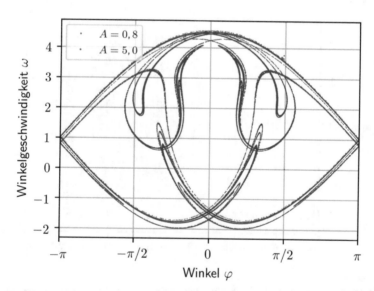

Abb. 14.13 Das Poincaré-Diagramm zeigt den Unterschied zwischen chaotischem ($A = 0{,}8$) und regulärem Verhalten ($A = 5{,}0$)

14.3 Seltsame Attraktoren

Attraktoren nennt man Grenzzyklen von dynamischen Systemen, also die Zustände, die ein dynamisches System für $t \rightarrow \infty$ anstrebt. Bei nichtlinearen Systemen kann es vorkommen, dass der Attraktor ein Fraktal ist und keine ganzzahlige Hausdorff-Dimension hat. Dann nennt man den Attraktor „seltsam". Es gibt eine Vielzahl an dynamischen Systemen mit sehr unterschiedlichen seltsamen Attraktoren. Wir wollen hier nur zwei prominente Beispiele betrachten.

14.3.1 Der Lorenz-Attraktor

Das nichtlineare dynamische System, das zum Lorenz-Attraktor (Edward Norton Lorenz 1963) führt, beschreibt ein idealisiertes hydrodynamisches System zur Wettervorhersage. Es lässt sich durch

$$
\begin{aligned}
\dot{x} &= a(y - x), \\
\dot{y} &= x(b - z) - y, \\
\dot{z} &= xy - cz
\end{aligned}
\tag{14.11}
$$

mit den drei Parametern $a = 10$, $b = 28$, $c = 8/3$ beschreiben. Die Lösung lässt sich sehr einfach z. B. mit der Euler-Methode berechnen, und man erhält die Darstellung in Abb. 14.14. Deutlich erkennt man einen (scheinbar) zufälligen Wechsel zwischen den beiden Flügeln des Attraktors, also wieder eine Empfindlichkeit hinsichtlich der Anfangsbedingungen. Da das Modell für die Wettervorhersage entwickelt wurde, bestätigt das den bereits erwähnten Schmetterlingseffekt.

14.3.2 Der Rössler-Attraktor

Ein weiteres dynamisches System wurde von Rössler (Otto E. Rössler 1976) aufgestellt. Dieses beschreibt Gleichgewichtszustände von chemischen Reaktionen. Rössler selbst behauptet, dass er von einer Bonbon-Knetmaschine inspiriert wurde.

Das System von Rössler wird durch die Gleichungen

$$
\begin{aligned}
\dot{x} &= -y - z, \\
\dot{y} &= x + ay, \\
\dot{z} &= b + (x - c)z
\end{aligned}
\tag{14.12}
$$

beschrieben und ergibt den Rössler-Attraktor für $a = 0{,}2$, $b = 0{,}2$ und $c = 5{,}7$ in Abb. 14.15, der ebenfalls eine fraktale Struktur hat und damit ein seltsamer Attraktor ist.

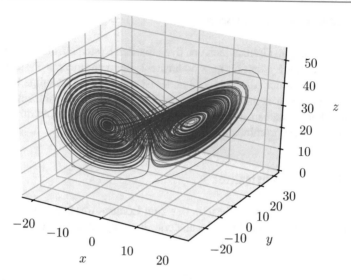

Abb. 14.14 Lorenz-Attraktor

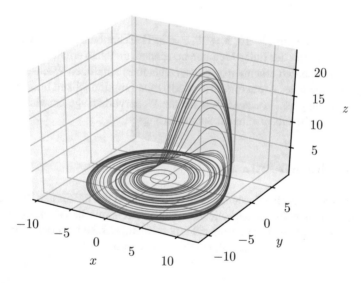

Abb. 14.15 Rössler-Attraktor

Aufgaben

6.1 Julia-Mengen

Bei der Berechnung der Mandelbrot-Menge (s. Listing 14.2) wurde der Startwert der Iteration willkürlich auf $z = 0$ gesetzt. Nun könnte man sich fragen, wie das Ergebnis von kleinen Änderungen des Startwertes abhängt. Die Startwerte, für die ein chaotisches Verhalten auftritt, werden **Julia-Menge** genannt.

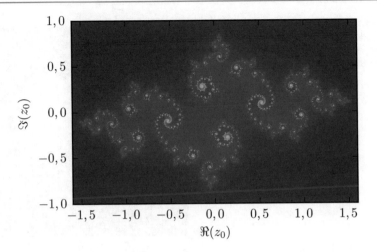

Abb. 14.16 Julia-Menge für $c = -0,8 + 0,2i$

Verändern Sie das C-Programm in Listing 14.2, um für einen Wert c den Startwert $z_0 \in \mathbb{C}$ zu variieren. Eine Darstellung der Startwerte in der komplexen Ebene ergibt, je nach Parameter c, sehr schöne Julia-Mengen (s. Abb. 14.16). Verwenden Sie z. B. $c = -1,2$ oder $c = 0,4 + 0,4i$ oder $c = -0,8 + 0,2i$.

6.2 Duffing-Oszillator

Ein bekannter nichtlinearer Oszillator ist der sog. Duffing-Oszillator (Georg Duffing 1918), der eine Erweiterung des harmonischen Oszillators mit einer Rückstellkraft $\sim x^3$ ist:

$$\ddot{x}(t) + d\dot{x}(t) + \alpha x + \beta x^3 = A \cos(\omega_t t). \tag{14.13}$$

a) Implementieren Sie die numerische Lösung des Duffing-Oszillators z. B. mit dem Verlet-Verfahren.
b) Betrachten Sie zunächst den Fall ohne Antrieb ($A = 0$) mit $\alpha < 0$ und $\beta > 0$ (Doppelmuldenpotenzial), und bestimmen Sie typische Bahnen.
c) Zeigen Sie mit einem Phasendiagramm, in welchem der beiden Minima der Oszillator endet, abhängig von Startauslenkung und Startgeschwindigkeit.
d) Untersuchen Sie jetzt den Duffing-Oszillator mit Anregung ($A > 0$). Wie ändert sich das Phasendiagramm mit steigendem A?
e) Untersuchen Sie für verschiedene Amplituden A, ob die Bahnen im Phasenraum chaotisch werden. Beispiel: $\alpha = -1$, $\beta = 1$, $d = 0,2$, $A = 0,6$, $\omega = 1$. Betrachten Sie dazu auch die Poincaré-Diagramme, indem sie die Werte nur zu periodischen Zeitpunkten ausgeben.

6.3 Magnetpendel

Betrachten Sie eine Stahlkugel an einem Faden über drei Magneten. Zur Vereinfachung soll die Kugel sich nur in einer x-y-Ebene über den Magneten bewegen. Je

Abb. 14.17 Farbkodierte
Endposition des
Magnetpendels, abhängig
von der Startposition (x, y)

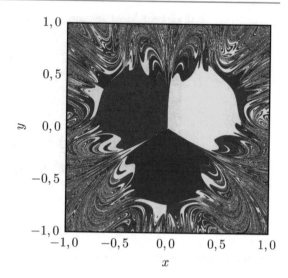

nach Startposition landet die Kugel aufgrund der Reibung irgendwann auf einem der
Magneten. Weist man jedem Magneten eine Farbe zu und kennzeichnet die Startpo-
sition mit der Farbe des Magneten, auf dem er landet, so erkennt man die chaotische
Bewegung und die fraktale Struktur (s. Abb. 14.17).

a) Stellen Sie die Bewegungsgleichung für die Stahlkugel auf. Die Kraft zu den
   Magneten kann mit

$$\boldsymbol{F}_m = \sum_{i=1}^{3} \frac{\boldsymbol{r} - \boldsymbol{r}_i}{|\boldsymbol{r} - \boldsymbol{r}_i|^3} \tag{14.14}$$

angesetzt werden. Die Reibungskraft ist $\boldsymbol{F}_r = -\gamma \dot{\boldsymbol{r}}$ und die Federkraft $\boldsymbol{F}_f = -k\boldsymbol{r}$.

b) Legen Sie die Position der drei Magnete in der Ebene $x = [-1, 1]$, $y =
   [-1, 1]$ fest und implementieren Sie die Bewegungsgleichung mit einem geeig-
   neten numerischen Verfahren (z. B. Leap-Frog, s. Abschn. 13.3.2) in einem C-
   Programm.

c) Stellen Sie die Bewegung der Stahlkugel für benachbarte Startpunkte dar, um das
   chaotische Verhalten zu zeigen. Folgende Werte sind sinnvoll: Masse $m = 1$,
   Dämpfungskonstante $\gamma = 0,2$, Federkonstante $k = 0,5$, Höhe des Pendels über
   den Magneten $z = 0,1$. Die Bewegung kann abgebrochen werden, wenn die
   Geschwindigkeit einen Minimalwert unterschreitet.

d) Ändern Sie das Programm, sodass es für jeden Startpunkt in der x-y-Ebene die
   Nummer des Magneten ausgibt, auf dem die Stahlkugel landet. Eine Parallelisierung mit OpenMP ist aufgrund der längeren Rechenzeit zu empfehlen. Stellen
   Sie die Ergebnisse grafisch dar. Wenn Sie alles richtig gemacht haben, sollten Sie
   eine Grafik ähnlich zu Abb. 14.17 erhalten.

e) Erweitern Sie das Programm für zwei und vier Magnete, und stellen Sie auch
   diese Ergebnisse grafisch dar.

Randwertprobleme

15

Inhaltsverzeichnis

Viele physikalische Probleme aus der Mechanik, Elektrostatik und Quantenmechanik führen auf sog. Randwertprobleme, d. h., man sucht statische Lösungen von bestimmten Differenzialgleichungen, die gewisse Randbedingungen erfüllen. Wichtige Beispiele sind die Poisson-Gleichung in der Elektrostatik und die stationäre Schrödinger-Gleichung in der Quantenmechanik, deren numerische Lösungsverfahren wir in diesem Kapitel betrachten werden. Dabei werden wir zunächst die oft verwendete Numerow- und *Shooting*-Methode und dann die wichtigen Relaxationsmethoden untersuchen.

15.1 Numerow- und *Shooting*-Methode

Numerow-MethodeShooting-Methode@Shooting-*Methode*
Die Numerow-Methode (Boris Wassiljewitsch Numerow 1927) ist eine optimierte Methode zur Lösung von GDGL zweiter Ordnung der Form

$$\left(\frac{\mathrm{d}^2}{\mathrm{d}x^2} + k^2(x)\right) f(x) = F(x). \tag{15.1}$$

Bekannte Beispiele sind u. a. die radiale Poisson-Gleichung, die eindimensionale und die radiale Schrödinger-Gleichung. Diese GDGL lassen sich natürlich auch mit anderen numerischen Verfahren lösen, jedoch ist die Numerow-Methode für diese Art von GDGL bei gleichem Rechenaufwand deutlich genauer.

© Springer-Verlag GmbH Deutschland, ein Teil von Springer Nature 2019
S. Gerlach, *Computerphysik*, https://doi.org/10.1007/978-3-662-59246-5_15

15.1.1 Herleitung des Numerow-Verfahrens

(15.1) lässt sich umformen zu $f''(x) = F(x) - k^2(x)f(x)$. Die zweite Ableitung davon ergibt

$$f^{(4)}(x) = F''(x) - \frac{\mathrm{d}^2}{\mathrm{d}x^2}(k^2(x)f(x)). \tag{15.2}$$

Durch Ersetzen der zweiten Ableitung mit der zentralen Differenz (9.6) ergibt sich

$$f^{(4)}(x) = \frac{F_{n+1} - 2F_n + F_{n-1}}{h^2} - \frac{k_{n+1}^2 f_{n+1} - 2k_n^2 f_n + k_{n-1}^2 f_{n-1}}{h^2} + \mathcal{O}(h^2). \tag{15.3}$$

Dies können wir in die Taylor-Entwicklung

$$f_{n\pm1} = f_n \pm hf'_n + \frac{h^2}{2}f''_n \pm \frac{h^3}{6}f'''_n + \frac{h^4}{24}f_n^{(4)} \pm \frac{h^5}{120}f_n^{(5)} + \mathcal{O}(h^6) \tag{15.4}$$

bzw. in die Summe $f_{n+1} + f_{n-1}$ einsetzen und erhalten

$$f_{n+1} + f_{n-1} = 2f_n + h^2 f''_n + \frac{h^4}{12}f_n^{(4)} + \mathcal{O}(h^6) \tag{15.5}$$

$$= 2f_n + h^2\left(F_n - k_n^2 f_n\right) + \frac{h^2}{12}(F_{n+1} - 2F_n + F_{n-1})$$

$$- \frac{h^2}{12}\left(k_{n+1}^2 f_{n+1} - 2k_n^2 f_n + k_{n-1}^2 f_{n-1}\right). \tag{15.6}$$

Dies umgeformt ergibt die Iterationsvorschrift für das Numerow-Verfahren

$$f_{n+1} = \frac{\frac{h^2}{12}(F_{n+1} + 10F_n + F_{n-1}) + f_n\left(2 - \frac{5}{6}h^2 k_n^2\right) - f_{n-1}\left(1 + \frac{h^2}{12}k_{n-1}^2\right)}{1 + \frac{h^2}{12}k_{n+1}^2} + \mathcal{O}(h^6). \tag{15.7}$$

Es handelt sich also um ein explizites Mehrschrittverfahren mit einem lokalen Fehler $\mathcal{O}(h^6)$ und einem globalen Fehler $\mathcal{O}(N^2 h^6) = \mathcal{O}(h^4)$, wobei der Rechenaufwand offensichtlich deutlich geringer ist als bei vergleichbaren Verfahren.

15.1.2 Einfaches Beispiel

Betrachten wir zunächst die einfache GDGL $f''(x) + f(x) = 0$. Diese ist von der Form (15.1) mit $k^2 = 1$ und $F(x) = 0$. Die Anfangsbedingungen ergeben sich (s. Abschn. 13.3.1) für $f(0) = 0$, $f'(0) = 1$ zu $f_0 = 0$, $f_1 = h$ und für $f(0) = 1$, $f'(0) = 0$ zu $f_0 = 1$, $f_1 = 1$. Die Implementierung in einem C-Programm ist in Listing 15.1 zu sehen. Die Lösungen sind die bekannten Sinus- und Kosinuslösungen.

Listing 15.1 C-Programm zur Lösung von $f''(x) + f(x) = 0$ mit dem Numerow-Verfahren

```c
#include <stdio.h>
#define H 0.001
#define XMAX 20.

double F(double x) { return 0; }
double k2(double x) { return 1.; }

int main() {
    double x, fnm = 0, fn = H, fnp;
    for (x = H; x < XMAX; x += H) {
        fnp = (H*H/12.*(F(x+H)+10.*F(x)+F(x-H))
            + fn*(2.-5./6.*H*H*k2(x))
            - fnm*(1.+H*H/12.*k2(x-H)))/(1.+H*H/12.*k2(x+H));

        printf("%g %g\n",x,fn);
        fnm = fn; fn = fnp;
    }
}
```

15.1.3 Die radiale Poisson-Gleichung

Als zweites Beispiel schauen wir uns die radiale Poisson-Gleichung an. Diese erhalten wir aus der Poisson-Gleichung

$$\Delta\varphi(r) = -\frac{\rho(r)}{\varepsilon} \tag{15.8}$$

für eine radiale Ladungsverteilung $\rho(\boldsymbol{r}) = \rho(r)$ durch

$$\Delta\varphi(\boldsymbol{r}) = \Delta_r\varphi(r) = \frac{1}{r}\partial_r^2(r\varphi(r)) \tag{15.9}$$

und mit der Substitution $\chi(r) = r\varphi(r)$:

$$\boxed{\chi''(r) = -\frac{\rho(r)}{\varepsilon}r}. \tag{15.10}$$

(15.10) entspricht der Numerow-DGL (15.1) für $k^2 = 0$ und $F(r) = -r\rho(r)/\varepsilon$. Wir wollen diese für eine exponentielle Ladungsverteilung

$$\rho(r) = \frac{1}{8\pi}e^{-r} \tag{15.11}$$

numerisch lösen. $\rho(r)$ ist normiert über

$$\int \rho(r)\,d^3r = 4\pi \int_0^\infty \frac{1}{8\pi}e^{-r}r^2\,dr = 1. \tag{15.12}$$

Wir schauen uns zunächst die analytische Lösung an, die man z. B. mit einem CAS berechnen kann:

$$\chi(r) = -\frac{\mathrm{e}^{-r}}{4\pi\varepsilon}\left(1+\frac{r}{2}\right) + C_1 r + C_2. \tag{15.13}$$

Die Konstanten C_1 und C_2 werden durch zwei Randbedingungen festgelegt:

- $\chi(r \to 0) \to 0 \Rightarrow C_2 = \frac{1}{4\pi\epsilon}$,
- $\chi(r \to \infty) \to \frac{1}{4\pi\epsilon} \Rightarrow C_1 = 0$,

und wir erhalten

$$\chi(r) = \frac{1}{4\pi\varepsilon}\left(1 - \left(1+\frac{r}{2}\right)\mathrm{e}^{-r}\right), \tag{15.14}$$

$$\varphi(r) = \frac{1}{4\pi\varepsilon}\left(\frac{1}{r} - \left(\frac{1}{r}+\frac{1}{2}\right)\mathrm{e}^{-r}\right). \tag{15.15}$$

Für die numerische Lösung mit dem Numerow-Verfahren benötigen wir die Anfangsbedingungen $\chi(0)$ und $\chi'(0)$, um damit die Startwerte χ_0 und χ_1 z. B. mit dem Euler-Verfahren (s. Abschn. 13.3.1) zu bestimmen. $\chi(0) = 0$ ist durch eine Randbedingung festgelegt, $\chi'(0)$ ist jedoch nicht bekannt und wir können den Wert nur raten (z. B. $\chi'(0) = 1$ bzw. $\chi_1 = H$). Wir erhalten dann die (unkorrigierte) Lösung in den Abb. 15.1 und 15.2.

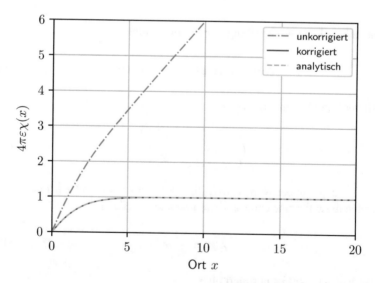

Abb. 15.1 Unkorrigierte und korrigierte Lösung $\chi(r)$ der radialen Poisson-Gleichung für eine Ladungsverteilung (15.11) im Vergleich zur analytischen Lösung

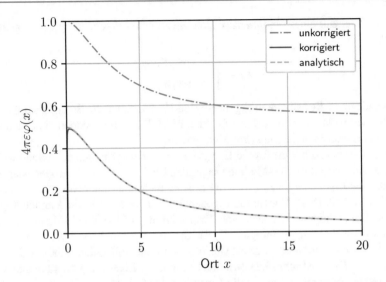

Abb. 15.2 Unkorrigierte und korrigierte Lösung $\varphi(r)$ der Poisson-Gleichung für eine Ladungsverteilung (15.11) im Vergleich zur analytischen Lösung

Wie wir sehen, erfüllen wir mit dem geratenen Startwert $\chi_1 = H$ nicht die Randbedingung für $r \to \infty$, denn der lineare Term der analytischen Lösung tritt hier auf. Wir können diesen jedoch eliminieren, indem wir ihn von der Lösung abziehen, da für große r dieser Term überwiegt. Damit ergibt sich (bis auf numerische Fehler) die korrekte (korrigierte) numerische Lösung in den Abb. 15.1 und 15.2.

15.1.4 Die stationäre Schrödinger-Gleichung

Auch die eindimensionale stationäre Schrödinger-Gleichung

$$\psi''(x) + \frac{2m}{\hbar^2}(E - V(x))\psi(x) = 0 \tag{15.16}$$

lässt sich mit der Numerow-Methode lösen, denn hier ist $k^2(x) = 2m(E - V(x))/\hbar^2$ und $F(x) = 0$. Das Problem ist jedoch, dass die Energie E nicht bekannt ist und eigentlich das Eigenwertproblem gelöst werden muss. Dazu kommen wir aber erst in Kap. 17.

Wir wenden hier eine andere Methode an, die sog. **Shooting-Methode.** Die Idee dabei ist, dass man die Randbedingungen durch Ausprobieren erfüllt (und damit die Eigenenergien findet), indem man einen „Schuss ins Blaue" wagt. Schauen wir uns dies anhand eines Beispiels an.

Das Potenzial eines eindimensionalen unendlichen Potenzialtopfes sei gegeben durch

$$V(x) = \begin{cases} 0 & (0 \le x \le 1) \\ \infty & \text{sonst} \end{cases}.$$
(15.17)

Verwendet man die bekannten Eigenenergien E_n, kann man die Eigenfunktionen mit der Numerow-Methode berechnen (s. Abb. 15.3). Kennt man jedoch die Eigenenergien nicht, setzt man die *Shooting*-Methode ein:

Wir wählen einen Wert für die Energie E. Mit dieser Energie berechnen wir die Lösung mit der Numerow-Methode beginnend bei $x = 0$. Ist E größer oder kleiner als eine Eigenenergie E_n, wird die Lösung nicht die Randbedingung $\psi(1) = 0$ erfüllen (s. Abb. 15.4). Nur für die Eigenenergien $E = E_n$ wird die Randbedingung erfüllt. Damit können wir also eine Testfunktion $f(E) = \psi_E(1)$ definieren. Wir suchen dann diejenigen Energien E, für die die Testfunktion $f(E) = 0$ wird (s. Abb. 15.5). Das Problem reduziert sich also auf eine Nullstellensuche für die Testfunktion $f(E)$ (s. Abschn. 9.2). Mit den bestimmten Eigenenergien kann man dann die Eigenfunktionen und damit die Lösungen der Schrödinger-Gleichung mithilfe der Numerow-Methode berechnen.

In einem C-Programm könnte das so aussehen wie in Listing 15.2. Die Funktion *numerow()* setzt das Numerow-Verfahren für die Schrödinger-Gleichung um.

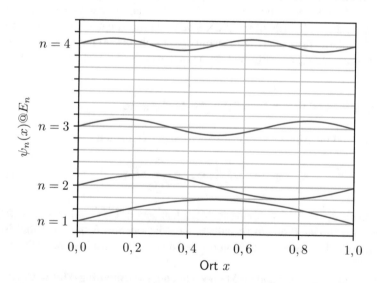

Abb. 15.3 Lösungen der stationären Schrödinger-Gleichung für den unendlichen Potenzialtopf mit dem Numerow-Verfahren

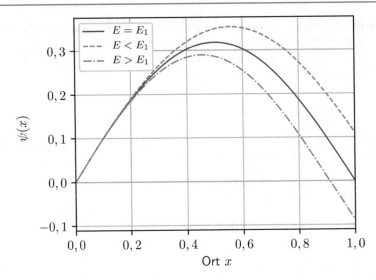

Abb. 15.4 Randbedingung der numerischen Lösung abhängig von der gewählten Energie

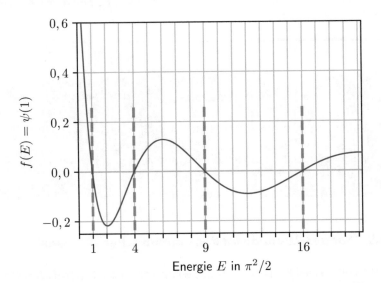

Abb. 15.5 Die Nullstellen der Testfunktion $f(E)$ ergeben die Eigenenergien für den unendlichen Potenzialtopf

Listing 15.2 C-Programm zur Berechnung der Lösungen der eindimensionalen Schrödinger-Gleichung mit der *Shooting*-Methode

```
// Numerow-Integration der Schroedinger-Gleichung
double numerow(double E) {
    ...
}


int main() {
    // Eigenenergie mit Sekanten-Methode bestimmen
    double E0 = 30.0, E1 = 50.0, E, f0, f1;
    do {
        f0 = numerow(E0);
        f1 = numerow(E1);

        E = (f1*E0-f0*E1)/(f1-f0);
        printf("E=%.10g (%g pi^2/2)\n", E);

        E0 = E1;
        E1 = E;
    } while (fabs(f1-f0) > 1.e-6);

    // Loesung fuer gefundene Eigenenergie berechnen
    numerow(E1);
}
```

Tipp: Vorgehen bei der *Shooting*-Methode

- Lege die Testfunktion $f(E)$ anhand der Randbedingungen fest.
- Bestimme die Nullstelle(n) E_n von $f(E)$.
- Berechne die Lösung(en) für $E = E_n$ mit dem Numerow-Verfahren.

15.1.5 *Shooting*-Methode für den harmonischen Oszillator

Als weiteres Beispiel betrachten wir den eindimensionalen harmonischen Oszillator. Die Eigenenergien können zwar berechnet werden, jedoch verwenden wir hier stattdessen die *Shooting*-Methode.

Wir starten im klassisch verbotenen Bereich ($x = -\infty$, $x = \infty$) und berechnen jeweils die Lösung mit der Numerow-Methode bis $x = 0$. Leider ist die Bedingung $\psi_+(0) = \psi_-(0)$ keine gute Randbedingung, da die numerischen Lösungen nicht normiert sind. Die Ableitung der Wellenfunktion bei $x = 0$ muss aber stetig sein, d. h. $\psi'_+(0) = \psi'_-(0)$, ist eine gültige Bedingung für die Lösungen. Wegen

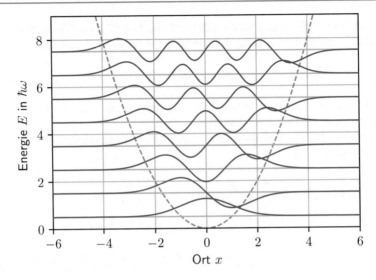

Abb. 15.6 Numerische Lösungen der Numerow-Methode für den harmonischen Oszillator mit den Energien aus der *Shooting*-Methode

$$\psi'_+(0) = \psi'_-(0) \Leftrightarrow \frac{\psi_+(h) - \psi_+(0)}{h} = \frac{\psi_-(0) - \psi_-(-h)}{h}$$

$$\Leftrightarrow \psi_+(h) - \psi_+(0) + \psi_-(-h) - \psi_-(0) = 0 \quad (15.18)$$

kann man als Testfunktion also

$$f(E) = \frac{\psi_+^E(h) + \psi_-^E(-h) - \psi_+^E(0) - \psi_-^E(0)}{\psi_+^E(0)} \quad (15.19)$$

verwenden. Hierbei wurde bereits die fehlende Normierung der Wellenfunktion berücksichtigt.

Die Testfunktion $f(E)$ hat leider Unstetigkeitsstellen, die man aber mit einem geeigneten Nullstellensuchverfahren (z. B. Intervallhalbierung) und mit der Wahl des Intervalls umgehen kann. Die damit durch *Shooting*- und Numerow-Methode bestimmten normierten Lösungen und Eigenenergien sind in Abb. 15.6 dargestellt und entsprechen sehr gut den bekannten analytischen Lösungen.

15.2 Relaxationsmethoden

Eine weitere wichtige Klasse von Methoden zur Lösung von Randwertproblemen sind die sog. Relaxationsmethoden. Dabei wird bei festen Randbedingungen eine Näherungslösung so lange iterativ verbessert, bis die gesuchte Gleichung auf dem gesamten Gebiet mit einer gewünschten Genauigkeit erfüllt ist. Dies wollen wir uns anhand der numerischen Lösung der zweidimensionalen Poisson-Gleichung

$$\Delta\varphi(x, y) = f(x, y), \tag{15.20}$$

mit der man das Potenzial $\varphi(x, y)$ aus der Ladungsdichte $\rho(x, y) = -\varepsilon f(x, y)$ berechnen kann, im Detail anschauen.

Wir verwenden die zentrale zweite Ableitung (9.6) und erhalten aus (15.20) mit $\Delta x = \Delta y = h$:

$$
\begin{aligned}
\Delta\varphi(x, y) &= \left(\frac{\partial^2}{\partial x^2} + \frac{\partial^2}{\partial x^2}\right)\varphi(x, y) \\
&= \frac{\varphi(x + h, y) - 2\varphi(x, y) + \varphi(x - h, y)}{h^2} \\
&\quad + \frac{\varphi(x, y + h) - 2\varphi(x, y) + \varphi(x, y - h)}{h^2} + \mathcal{O}(h^4). \tag{15.21}
\end{aligned}
$$

Umgestellt nach $\varphi(x, y)$ und auf einem Gitter diskretisiert ($x = x_0 + i\,\Delta x = x_0 + ih$, $y = y_0 + j\,\Delta y = y_0 + jh$) ergibt sich also

$$\varphi(x, y) \approx \frac{1}{4}\left(\varphi(x + h, y) + \varphi(x - h, y) + \varphi(x, y + h) + \varphi(x, y - h) - h^2 \underbrace{\Delta\varphi(x, y)}_{=f(x,y)}\right), \tag{15.22}$$

$$\varphi_{i,j} \approx \frac{1}{4}\left(\varphi_{i+1,j} + \varphi_{i-1,j} + \varphi_{i,j+1} + \varphi_{i,j-1} - h^2 f_{i,j}\right). \tag{15.23}$$

Das Schema der Berechnung lässt sich sehr gut grafisch darstellen, wie Abb. 15.7 zeigt. Zur Berechnung eines Gitterpunktes werden nur die nächsten Nachbarn verwendet.

Mit (15.23) können wir alle Werte von φ für $i = 1, \ldots, N_x - 1$, $j = 1, \ldots, N_y - 1$ berechnen, wenn die Werte von φ auf den Rändern ($i = 0, N_x$ oder $j = 0, N_y$) gegeben sind. Mithilfe der Anfangsbedingungen $\varphi(x, y)(t = 0)$, d.h. $\varphi_{i,j}^0$ kann man dann iterativ alle Werte von φ durch

$$\boxed{\varphi_{i,j}^{n+1} = \frac{1}{4}\left(\varphi_{i+1,j}^n + \varphi_{i-1,j}^n + \varphi_{i,j+1}^n + \varphi_{i,j-1}^n - h^2 f_{i,j}\right)} \tag{15.24}$$

bestimmen, bis eine stabile Lösung erreicht ist (Relaxation). Diese Methode wird auch **Jacobi-Iteration** genannt.

Die Jacobi-Iteration entspricht dem iterativen Lösen eines LGS

$$4\varphi_{ij} - \varphi_{i+1,j} - \varphi_{i-1,j} - \varphi_{i,j+1} - \varphi_{i,j-1} = h^2 f_{ij} \tag{15.25}$$

Abb. 15.7 Berechnung bei der Jacobi-Iteration für einen Gitterpunkt nach (15.23)

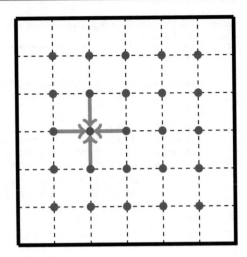

mit dem Jacobi-Verfahren (s. Abschn. 11.1.2). Die Koeffizientenmatrix $\begin{pmatrix} 4 & \dots & -1 \\ & \dots & \\ -1 & \dots & 4 \end{pmatrix}$

ist strikt diagonal-dominant und das Verfahren damit stabil.

15.2.1 Beispiel

Betrachten wir z. B. zwei gaußförmige Ladungsverteilungen mit unterschiedlichem Vorzeichen, d. h.

$$f(x, y) = e^{-x^2-(y-2)^2} - e^{-x^2-(y+2)^2}. \tag{15.26}$$

Dann lässt sich die stationäre Lösung leicht durch Jacobi-Iteration z. B. mit Listing 15.3 berechnen. Dieses lässt sich natürlich für beliebige Ladungsverteilungen erweitern. Abb. 15.8 zeigt z. B. das berechnete Potenzial $\varphi(x, y)$ für sechs gaußförmige Ladungen.

15.2.2 Verbesserte Verfahren

Der Fehler bei der Jacobi-Iteration nimmt nur sehr langsam ab, da das System nur langsam relaxiert. Der Rechenaufwand, um eine gute Genauigkeit zu erreichen, ist also sehr hoch. Deshalb lohnt es sich, auch schon für einfache Beispiele bessere Verfahren zu verwenden.

Als Erstes betrachten wir das **Gauß-Seidel-Verfahren** (Johann Carl Friedrich Gauß und Philipp Ludwig Ritter von Seidel 1874). Hierbei wird die Jacobi-Iteration (15.24) verbessert, indem man bereits berechnete Schritte wieder verwendet, z. B.

$$\varphi_{i,j}^{n+1} = \frac{1}{4}\left(\varphi_{i+1,j}^{n} + \varphi_{i-1,j}^{n+1} + \varphi_{i,j-1}^{n+1} + \varphi_{i,j+1}^{n} - h^2 f_{i,j}\right). \tag{15.27}$$

Listing 15.3 C-Funktion zur Berechnung der Lösungen der zweidimensionalen Poisson-Gleichung durch Jacobi-Iteration

```c
void jacobi() {
    int i,j,k;
    double error, phi[N+1][N+1]={{0}}, phin[N+1][N+1];

    do {
        error = 0.0;
        for (i = 1; i < N; i++) {
        for (j = 1; j < N; j++) {
            phin[i][j] = 1.0/4.0*(phi[i+1][j]+phi[i-1][j]
                +phi[i][j+1]+phi[i][j-1]
                -H*H*f(i*H-SIZE/2.0,j*H-SIZE/2.0));
            error += fabs(phin[i][j] - phi[i][j]);
        }}
        for (i = 1; i < N; i++) {
        for (j = 1; j < N; j++) {
            phi[i][j] = phin[i][j];
        }}
        error /= N*N;
        printf("%d: %g\n",k++,error);
    } while (error > 1.e-9 && k < 1000);
}
```

Abb. 15.8 Mit Jacobi-Iteration aus der zweidimensionalen Poisson-Gleichung berechnetes Potenzial für sechs gaußförmige Ladungsverteilungen

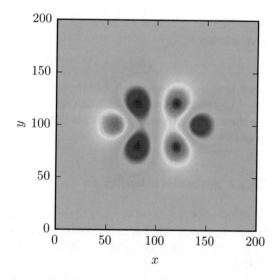

Hier werden die einzelnen Gitterpunkte nach und nach erneuert, d. h., es handelt sich um ein **Einzelschrittverfahren.** Man kann unabhängige Gitterpunkte aber auch parallel erneuern, z. B. mit einem Schachbrett-Muster-Update. Leider ist das Gauß-Seidel-Verfahren für unser Problem jedoch immer noch sehr langsam.

Eine weitere Verbesserung ist die sog. **Überrelaxation** *(successive over relaxation, SOR).* Hierbei wird die alte Lösung $\varphi_{i,j}^n$ mit der neuen Lösung kombiniert, um die Konvergenzgeschwindigkeit zu erhöhen. Dabei wird ein „Durchschwingen" der Lösung in Kauf genommen, wie man es vom gedämpften Oszillator kennt. Die Iterationsvorschrift (angewendet auf das Gauß-Seidel-Verfahren (15.27)) sieht dann folgendermaßen aus:

$$\varphi_{i,j}^{n+1} = (1-p)\varphi_{i,j}^n + \frac{p}{4}\left(\varphi_{i+1,j}^n + \varphi_{i-1,j}^{n+1} + \varphi_{i,j-1}^{n+1} + \varphi_{i,j+1}^n - h^2 f_{i,j}\right). \quad (15.28)$$

$p \in (0, 2)$ ist ein Parameter, der je nach Anwendung variiert werden kann, um eine optimale Konvergenz zu bekommen. Für $p = 1$ erhält man offensichtlich das normale Verfahren, in unserem Fall das Gauß-Seidel-Verfahren. Für $1 < p < 2$ konvergiert die Überrelaxation jedoch schneller.

Eine Überrelaxation ist auch zur Beschleunigung beliebiger Iterationen $x_{n+1} = f(x_n)$ geeignet, d. h., mit geeignetem p lässt sich die Konvergenz erheblich beschleunigen, wenn man die Iteration mittels

$$x_{n+1} = (1-p)x_n + pf(x_n) \quad (15.29)$$

berechnet.

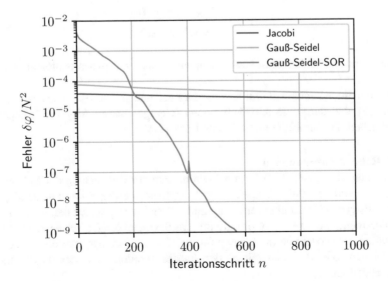

Abb. 15.9 Vergleich der Konvergenzgeschwindigkeit der verschiedenen Relaxationsverfahren anhand der zweidimensionalen Poisson-Gleichung, $\delta\varphi(n) = \sum_{i,j} |\varphi_{i,j}^{n+1} - \varphi_{i,j}^n|$

Für ein zweidimensionales Gitter mit Dirichlet-Randbedingungen ($\varphi_{\text{Rand}} = 0$)
lässt sich p sogar analytisch berechnen, und man erhält

$$p \approx \frac{2}{1 + \pi/N}. \tag{15.30}$$

N ist hier die Anzahl der Gitterpunkte in einer Dimension. Für große Werte von
N liegt p also nahe beim Wert 2. Die Konvergenzgeschwindigkeit der verschiedenen Verfahren zeigt Abb. 15.9 im Vergleich. Man erkennt die deutlich schnellere
Konvergenz des SOR-Verfahrens. Die Abnahme des Fehlers zeigt die nichtlineare
Rückkopplung, die dabei auftreten kann.

Aufgaben

15.1 Numerow-Verfahren

Lösen Sie die radiale Poisson-Gleichung (15.10) durch Einwärtsintegration, d. h.
startend bei $x = x_{\text{max}}$, mit dem Numerow-Verfahren. Überlegen Sie sich dazu die
Startbedingungen. Wie gut ist die Randbedingung für $\varphi(0)$ bzw. $\chi(0)$ erfüllt? Vergleichen Sie die Ergebnisse mit der analytischen Lösung (15.15).

15.2 Lineares Potenzial

Bestimmen Sie mithilfe der *Shooting*-Methode die Eigenenergien E_n und Wellenfunktionen $\psi_n(x)$ der gebundenen Zustände im eindimensionalen linearen Potenzial

$$V(x) = \begin{cases} x & (x \geq 0) \\ \infty & (\text{sonst.}) \end{cases}. \tag{15.31}$$

Beim Numerow-Verfahren ist sowohl Einwärts-, als auch Auswärtsintegration möglich.

Stellen Sie die untersten fünf normierten Zustände grafisch dar. Die analytischen
Lösungen sind durch die Airy-Funktionen (George Biddell Airy 1838) gegeben.
Vergleichen Sie damit Ihre numerischen Lösungen.

15.3 Relaxationsmethoden

Verwenden Sie Listing 15.3 für ein C-Programm zur Berechnung der Lösung der
zweidimensionalen Poisson-Gleichung. Berechnen Sie damit das Potenzial φ für
eine selbstgewählte Ladungsverteilung und stellen Sie es grafisch dar.

Schreiben Sie ein zweites C-Programm, das das Gauß-Seidel-Verfahren mit Über-
relaxation verwendet und die Lösung für die gleiche Ladungsverteilung berechnet.
Vergleichen Sie die Laufzeiten der Jacobi-Iteration mit der Gauß-Seidel-
Überrelaxation.

Anfangswertprobleme

16

Inhaltsverzeichnis

Anfangswertprobleme beschreiben in der Physik typischerweise zeitabhängige Probleme, bei denen die Startbedingungen durch die Anfangswerte gegeben sind und die zeitliche Entwicklung des Systems gesucht ist. Betrachtet man Systeme, bei denen die Anfangswerte durch ein Randwertproblem (s. Kap. 15) gegeben sind, hängt die gesuchte Lösung damit von Ort und Zeit ab und die Dynamik wird durch partielle Differenzialgleichungen (PDGL) beschrieben.

Wir werden uns in diesem Kapitel mit den wichtigsten PDGL von physikalischen Anfangswertproblemen beschäftigen und uns dafür die numerischen Verfahren zur Lösung der Diffusionsgleichung, der zeitabhängigen Schrödinger-Gleichung und der Wellengleichung näher anschauen.

16.1 Die Diffusionsgleichung

Die Diffusionsgleichung (bzw. Wärmeleitungsgleichung) beschreibt die zeitliche Entwicklung einer ortsabhängigen Konzentration bzw. Temperatur $\varphi(x, t)$, wobei $\varphi(x, 0)$ die Anfangswerte angibt. Die eindimensionale Diffusionsgleichung gehört zu den typischen parabolischen PDGL und lautet

$$\partial_t \varphi(x, t) = D \partial_x^2 \varphi(x, t) \qquad (16.1)$$

mit dem Diffusionskoeffizienten D.

© Springer-Verlag GmbH Deutschland, ein Teil von Springer Nature 2019
S. Gerlach, *Computerphysik*, https://doi.org/10.1007/978-3-662-59246-5_16

Zur numerischen Lösung müssen wir sowohl den Ort x als auch die Zeit t diskretisieren, d. h. $x = x_0 + i\Delta x = x_0 + ih$, $t = t_0 + n\Delta t = t_0 + nk$. Nun gibt es verschiedene Möglichkeiten, die partiellen Ableitungen numerisch zu nähern.

16.1.1 FTCS- und BTCS-Verfahren

Mit Ersetzen der Ableitungen in (16.1) durch die Vorwärtsdifferenz in der Zeit und die zentrale Differenz im Ort ergibt sich das FTCS-Verfahren *(forward time, centered space)*

$$\frac{\varphi_{n+1}^i - \varphi_n^i}{\Delta t} = D\frac{\varphi_n^{i+1} - 2\varphi_n^i + \varphi_n^{i-1}}{(\Delta x)^2} \tag{16.2}$$

oder als iterative Vorschrift

$$\boxed{\varphi_{n+1}^i = \varphi_n^i + \frac{D\Delta t}{(\Delta x)^2}\left(\varphi_n^{i+1} - 2\varphi_n^i + \varphi_n^{i-1}\right).} \tag{16.3}$$

Der neue Wert zum Zeitschritt $n + 1$ hängt daher von dem alten Wert am gleichen Ort und den benachbarten alten Werten ab, wie das Schema in Abb. 16.1 zeigt.

Die Anfangsbedingungen sind gegeben durch $\varphi(x, 0)$, d. h. φ_0^i $(i = 1, \ldots, N)$ mit den festen Randbedingungen $\varphi(0, 0) = \varphi_0^0$ und $\varphi((N + 1)\Delta x, 0) = \varphi_0^{N+1}$. Wir erhalten damit durch die Iteration von (16.3) die zeitliche Entwicklung der Funktion $\varphi(x, t)$.

Der Faktor $\alpha = \frac{D\Delta t}{(\Delta x)^2}$ spielt eine wichtige Rolle für die Stabilität des FTCS-Verfahrens. Man kann zeigen, dass das FTCS-Schema numerisch stabil ist für $\alpha < 1/2$ (s. Abschn. 16.1.4). Das führt bei einer guten Auflösung (Δx klein) jedoch zu einer sehr kleinen Schrittweite $\Delta t < (\Delta x)^2/(2D)$ und damit zu einem hohen Rechenaufwand.

Numerisch stabiler ist dagegen das implizite BTCS-Verfahren *(backward time, centered space)* mit einem Rückwärtsschritt in der Zeit:

$$\frac{\varphi_n^i - \varphi_{n-1}^i}{\Delta t} = D\frac{\varphi_n^{i+1} - 2\varphi_n^i + \varphi_n^{i-1}}{(\Delta x)^2}, \tag{16.4}$$

Abb. 16.1 Schema der iterativen Berechnung im FTCS-Verfahren

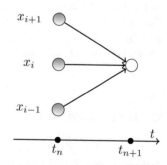

Abb. 16.2 Schema der iterativen Berechnung im impliziten BTCS-Verfahren

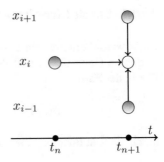

$$\varphi_{n+1}^i = \varphi_n^i + \alpha \left(\varphi_{n+1}^{i+1} - 2\varphi_{n+1}^i + \varphi_{n+1}^{i-1} \right). \qquad (16.5)$$

Das Schema des BTCS-Verfahrens in Abb. 16.2 zeigt, dass dieses Verfahren bei jedem Zeitschritt das Lösen eines LGS erfordert. Allerdings ist dieses Verfahren für alle Werte von α stabil.

16.1.2 Fehlerabschätzung des FTCS-/BTCS-Verfahrens

Der lokale Fehler beim FTCS-Verfahren lässt sich durch Einsetzen der Taylor-Entwicklungen im Ort

$$\varphi_n^{i\pm1} = \varphi \pm h\partial_x\varphi + \frac{h^2}{2}\partial_x^2\varphi \pm \frac{h^3}{6}\partial_x^3\varphi + \frac{h^4}{24}\partial_x^4\varphi + \mathcal{O}(h^5) \qquad (16.6)$$

in die iterative Vorschrift (16.3) bestimmen:

$$d_n^i = \underbrace{\varphi_{n+1}^i - \varphi_n^i}_{k\partial_t\varphi + \frac{k^2}{2}\partial_t^2\varphi + \mathcal{O}(k^3)} - \alpha(\underbrace{\varphi_n^{i+1}}_{(16.6)} - 2\varphi_n^i + \underbrace{\varphi_n^{i-1}}_{(16.6)}) \qquad (16.7)$$

$$= k\partial_t\varphi + \frac{k^2}{2}\partial_t^2\varphi + \mathcal{O}(k^3) - \frac{Dk}{h^2}\left(h^2\partial_x^2\varphi + \frac{h^4}{12}\partial_x^4\varphi + \mathcal{O}(h^3) \right) \qquad (16.8)$$

$$= k\underbrace{(\partial_t\varphi - D\partial_x^2\varphi)}_{=0} + \frac{k^2}{2}\partial_t^2\varphi - \frac{Dkh^2}{12}\partial_x^4\varphi + \mathcal{O}(k^3) + \mathcal{O}(h^3) \qquad (16.9)$$

$$d_n^i = \mathcal{O}(k^2) + \mathcal{O}(kh^2). \qquad (16.10)$$

Der globale Fehler ergibt sich wegen der Anzahl der Zeitschritte $Z \sim 1/\Delta t = 1/k$ zu $\mathcal{O}(Zk^2) + \mathcal{O}(Zkh^2) = \mathcal{O}(k) + \mathcal{O}(h^2)$. Das Verfahren ist damit genauer im Ort, wegen der zentralen zweiten Ableitung, als in der Zeit (Vorwärtsdifferenz). Analog ergibt sich der gleiche Fehler für das BTCS-Verfahren.

16.1.3 Crank-Nicholson-Verfahren

Ein besseres Verfahren zur Lösung der Diffusionsgleichung ist das Crank-Nicholson-Verfahren (John Crank und Phyllis Nicholson 1947). Dieses löst eine allgemeine PDGL der Form

$$\partial_t \varphi(x, t) = F(x, t, \varphi(x, t), \partial_x \varphi(x, t), \partial_x^2 \varphi(x, t)) \tag{16.11}$$

durch die Kombination eines expliziten und eines impliziten Schrittes, d. h.

$$\frac{\varphi_{n+1}^i - \varphi_n^i}{\Delta t} = \frac{1}{2} \left(\underbrace{F_{n+1}^i}_{\text{BTCS } @n+1} + \underbrace{F_n^i}_{\text{FTCS } @n} \right). \tag{16.12}$$

Dies entspricht einer Näherung mit den beiden Stützstellen F_n und F_{n+1}, vergleichbar mit der Trapezregel (9.48). Das Schema der iterativen Berechnung ist entsprechend in Abb. 16.3 zu sehen.

Dieses Verfahren ist zwar wegen des BTCS-Verfahrens auch implizit, allerdings genauer als das FTCS/BTCS-Schema, denn wegen $d_n^i = \mathcal{O}(k^3) + \mathcal{O}(kh^2)$ ist der globale Fehler $\mathcal{O}(k^2) + \mathcal{O}(h^2)$.

Eindimensionale Diffusion

Das Crank-Nicholson-Verfahren angewendet auf die eindimensionale Diffusion ergibt

$$\frac{\varphi_{n+1}^i - \varphi_n^i}{\Delta t} = \frac{D}{2} \left(\frac{\varphi_{n+1}^{i+1} - 2\varphi_{n+1}^i + \varphi_{n+1}^{i-1}}{(\Delta x)^2} + \frac{\varphi_n^{i+1} - 2\varphi_n^i + \varphi_n^{i-1}}{(\Delta x)^2} \right) \tag{16.13}$$

$$\Rightarrow \boxed{\varphi_{n+1}^{i+1} - 2\left(1 + \frac{1}{\alpha}\right)\varphi_{n+1}^i + \varphi_{n+1}^{i-1} = -\varphi_n^{i+1} + 2\left(1 - \frac{1}{\alpha}\right)\varphi_n^i - \varphi_n^{i-1}}. \tag{16.14}$$

Abb. 16.3 Schema der iterativen Berechnung mit dem Crank-Nicholson-Verfahren

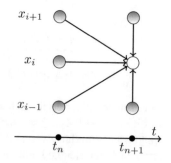

Es handelt sich daher für ein festes n um ein LGS mit N Gleichungen ($i = 1, \ldots, N$)

$$a^i \varphi^{i-1} + b^i \varphi^i + c^i \varphi^{i+1} = d_i, \tag{16.15}$$

das für jeden Zeitschritt mit den festen Randbedingungen (φ^0, φ^{N+1}) gelöst werden muss. Am Beispiel $N = 3$ sieht man, dass die Koeffizientenmatrix dabei immer eine Tridiagonalmatrix ist:

$$\begin{matrix} a^1 \varphi^0 + b^1 \varphi^1 + c^1 \varphi^2 = d^1, \\ a^2 \varphi^1 + b^2 \varphi^2 + c^2 \varphi^2 = d^2, \\ a^3 \varphi^2 + b^3 \varphi^3 + c^3 \varphi^4 = d^3 \end{matrix} \Rightarrow \begin{pmatrix} b^1 & c^1 & 0 \\ a^2 & b^2 & c^2 \\ 0 & a^3 & b^3 \end{pmatrix} \begin{pmatrix} \varphi^1 \\ \varphi^2 \\ \varphi^3 \end{pmatrix} = \begin{pmatrix} d^1 - a^1 \varphi^0 \\ d^2 \\ d^3 - c^3 \varphi^4 \end{pmatrix}. \tag{16.16}$$

Das LGS kann effizient mit dem Thomas-Verfahren (s. Abschn. 11.1.1) gelöst werden. Für unser Beispiel ist $a_i = 1$, $c_i = 1$, $b_i = -2(1 + 1/\alpha)$, $d_i = -\varphi_i^{i+1} + 2(1 - 1/\alpha)\varphi_n^i - \varphi_n^{i-1}$, und das Thomas-Verfahren vereinfacht sich weiter, da a, b und c konstant sind. Ein C-Programm zur Implementierung mit geeigneten Werten für Δt und Δx ist in Listing 16.1 zu sehen.

Abhängig von den Anfangsbedingungen (d. h. der anfänglichen Dichte- bzw. Temperaturverteilung) ergeben sich die Lösungen in den Abb. 16.4 und 16.5. Man erkennt für alle Beispiele das typische Verhalten der Diffusion, d. h. den Ausgleich von Dichteunterschieden, die nur aufrechterhalten werden durch die festen Randbedingungen.

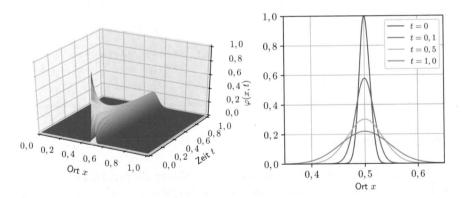

Abb. 16.4 Lösung der eindimensionalen Diffusionsgleichung für eine anfänglich gaußförmige Verteilung

Listing 16.1 C-Programm zur Lösung der eindimensionalen Diffusionsgleichung mit dem Crank-Nicholson-Verfahren

```c
#define N 1000            // Anzahl Ortsschritte
#define T 1.0             // Laufzeit
#define DT 1.e-2          // Zeitschritt
#define DX 1.e-3          // Ortsschritt
#define D 1.e-3           // Diffusionskonstante
#define ALPHA (D*DT/DX/DX) // CFL-Zahl

...

int main() {
    int i;
    double t, x[N], b[N], d[N];

    // Anfangsbedingungen setzen
    init(x);

    for (t = 0; t < T; t += DT) {
        for (i = 0; i < N; i++)     // Ausgabe
            printf("%g ",x[i]);
        printf("\n");

        // Koeffizienten festlegen
        for (i = 0; i < N; i++)
            b[i] = -2.*(1.+1./ALPHA);
        for (i = 1; i < N-1; i++)
            d[i] = -x[i-1]-x[i+1]+2.*(1.-1./ALPHA)*x[i];
        d[0] = 2.*(1.-1./ALPHA)*x[0]-x[1];
        d[N-1] = 2.*(1.-1./ALPHA)*x[N-1]-x[N-2];

        // Loese mit (vereinfachtem) Thomas-Verfahren
        solveThomas(b,d,x);
    }
}
```

16.1.4 Stabilitätsanalyse

Unter welchen Bedingungen ein numerisches Verfahren für zeitabhängige PDGL stabil ist, lässt sich mit der **Von-Neumann-Stabilitätsanalyse** (John von Neumann 1950) bestimmen. Diese Stabilitätsanalyse verwendet eine Fourier-Entwicklung der Differenzen $d_n^i = \varphi_n^i - f_n^i$ (φ ist die exakte Lösung und f die Lösung der diskreten DGL):

$$d(x) = \sum_j d^j e^{ik_j x}. \tag{16.17}$$

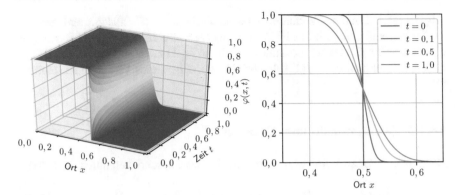

Abb. 16.5 Lösung der eindimensionalen Diffusionsgleichung für einen anfänglichen Sprung in der Verteilung

Damit ist (s. Ansatz für den Ljapunow-Exponenten, Abschn. 14.3)

$$d(x, t) = e^{\lambda t} d(x) = e^{\lambda t} \sum_j d^j e^{ik_j x}, \tag{16.18}$$

$$d_n^i = \underbrace{e^{\lambda n \Delta t}}_{=\xi^n} \sum_j d^j e^{ik_j i \Delta x} \tag{16.19}$$

mit dem **Verstärkungsfaktor** $\xi = e^{\lambda \Delta t}$.

Da ein Verfahren für alle Fourier-Komponenten stabil sein muss, verwenden wir für den Ansatz ein festes j mit $k = k_j$:

$$\boxed{\varphi \sim \xi^n e^{iki \Delta x}}. \tag{16.20}$$

Offensichtlich gilt damit, dass ein Verfahren stabil ist, wenn $|\xi| < 1$, denn damit ist $\lambda < 0$ und der Ansatz konvergiert. Entsprechend ist ein Verfahren instabil, wenn $|\xi| > 1$, d. h. $\lambda > 0$, da dann der Ansatz divergiert. Das heißt, wir müssen für ein numerisches Verfahren nur $|\xi|$ berechnen (ist ξ komplex, gilt $|\xi| = \sqrt{\xi \xi^*} = \sqrt{\Re^2(\xi) - \Im^2(\xi)}$).

Für das Crank-Nicholson-Verfahren ergibt der Ansatz (16.20)

$$\xi e^{ikh} - 2 \left(1 + \frac{1}{\alpha}\right) \xi + \xi e^{-ikh} = -e^{ikh} + 2 \left(1 - \frac{1}{\alpha}\right) - e^{-ikh}, \tag{16.21}$$

$$\xi = \frac{2 - 2\cos kh - 2/\alpha}{-2 + 2\cos kh - 2/\alpha} = \frac{2\sin^2 \frac{kh}{2} - \frac{1}{\alpha}}{-2\sin^2 \frac{kh}{2} - \frac{1}{\alpha}}, \tag{16.22}$$

$$\xi = \frac{1 - 2\alpha \sin^2 \frac{kh}{2}}{1 + 2\alpha \sin^2 \frac{kh}{2}}. \tag{16.23}$$

Also ist $|\xi| < 1$ und das Verfahren damit stabil für alle α (für alle Δx und Δt).

Analog ergibt sich für das FTCS-Schema *(Forward Time, Centered Space)* $\xi = 1 - 4\alpha \sin^2(kh/2)$. Dieses ist damit stabil für $4\alpha < 2$ bzw. $\alpha < 1/2$. Für das BTCS-Schema erhält man $\xi = 1/(1 + 4\alpha \sin^2(kh/2))$, d.h., dieses Verfahren ist stabil für alle α.

16.1.5 Zweidimensionale Diffusion

Das Problem der zweidimensionalen Diffusion wird beschrieben durch die PDGL

$$\partial_t \varphi(x, y, t) = D\Delta\varphi(x, y, t) = D(\partial_x^2 + \partial_y^2)\varphi(x, y, t). \tag{16.24}$$

Die numerische Lösung lässt sich analog zum eindimensionalen Fall mit

$$x_i = x_0 + i\Delta x \ (i = 1, \dots, N), \quad y_j = y_0 + j\Delta y \ (j = 1, \dots, M), \tag{16.25}$$

d.h. $\varphi_n^{i,j} = \varphi(i\Delta x, j\Delta y, n\Delta t)$, mit dem Crank-Nicholson-Verfahren ableiten:

$$\frac{\varphi_{n+1}^{i,j} - \varphi_n^{i,j}}{\Delta t} = \frac{D}{2}\left(\underbrace{\frac{\varphi_{n+1}^{i+1,j} - 2\varphi_{n+1}^{i,j} + \varphi_{n+1}^{i-1,j}}{(\Delta x)^2}}_{\text{BTCS in } x} + \underbrace{\frac{\varphi_n^{i+1,j} - 2\varphi_n^{i,j} + \varphi_n^{i-1,j}}{(\Delta x)^2}}_{\text{FTCS in } x} \right.$$

$$\left. + \underbrace{\frac{\varphi_{n+1}^{i,j+1} - 2\varphi_{n+1}^{i,j} + \varphi_{n+1}^{i,j-1}}{(\Delta y)^2}}_{\text{BTCS in } y} + \underbrace{\frac{\varphi_n^{i,j+1} - 2\varphi_n^{i,j} + \varphi_n^{i,j-1}}{(\Delta y)^2}}_{\text{FTCS in } y} \right). \tag{16.26}$$

Für $\Delta x = \Delta y$ ergibt sich damit

$$\varphi_{n+1}^{i+1,j} + \varphi_{n+1}^{i-1,j} + \varphi_{n+1}^{i,j+1} + \varphi_{n+1}^{i,j-1} - 2\left(2 + \frac{1}{\alpha}\right)\varphi_{n+1}^{i,j}$$

$$= -\varphi_n^{i+1,j} - \varphi_n^{i-1,j} - \varphi_n^{i,j+1} - \varphi_n^{i,j-1} + 2\left(2 - \frac{1}{\alpha}\right)\varphi_n^{i,j}. \tag{16.27}$$

Hier ist die Koeffizienzmatrix des LGS eine Banddiagonalmatrix mit den festen Randbedingungen bei $x = 0$, $x = (N + 1)\Delta x$, $y = 0$ oder $y = (M + 1)\Delta y$. Dies lässt sich mit einem geeigneten Lösungsverfahren (s. Abschn. 11.1) in jedem Zeitschritt numerisch lösen. Das Schema für einen Iterationsschritt sieht man in Abb. 16.6.

Abb. 16.6 Schema der
iterativen Berechnung im
Crank-Nicholson-Verfahren
für die zweidimensionale
Diffusionsgleichung

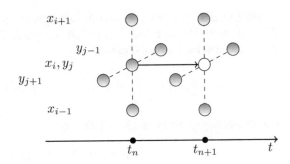

16.1.6 Ausblick

Bei all den besprochenen Verfahren handelt es sich um **Finite-Differenzen-Methoden,** denn das Gebiet, auf dem die Gleichungen gelöst werden sollen, wird durch Gitterpunkte diskretisiert und die Ableitungen durch finite Differenzen (Differenzenquotienten) ersetzt. Besonders die sog. FDTD-Methode *(Finite Difference, Time Domain)* *(finite difference, time domain),* bei der die Gleichungen in einer Art Leap-Frog-Methode gelöst werden, hat sich sehr erfolgreich in der Elektrodynamik (Lösen der Maxwell-Gleichungen) gezeigt.

Zur Verbesserung bzw. Optimierung der numerischen Berechnung von Anfangswertproblemen kann man zusätzlich die Geometrie des Problems mit einbeziehen. Man kann z. B. den Gitterabstand variieren, um Ecken und Rundungen besser abzubilden. Die Unterteilung eines Gebietes in sog. finite Elemente und der Ansatz von speziellen Funktionen führt nach Einsetzen in die entsprechende Differenzialgleichung auf das Lösen eines LGS mit den bekannten Verfahren. Die Methode ist unter dem Namen **Finite-Elemente-Methode** (FEM) sehr verbreitet.

16.2 Die zeitabhängige Schrödinger-Gleichung

Die Schrödinger-Gleichung beschreibt die Dynamik eines nichtrelativistischen Quantensystems und ist damit eine der wichtigsten Differenzialgleichungen der Quantenphysik. Im Folgenden wollen wir verschiedene Methoden zur Lösung der zeitabhängigen Schrödinger-Gleichung kennenlernen.

16.2.1 Modenzerlegung

Eine Modenzerlegung ist vergleichbar mit der Fourier-Reihe (s. Abschn. 9.4), bei der man eine Funktion in Basisfunktionen zerlegt. Bei der Schrödinger-Gleichung zerlegen wir eine Wellenfunktion jedoch in die Eigenfunktionen des verwendeten Systems (von denen die Zeitentwicklung bekannt ist) und erhalten durch Überlagerung damit die Zeitentwicklung der gesuchten Wellenfunktion.

Die Eigenfunktionen $\psi_n(x)$ sind die Lösungen des Randwertproblems $H\psi_n(x) = E_n\psi_n(x)$ eines Systems. Jede Wellenfunktion (als Anfangsbedingung des Anfangswertproblems) lässt sich in diese zerlegen:

$$\psi(x, 0) = \sum_n a_n\psi_n(x), \quad a_n = \int \psi_n^*(x)\psi(x, 0)\, dx. \tag{16.28}$$

Die zeitabhängige Schrödinger-Gleichung

$$i\hbar\partial_t\psi(x, t) = H\psi(x, t) \tag{16.29}$$

hat die formale, zeitabhängige Lösung

$$\psi(x, t) = e^{-iHt/\hbar}\psi(x, 0), \tag{16.30}$$

d. h., es ergibt sich

$$\psi(x, t) = e^{-iHt/\hbar}\sum_n a_n\psi_n(x) = \sum_n a_n e^{-i\omega_n t}\psi_n(x). \tag{16.31}$$

Die zeitabhängige Lösung berechnet sich damit aus der Überlagerung der zeitlichen Entwicklung der Eigenfunktionen (Moden) eines Systems. Numerisch muss man natürlich die Anzahl der beteiligten Moden beschränken, jedoch ist die Lösung oft mit wenigen Moden schon ausreichend gut beschrieben. Die Eigenfunktionen und -energien des Systems sind Lösungen des stationären Randwertproblems. In Abb. 16.7 ist z. B. die zeitliche Entwicklung einer gaußförmigen Wellenfunktion in einem unendlichen Potenzialtopf zu sehen.

16.2.2 Numerische Lösung der zeitabhängigen Schrödinger-Gleichung

Eine einfache Diskretisierung $\psi_n^i = \psi(i\Delta x, n\Delta t)$ mit $V(x) = V(i\Delta x) = V^i$ mithilfe des FTCS-Schemas ergibt für die zeitabhängige Schrödinger-Gleichung (16.29)

$$i\hbar\frac{\psi_{n+1}^i - \psi_n^i}{\Delta t} = -\frac{\hbar^2}{2m(\Delta x)^2}\left(\psi_n^{i+1} - 2\psi_n^i + \psi_n^{i-1}\right) + V^i \tag{16.32}$$

bzw. umgestellt

$$\boxed{\psi_{n+1}^i = \left(1 - \frac{iH^i\Delta t}{\hbar}\right)\psi_n^i}. \tag{16.33}$$

Dies entspricht formal der ersten (Taylor-)Näherung der exakten Lösung

$$\psi_{n+1} = e^{-iH^i\Delta t/\hbar}\psi_n^i \approx \left(1 - \frac{iH^i\Delta t}{\hbar}\right)\psi_n^i. \tag{16.34}$$

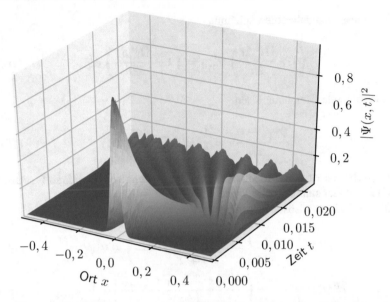

Abb. 16.7 Zeitentwicklung einer gaußförmigen Wellenfunktion im unendlichen Potenzialtopf, berechnet mithilfe der Modenzerlegung

Leider ist diese Näherung nicht stabil, denn der Verstärkungsfaktor ist

$$\xi = 1 - \frac{\mathrm{i}\Delta t}{\hbar}\left(-\frac{\hbar^2}{2m(\Delta x)^2}\left(\mathrm{e}^{\mathrm{i}k_j\Delta x} - 2 + \mathrm{e}^{-\mathrm{i}k_j\Delta x}\right) + V^i\right) \quad (16.35)$$

$$= 1 - \frac{\mathrm{i}\Delta t}{\hbar}\left(\frac{\hbar^2}{2m}\frac{4\sin^2(k_j\Delta x/2)}{(\Delta x)^2} + V^i\right), \quad (16.36)$$

d. h. $|\xi| > 1$ für alle Δx und Δt. Außerdem ist der Operator $(1 - \mathrm{i}H^i\Delta t/\hbar)$ nicht unitär, d. h., die Normierung der Wellenfunktion wird bei der Zeitentwicklung nicht erhalten.

Ein besseres numerisches Verfahren erhält man durch den Ansatz

$$\mathrm{e}^{-\mathrm{i}H^i\Delta t/\hbar} = \frac{\mathrm{e}^{-\mathrm{i}H^i\Delta t/2\hbar}}{\mathrm{e}^{\mathrm{i}H^i\Delta t/2\hbar}} \approx \underbrace{\frac{1 - \mathrm{i}H^i\Delta t/2\hbar}{1 + \mathrm{i}H^i\Delta t/2\hbar}}_{=:U,\text{Cayley Form}} + \mathcal{O}((\Delta t)^3). \quad (16.37)$$

U ist unitär, denn mit $A = 1 + \mathrm{i}H^i\Delta t/2\hbar$ ist $U = A^{-1}A^\dagger$ und

$$
\begin{aligned}
UU^\dagger &= (A^{-1}A^\dagger)(A^{-1}A^\dagger)^\dagger = A^{-1}A^\dagger A^{\dagger\dagger}(A^{-1})^\dagger \\
&\overset{[A,A^\dagger]=0}{=} \underbrace{A^{-1}A}_{=\mathbb{1}}\,\underbrace{A^\dagger(A^{-1})^\dagger}_{=(A^{-1}A)^\dagger=\mathbb{1}} = \mathbb{1}.
\end{aligned} \quad (16.38)
$$

Effektiv muss man daher die Gleichung

$$\left(1 + \frac{iH^i \Delta t}{2\hbar}\right) \psi_{n+1}^i = \left(1 - \frac{iH^i \Delta t}{2\hbar}\right) \psi_n^i \qquad (16.39)$$

bzw. die folgende Gleichung lösen:

$$i\hbar \frac{\psi_{n+1}^i - \psi_n^i}{\Delta t} = \frac{1}{2}(H^i \psi_{n+1}^i + H^i \psi_n^i). \qquad (16.40)$$

Dieses Verfahren ist damit identisch zum Crank-Nicholson-Verfahren (s. Abschn. 16.1.3) und daher stabil für alle Werte von α.

Zum numerischen Lösen setzen wir

$$H^i \psi_n^i = -\frac{\hbar^2}{2m}\left(\frac{\psi_n^{i+1} - 2\psi_n^i + \psi_n^{i-1}}{(\Delta x)^2}\right) + V^i \psi_n^i, \qquad (16.41)$$

$$H^i \psi_{n+1}^i = -\frac{\hbar^2}{2m}\left(\frac{\psi_{n+1}^{i+1} - 2\psi_{n+1}^i + \psi_{n+1}^{i-1}}{(\Delta x)^2}\right) + V^i \psi_{n+1}^i \qquad (16.42)$$

ein und erhalten

$$\psi_{n+1}^{i+1} + 2\left(\frac{m(\Delta x)^2}{\hbar^2}\left(\frac{2i\hbar}{\Delta t} - V^i\right) - 1\right)\psi_{n+1}^i + \psi_{n+1}^{i-1}$$

$$= -\psi_n^{i+1} + 2\left(\frac{m(\Delta x)^2}{\hbar^2}\left(\frac{2i\hbar}{\Delta t} + V^i\right) + 1\right)\psi_n^i - \psi_n^{i-1}, \qquad (16.43)$$

also wieder ein LGS mit tridiagonaler Koeffizientenmatrix, das mit dem Thomas-Verfahren (Abschn. 11.1.1) gelöst werden kann.

16.2.3 Beispiel: Zeitentwicklung eines Gauß-Paketes

Zu lösen ist daher wieder das Problem $a_i \varphi^{i-1} + b_i \varphi^i + c_i \varphi^{i-1} = d_i$, diesmal mit

$$a_i = c_i = 1,$$

$$b_i = 2\left(\frac{m(\Delta x)^2}{\hbar^2}\left(\frac{2i\hbar}{\Delta t} - V^i\right) - 1\right),$$

$$d_i = -\psi_n^{i+1} + 2\left(\frac{m(\Delta x)^2}{\hbar^2}\left(\frac{2i\hbar}{\Delta t} + V^i\right) + 1\right)\psi_n^i - \psi_n^{i-1}. \qquad (16.44)$$

Ein C-Programm dafür zeigt Listing 16.2. Zu beachten ist, dass die Lösung komplexe Werte annehmen kann, die Variablen damit vom Typ *complex* sein müssen.

Listing 16.2 C-Programm zur Lösung der zeitabhängigen Schrödinger-Gleichung mit dem Crank-Nicholson-Verfahren

```c
#define N 1000      // Anzahl Ortsschritte
#define T 2.e-2     // Laufzeit
#define DT 1.e-4    // Zeitschritt
#define DX 1.e-3    // Ortsschritt

...

int main() {
  int i;
  double t;
  complex psi[N], b[N], d[N];
  // Anfangsbedingung
  init(psi);

  for (t = 0; t < T; t += DT) {
    for (i = 0; i < N; i++)
      printf("%g ",sqrt(creal(psi[i])*creal(psi[i])
           + cimag(psi[i])*cimag(psi[i]))));
    printf("\n");

    // Koeffizienten
    for (i = 0; i < N; i++)
      b[i] = 2.*(DX*DX*(2.*I/DT - V(i)) - 1.);
    for (i = 1; i < N-1; i++)
      d[i] = - psi[i-1] - psi[i+1]
           + 2.*(DX*DX*(2.*I/DT + V(i)) + 1.)*psi[i];
    d[0] = 2.*(DX*DX*(2.*I/DT + V(i)) + 1.)*psi[0]
         - psi[1];
    d[N-1] = 2.*(DX*DX*(2.*I/DT + V(i)) + 1.)*psi[N-1]
           - psi[N-2];

    // Loese DGL mit Thomas-Verfahren
    thomas(b, d, psi);
  }
}
```

Für ein Gauß-Wellenpaket als Anfangsbedingung ergeben sich damit in einem unendlichen Potenzialtopf bzw. in einem harmonischen Potenzial ($V \sim x^2$) die numerischen Lösungen, dargestellt in den Abb. 16.8 und 16.9. Man erkennt das Zerfließen des Wellenpaketes im unendlichen Potenzialtopf sowie das besondere periodische Verhalten des Gauß-Wellenpaketes im harmonischen Oszillator.

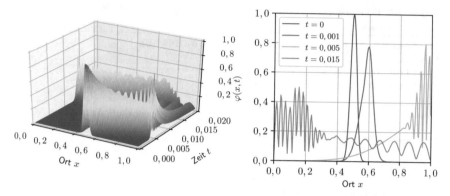

Abb. 16.8 Zeitentwicklung eines Gauß-Wellenpaketes im unendlichen Potenzialtopf

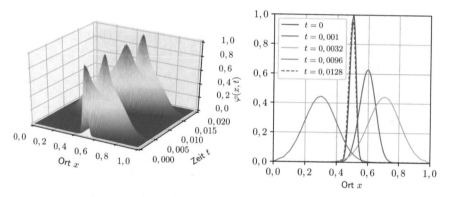

Abb. 16.9 Zeitentwicklung eines Gauß-Wellenpaketes im harmonischen Oszillator

16.3　Die Wellengleichung

Die Wellengleichung beschreibt die Ausbreitung von Wellen, sei es in der Mechanik, in der Optik oder in der Hydrodynamik. In diesem Abschnitt betrachten wir verschiedene numerische Verfahren zur Lösung der eindimensionalen Wellengleichung.

Die eindimensionale Wellengleichung gehört zu den hyperbolischen PDGL und lautet

$$\partial_t^2 \varphi(x, t) - c^2 \partial_x^2 \varphi(x, t) = 0. \tag{16.45}$$

Diese PDGL lässt sich zerlegen in $(\partial_t + c\partial_x) \underbrace{(\partial_t - c\partial_x)\varphi(x, t)}_{=: \chi(x,t)} = 0$, d. h.

$$(\partial_t + c\partial_x)\chi(x, t) = 0, \tag{16.46}$$

$$(\partial_t - c\partial_x)\varphi(x, t) = \chi(x, t), \tag{16.47}$$

wobei die erste DGL die homogene **advektive Gleichung** genannt wird und die zweite inhomogene DGL mit der ersten gelöst werden kann. Es reicht für die Lösung der Wellengleichung daher aus, die wesentlich einfachere advektive Gleichung zu betrachten.

16.3.1 Numerische Lösung der advektiven Gleichung

Das FTCS-Schema angewendet auf (16.46) führt auf die iterative Gleichung

$$\chi_{n+1}^i = \chi_n^i - \frac{\beta}{2}\left(\chi_n^{i+1} - \chi_n^{i-1}\right) \tag{16.48}$$

mit dem Faktor $\beta = c\Delta t/\Delta x$, auch CFL-Zahl (Richard Courant et al. 1928) oder Courant-Zahl genannt. Dieses Verfahren ist leider instabil für alle β, denn $\xi = 1 - i\beta\sin(k_j\Delta x)$, und der Fehler in der Zeit ist von der Ordnung $\mathcal{O}(\Delta t)$.

Ein verbessertes Verfahren bekommt man durch die Ersetzung $\chi_n^i \to \left(\chi_n^{i+1} + \chi_n^{i-1}\right)/2$, und man erhält die explizite Iterationsvorschrift

$$\chi_{n+1}^i = \frac{1}{2}\left(\chi_n^{i+1} + \chi_n^{i-1}\right) - \frac{\beta}{2}\left(\chi_n^{i+1} - \chi_n^{i-1}\right) \tag{16.49}$$

$$\boxed{\chi_{n+1}^i = \frac{1}{2}\left((1-\beta)\chi_n^{i+1} + (1+\beta)\chi_n^{i-1}\right)}, \tag{16.50}$$

auch bekannt als **Lax-(Friedrichs)-Verfahren** (Peter D. Lax und Kurt O. Friedrichs 1954).

Dieses Verfahren ist von zweiter Ordnung in der Zeit und wegen $\xi = \cos(k_j\Delta x) - i\beta\sin(k_j\Delta x)$ stabil ($|\xi| \le 1$) für $\beta \le 1$, also für $c \le \Delta x/\Delta t$.

Ein Problem beim Lax-Verfahren ist jedoch die Entkopplung der Untergitter, d. h., dass benachbarte Punkte nicht miteinander wechselwirken. Außerdem erhält man für $\beta \ne 1$ eine künstliche Diffusion, also ein unphysikalisches Zerfließen der Lösung:

$$\chi_{n+1}^i = \frac{1}{2}\left(\chi_n^{i+1}\underline{-2\chi_n} + \chi_n^{i-1}\right) - \frac{\beta}{2}\left(\chi_n^{i+1} - \chi_n^{i-1}\right)\underline{+\chi_n}$$

$$\| -\frac{1}{2}\left(\chi_{n+1}^i + \chi_{n-1}^i\right) \tag{16.51}$$

$$\frac{1}{2}\left(\chi_{n+1}^i - \chi_{n-1}^i\right) = \frac{1}{2}\left(\chi_n^{i+1} - 2\chi_n + \chi_n^{i-1}\right) - \frac{\beta}{2}\left(\chi_n^{i+1} - \chi_n^{i-1}\right)$$

$$- \frac{1}{2}\left(\chi_{n+1}^i - 2\chi_n^i + \chi_{n-1}^i\right) \tag{16.52}$$

$$\Delta t\, \partial_t \chi = \frac{(\Delta x)^2}{2} \partial_x^2 \chi - \frac{\beta \Delta x}{x \Delta t} \partial_x \chi - \underbrace{\frac{(\Delta t)^2}{2} \partial_t^2 \chi}_{c^2 \partial_x^2 \chi} \tag{16.53}$$

$$\boxed{\partial_t \chi = -c \partial_x \chi + \underbrace{\left(\frac{(\Delta x)^2}{2\Delta t} - \frac{c^2 \Delta t}{2} \right)}_{=D} \partial_x^2 \chi} \tag{16.54}$$

mit einer Diffusionskonstanten $D = \frac{(\Delta x)^2}{2\Delta t}(1 - \beta^2) \geq 0$. Der Fall $\beta = 1$ ist trivial, denn dann ist $\chi_{n+1}^i = \chi_n^{i-1}$, und man erhält die exakte Lösung als propagierte (im Ort verschobene) Anfangsbedingung.

Eine weitere Verbesserung ist das Ersetzen der Zeitableitung durch die zentrale Differenz $\partial_t \chi = (\chi_{n+1} - \chi_{n-1})/(2\Delta t)$, sodass man

$$\boxed{\chi_{n+1}^i - \chi_{n-1}^i = -\beta \left(\chi_n^{i+1} - \chi_n^{i-1} \right)} \tag{16.55}$$

erhält, eine Art Leap-Frog-Verfahren zwischen Ort und Zeit, allerdings wieder mit Entkopplung der Untergitter. Natürlich kann man auch das bereits verwendete Crank-Nicholson-Verfahren verwenden, jedoch funktioniert dieses nur gut für glatte Wellenfunktionen und erfordert das Lösen eines Gleichungssystems. Wir benötigen daher ein Verfahren, das die Vorteile aller bisherigen Verfahren kombiniert.

16.3.2 Lax-Wendroff-Verfahren

Das Verfahren nach Lax-Wendroff (Peter D. Lax und Burton Wendroff 1960) ist ein zweistufiges Verfahren, d. h., es verwendet Zwischenschritte zur numerischen Lösung der advektiven Gleichung. Das Vorgehen ist folgendes:

1. Bestimme die Zwischenwerte $\chi_{n+\frac{1}{2}}^{i \pm \frac{1}{2}}$ mit der Lax-Methode.
2. Berechne damit χ_{n+1}^i durch ein (Halbschritt-)Leap-Frog-Verfahren.

Das Schema des Verfahrens ist in Abb. 16.10 zu sehen. Die Zwischenschritte in der ersten Stufe sind damit

$$\chi_{n+\frac{1}{2}}^{i+\frac{1}{2}} = \frac{1}{2} \left((1 - \beta)\chi_n^{i+1} + (1 + \beta)\chi_n^i \right), \tag{16.56}$$

$$\chi_{n+\frac{1}{2}}^{i-\frac{1}{2}} = \frac{1}{2} \left((1 - \beta)\chi_n^i + (1 + \beta)\chi_n^{i-1} \right), \tag{16.57}$$

Abb. 16.10 Schema des Lax-Wendroff-Verfahrens

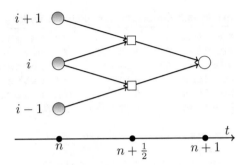

und die zweite Stufe ist

$$\underbrace{\partial_t \chi}_{\frac{\chi_{n+1}^i - \chi_n^i}{2(\Delta t/2)}} + c \underbrace{\partial_x \chi}_{\frac{\chi_{n+\frac{1}{2}}^{i+\frac{1}{2}} - \chi_{n+\frac{1}{2}}^{i-\frac{1}{2}}}{2(\Delta x/2)}} = 0, \tag{16.58}$$

$$\chi_{n+1}^i = \chi_n^i - \underbrace{\frac{c\Delta t}{\Delta x}}_{\beta} \left(\chi_{n+\frac{1}{2}}^{i+\frac{1}{2}} - \chi_{n+\frac{1}{2}}^{i-\frac{1}{2}} \right). \tag{16.59}$$

Beide Stufen zusammen ergeben damit die explizite Iterationsvorschrift für das Lax-Wendroff-Verfahren

$$\boxed{\chi_{n+1}^i = \chi_n^i - \frac{\beta}{2} \left((1-\beta)\chi_n^{i+1} - (1+\beta)\chi_n^{i-1} + 2\beta\chi_n^i \right).} \tag{16.60}$$

Für $\beta = 1$ ($\Delta x/\Delta t = c$) ergibt sich wie beim Lax-Verfahren $\chi_{n+1}^i = \chi_n^{i-1}$ also die exakte (propagierende) Lösung. Das Verfahren ist stabil für $\beta \le 1$, denn $\xi = 1 - i\beta \sin(k_j\Delta x) - \beta^2 \left(1 - \cos(k_j\Delta x)\right)$. Die künstliche Diffusion und Dispersion ist jedoch deutlich geringer als bei der Lax-Methode. Das Lax-Wendroff-Verfahren hat auch den Vorteil, dass es sich einfach für die Lösung der zwei- oder dreidimensionalen Wellengleichung erweitern lässt.

16.3.3 Implementierung

Die Implementierung des Lax-Verfahrens in einem C-Programm ist in Listing 16.3 zu sehen. Die iterative Vorschrift (16.50) ist hier einfach umzusetzen. Zu beachten sind nur die Randbedingungen, wobei hier periodische Randbedingungen verwendet werden. Abb. 16.11 zeigt die Lösung, wobei die Welle aufgrund der periodischen Randbedingungen wiederholt von links nach rechts läuft. Man erkennt deutlich die künstliche Diffusion für $\beta < 1$. Für $\beta > 1$ wird die Lösung, wie bereits gesehen, instabil.

Zur Implementierung des Lax-Wendroff-Verfahrens (16.60) müssen wir nur eine Zeile in Listing 16.3 austauschen:

Listing 16.3 C-Programm zur Lösung der Wellengleichung mit dem Lax-Verfahren

```c
#define N 500            // Anzahl Ortschritte
#define DX (1.0/N)       // Ortsschritt
#define DT 1.e-3         // Zeitschritt
#define T 1.e0           // Laufzeit
#define C 1.0            // Ausbreitungsgeschwindigkeit
#define B (C*DT/DX)      // beta

int main() {
  int i;
  double t, x[N], tmp[N];

  initialize(x);
  for (t = 0; t < T; t += DT) {
    for (i = 1; i < N-1; i++)
      tmp[i] = 0.5*(x[i+1]*(1.0-B) + x[i-1]*(1.0+B));

    // Periodische Randbedingungen
    tmp[0] = 0.5*(x[1]*(1.0-B) + x[N-1]*(1.0+B));
    tmp[N-1] = 0.5*(x[0]*(1.0-B) + x[N-2]*(1.0+B));

    for (i = 0; i < N; i++)
      x[i] = tmp[i];

    print(x);
  }
}
```

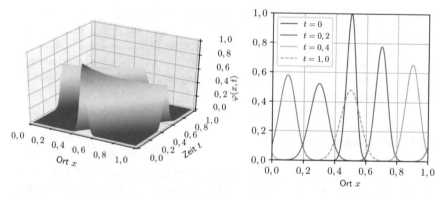

Abb. 16.11 Lösung der eindimensionalen Wellengleichung mit dem Lax-Verfahren ($\beta = 0{,}5$)

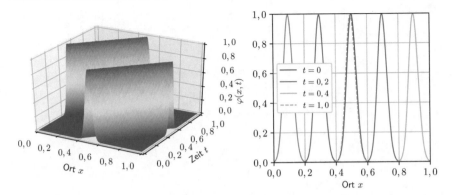

Abb. 16.12 Numerische Lösungen der eindimensionalen Wellengleichung mit dem Lax-Wendroff-Verfahren ($\beta = 0,5$)

```
tmp[i] = x[i]-B/2.*((1.-B)*x[i+1]-(1.+B)x[i-1]+2.*B*x[i]);
```

Damit erhalten wir die numerischen Lösungen in Abb. 16.12, die deutlich weniger Diffusion zeigen.

Das Lax-Wendroff-Verfahren und dessen Verallgemeinerungen gehören zu den Standardverfahren zur Lösung von hyperbolischen PDGL. Sie finden damit häufig Anwendung bei der Lösung der Wellengleichung, aber auch in der Strömungsmechanik bei der Euler-Gleichung oder den Navier-Stokes-Gleichungen.

Aufgaben

16.1 Berechnen Sie mit der **Von-Neumann-Stabilitätsanalyse** (s. Abschn. 16.1.4) den Verstärkungsfaktor ξ für das FTCS-Schema in Abschn. 16.1.1. Für welche Werte von α ist das Verfahren damit numerisch stabil?

16.2 Lösen Sie die **Diffusionsgleichung** (16.1) mithilfe des **FTCS-Schemas** (Abschn. 16.1.1), indem Sie dieses in einem C-Programm implementieren. Verwenden Sie eine gaußförmige Verteilung als Anfangsbedingung und vergleichen Sie die Ergebnisse für verschiedene Werte von α mit dem Crank-Nicholson-Verfahren (s. Listing 16.1).

16.3 Verwenden Sie das Beispielprogramm in Listing 16.3, um die eindimensionale **Wellengleichung** mit dem **Lax-Wendroff-Verfahren** zu lösen. Verwenden Sie verschiedene Anfangsbedingungen und Laufzeiten, um das Verfahren auf numerische Fehler zu untersuchen.

Eigenwertprobleme 17

Inhaltsverzeichnis

Eigenwertprobleme tauchen z. B. in der Mechanik bei der Bestimmung von Eigenschwingungen eines Systems auf. Aber auch in der Quantenmechanik spielen Eigenwertprobleme eine wichtige Rolle, da die Eigenwerte von Operatoren als Messwerte interpretiert werden und die Eigenvektoren als zugehörende Zustände. Oft werden deshalb z. B. die Energiezustände von quantenmechanischen Systemen über die Eigenwerte des Hamilton-Operators bestimmt.

Wie wir in Abschn. 11.2 gesehen haben, müssen wir zur Lösung eines Eigenwertproblems die Eigenwertgleichung

$$A \cdot x = \lambda x \qquad (17.1)$$

lösen. Die direkte Lösung über das charakteristische Polynom ist nur bei kleinen Problemen sinnvoll, sodass man meist auf die iterativen numerischen Verfahren angewiesen ist. Für die Bestimmung der Eigenvektoren zu einem Eigenwert, setzt man den Eigenwert in die Eigenwertgleichung und erhält ein LGS zur Bestimmung der Komponenten des gesuchten Eigenvektors. Die Bestimmung der Eigenvektoren führt daher wieder auf das Lösen eines LGS (s. Abschn. 11.1). Bevor wir wichtige Beispiele aus der Physik betrachten, zunächst eine wichtige Methode zur Lösung von Eigenwertproblemen: die Diagonalisierung.

17.1 Diagonalisierung

Eine Methode zur Lösung von Eigenwertproblemen mit einer quadratischen Koeffizientenmatrix ist die sog. Diagonalisierung. Dabei wird ausgenutzt, dass die

© Springer-Verlag GmbH Deutschland, ein Teil von Springer Nature 2019
S. Gerlach, *Computerphysik,* https://doi.org/10.1007/978-3-662-59246-5_17

Eigenwerte einer quadratischen Matrix unabhängig von der Basis sind. Man führt also eine Basistransformation

$$D_A = S^{-1}AS \tag{17.2}$$

durch, um die Matrix A auf Diagonalform D_A zu bringen. Die Matrix S besteht dabei aus den normierten Eigenvektoren von A. Sind diese orthonormiert, ist S unitär. Die Eigenwerte der Matrix sind dann die Einträge der Hauptdiagonalen.

Beispiel: $A = \begin{pmatrix} 1 & 0 \\ 1 & 2 \end{pmatrix}$.

Das Eigensystem von A ist $\{1 : \begin{pmatrix} 1 \\ -1 \end{pmatrix}, 2 : \begin{pmatrix} 0 \\ 1 \end{pmatrix}\}$.

$$S = \begin{pmatrix} 1 & 0 \\ -1 & 1 \end{pmatrix}, S^{-1} = \frac{1}{\det S}\begin{pmatrix} 1 & 0 \\ 1 & 1 \end{pmatrix}, \tag{17.3}$$

$$D_A = \begin{pmatrix} 1 & 0 \\ 1 & 1 \end{pmatrix}\begin{pmatrix} 1 & 0 \\ 1 & 2 \end{pmatrix}\begin{pmatrix} 1 & 0 \\ -1 & 1 \end{pmatrix} = \begin{pmatrix} 1 & 0 \\ 0 & 2 \end{pmatrix}. \tag{17.4}$$

Die Eigenwerte von D_A sind offensichtlich auch 1 und 2 mit der kanonischen Basis $\{\begin{pmatrix} 1 \\ 0 \end{pmatrix}, \begin{pmatrix} 0 \\ 1 \end{pmatrix}\}$. Wir haben also effektiv eine Basistransformation auf die Eigenbasis der Matrix A durchgeführt. In dieser Basis ist die Matrix offensichtlich diagonal.

17.2 Eigenschwingungen

Die Bestimmung der Eigenfrequenzen eines schwingungsfähigen Systems ist ein wichtiger Bestandteil vieler physikalischer Probleme. Betrachtet man z. B. zwei Massen m, die mit einer Feder der Federkonstanten k verbunden sind, und die erste Masse mit einer zweiten Feder der Federkonstanten k an einer Wand (s. Abb. 17.1), so lauten die Bewegungsgleichungen damit

$$m\ddot{x}_1 = k(x_2 - x_1) - kx_1,$$
$$m\ddot{x}_2 = k(x_1 - x_2). \tag{17.5}$$

Abb. 17.1 Schwingungsfähiges System bestehend aus zwei Massen m verbunden mit zwei Federn

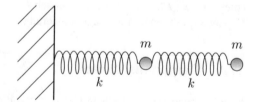

Mit dem Ansatz $x_i = A_i \sin(\omega t + \varphi)$ ergeben sich dann die Bestimmungsgleichungen für die Amplituden A_i zu

$$\begin{aligned}-m\omega^2 A_1 &= k(A_2 - A_1) - kA_1 \\ -m\omega^2 A_2 &= k(A_1 - A_2)\end{aligned} \quad \Leftrightarrow \quad \begin{pmatrix} 2 & -1 \\ -1 & 1 \end{pmatrix}\begin{pmatrix} A_1 \\ A_2 \end{pmatrix} = \underbrace{\frac{m\omega^2}{k}}_{=\lambda}\begin{pmatrix} A_1 \\ A_2 \end{pmatrix}, \quad (17.6)$$

also ein typisches Eigenwertproblem.

Das charakteristische Polynom ist $p(\lambda) = (2-\lambda)(1-\lambda) - 1$ mit den Nullstellen (und Eigenwerten des Problems) $\lambda_{1,2} = \frac{1}{2}(3 \pm \sqrt{5})$. Durch Einsetzen der Eigenwerte in die Eigenwertgleichung erhält man dann die (nicht normierten) Eigenvektoren zu den Eigenwerten:

$$\lambda_1 : v^{(1)} = \begin{pmatrix} 1 \\ \frac{1}{2}(1 - \sqrt{5}) \end{pmatrix}, \quad (17.7)$$

$$\lambda_2 : v^{(2)} = \begin{pmatrix} 1 \\ \frac{1}{2}(1 + \sqrt{5}) \end{pmatrix}. \quad (17.8)$$

Der erste Eigenvektor entspricht einer gegenläufigen Eigenschwingung der beiden Massen ($v_2^{(1)} < 0$) mit der Eigenfrequenz $\omega_1 \sim \lambda_1$. Der zweite Eigenvektor ist die gleichläufige Eigenschwingung der beiden Massen ($v_2^{(2)} > 0$) mit einer niedrigeren Eigenfrequenz $\omega_2 \sim \lambda_2 < \lambda_1$.

17.3 Anwendungen in der Quantenmechanik

Wie wir bereits in Kap. 15 gesehen haben, ist das Randwertproblem der stationären Schrödinger-Gleichung $H\psi = E\psi$ in der Quantenmechanik eine Eigenwertgleichung zur Bestimmung der Eigenenergien und -zustände eines quantenmechanischen Systems. Das direkte Lösen des Eigenwertproblems ist natürlich viel eleganter als z. B. die *Shooting*-Methode mit einer aufwendigen Nullstellensuche.

Allgemein sind Messwerte und Zustände in der Quantenmechanik als Eigenwerte und -vektoren der entsprechenden Operatoren definiert. Im Folgenden beschränken wir uns jedoch auf drei wichtige Beispiele für Eigenwertprobleme eines Hamilton-Operators.

17.3.1 Der anharmonische Oszillator

Ausgehend von den bekannten Eigenwerten des harmonischen Oszillators

$$H_0|n\rangle = E_n|n\rangle = (n + \frac{1}{2})|n\rangle \quad (17.9)$$

mit dem Hamilton-Operator

$$\frac{H_0}{\hbar\omega} = -\frac{\partial_\xi^2}{2} + \frac{\xi^2}{2} = \left(a^\dagger a + \frac{1}{2}\right) \tag{17.10}$$

und den reduzierten Einheiten $\xi = (a + a^\dagger)/\sqrt{2}, \partial_\xi = (a - a^\dagger)/\sqrt{2}$ lassen sich auch die Eigenwerte des sog. anharmonischen Oszillators bestimmen.

Der Hamilton-Operator des anharmonischen Oszillators ist gegeben durch

$$H = H_0 + \lambda\xi^4. \tag{17.11}$$

λ gibt hier die Stärke der Anharmonizität an. Damit lässt sich die Hamilton-Matrix $H_{mn} = \langle m|H|n\rangle$ für die betrachtete Basis $|n\rangle$ bestimmen:

$$\xi_{mn} = \langle m|\xi|n\rangle = \frac{1}{\sqrt{2}}\langle m|a^\dagger + a|n\rangle = \frac{1}{\sqrt{2}}(\sqrt{n+1}\underbrace{\langle m|n+1\rangle}_{\delta_{m,n+1}} + \sqrt{n}\underbrace{\langle m|n-1\rangle}_{\delta_{m,n-1}}),$$
$$\tag{17.12}$$

$$H_{mn} = H_0 + \lambda\xi_{mn}^4. \tag{17.13}$$

Die Eigenwerte dieser Matrix (und damit die Eigenenergien des Systems) erhält man dann am einfachsten mit einem CAS. Dafür muss man sich natürlich auf eine endliche Basis beschränken, d. h., man betrachtet typischerweise nur eine kleine Anzahl der untersten Zustände. Abhängig vom Parameter λ erhält man dann die fünf untersten Energieeigenzustände (bei Betrachtung der 15 untersten Zustände), wie in Abb. 17.2

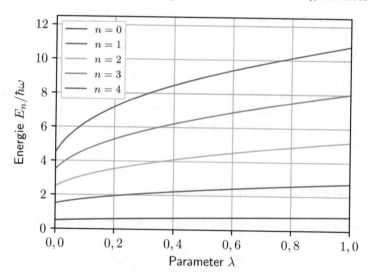

Abb. 17.2 Energieeigenwerte des anharmonischen Oszillators, abhängig vom Parameter λ der Anharmonizität

zu sehen. Man erkennt die ungestörten Eigenwerte des harmonischen Oszillators für $\lambda = 0$ und die für zunehmendes λ aufgrund des stärkeren Potenzials steigenden Energiewerte, die vor allem die höheren Energieniveaus betrifft.

17.3.2 Das Doppelmuldenpotenzial

Auch das Eigenwertproblem des Doppelmuldenpotenzials, z. B. gegeben durch das Potenzial

$$V(\xi) = -\frac{19}{2}\xi^2 + \frac{\xi^4}{2}, \tag{17.14}$$

lässt sich mit dem eben beschriebenen Verfahren lösen. Der Hamilton-Operator ist dann

$$H = \underbrace{-\frac{\partial_\xi^2}{2} + \frac{\xi^2}{2}}_{=H_0} - 10\xi^2 + \frac{\xi^4}{2} \tag{17.15}$$

mit H_0 des harmonischen Oszillators. Durch Diagonalisierung erhalten wir damit die Eigenwerte, und die Wellenfunktionen (Eigenzustände) lassen sich dann durch einfache Integration der Schrödinger-Gleichung (s. Abschn. 15.1.4) finden.

Listing 17.1 zeigt ein *Mathematica*-Programm zur Berechnung der Eigenwerte für das Doppelmuldenpotenzial (17.14). Die berechneten Energieeigenwerte sind in Abb. 17.3 zusammen mit dem Potenzial dargestellt. Man sieht die näherungsweise harmonischen Energieniveaus der untersten Zustände und die Aufspaltung der Zustände an der Potenzialschwelle ($E \approx 0$). Für $E > 0$ sieht man außerdem die näherungsweise Halbierung der Energieabstände sehr gut.

Listing 17.1 *Mathematica*-Code zur Berechnung und Darstellung der Eigenwerte für ein Doppelmuldenpotenzial

```
V[x_] = -9.5 x^2 + 0.5 x^4;

x[n_, m_] := Sqrt[(n + 1)/2] KroneckerDelta[m, n + 1] +
    Sqrt[n/2] KroneckerDelta[m, n - 1];
X[n_] := Table[x[i, j], {i, 0, n}, {j, 0, n}];

H0[n_, m_] := (n+1/2) KroneckerDelta[m, n];
H[n_] := Table[H0[i, j], {i, 0, n}, {j, 0, n}] -
    10 X[n].X[n] + 1/2 X[n].X[n].X[n].X[n];
EV = Sort[Eigenvalues[H[100] // N]];
Niveaus[x_] := Table[If[EV[[i]] > V[x], EV[[i]], I],
    {i, 1, 25}]

Plot[{Niveaus[x], V[x]}, {x, -5, 5}]
```

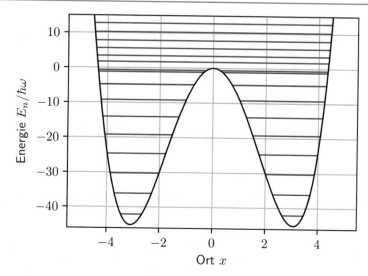

Abb. 17.3 Berechnete Energieniveaus eines Doppelmuldenpotenzials

17.3.3 Magnetfeldaufspaltung

Auch kompliziertere Eigenwertprobleme der Atomphysik lassen sich mithilfe der Diagonalisierung der Hamilton-Matrix lösen. Als Beispiel soll hier die Aufspaltung der Spektrallinien eines typischen Atoms mit $l = 1, s = 1/2$ im Magnetfeld besprochen werden.

Der Hamilton-Operator eines Elektrons mit Spin s und Drehimpuls l im Magnetfeld ist erweitert um die Spin-Bahn-Kopplung und den Zeeman-Term:

$$H = H_0 + \zeta l \otimes s - \frac{\mu B}{2}(l_z + gs_z). \tag{17.16}$$

Zum Lösen des Eigenwertproblems müssen wir die Matrix des Hamilton-Operators für den Produktraum $\mathcal{H}_l + \mathcal{H}_s$ aufstellen. Für den Fall $l = 1, s = 1/2$ erhalten wir einen 6-dimensionalen Produktraum mit der Basis $|m_l, m_s\rangle$, wobei die Werte $m_l = -l, ..., l, m_s = -s, s$ auftreten, d. h., die Basis lautet

$$\{|1, \frac{1}{2}\rangle, |1, -\frac{1}{2}\rangle, |0, \frac{1}{2}\rangle, |0, -\frac{1}{2}\rangle, |-1, \frac{1}{2}\rangle, |-1, -\frac{1}{2}\rangle\}. \tag{17.17}$$

Mithilfe der Pauli-Matrizen und der entsprechenden Matrixdarstellungen der l-Komponenten erhält man damit die Matrixdarstellung des Hamilton-Operators (ohne H_0):

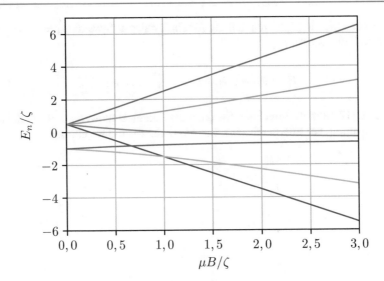

Abb. 17.4 Aufspaltung der Energieniveaus eines Atoms mit $l = 1$, $s = 1/2$ im Magnetfeld

$$H = \frac{\zeta}{2} \begin{pmatrix} 1 & 0 & 0 & 0 & 0 & 0 \\ 0 & -1 & \sqrt{2} & 0 & 0 & 0 \\ 0 & \sqrt{2} & 0 & 0 & 0 & 0 \\ 0 & 0 & 0 & 0 & \sqrt{2} & 0 \\ 0 & 0 & 0 & \sqrt{2} & -1 & 0 \\ 0 & 0 & 0 & 0 & 0 & 1 \end{pmatrix} - \mu B \begin{pmatrix} 1 + \frac{g}{2} & 0 & 0 & 0 & 0 & 0 \\ 0 & 1 - \frac{g}{2} & 0 & 0 & 0 & 0 \\ 0 & 0 & -\frac{g}{2} & 0 & 0 & 0 \\ 0 & 0 & 0 & \frac{g}{2} & 0 & 0 \\ 0 & 0 & 0 & 0 & -1 + \frac{g}{2} & 0 \\ 0 & 0 & 0 & 0 & 0 & -1 - \frac{g}{2} \end{pmatrix}$$

$$(17.18)$$

Durch Diagonalisierung der Hamilton-Matrix H erhält man dann die Energieeigenwerte abhängig vom Magnetfeld B und damit die Aufspaltung der Spektrallinien in Abb. 17.4. Man erkennt sehr gut die Zeeman-Aufspaltung für kleine Magnetfelder B in die Niveaus $j = \frac{3}{2}(m_j = \frac{3}{2}, \frac{1}{2}, -\frac{1}{2}, -\frac{3}{2})$ und $j = \frac{1}{2}(m_j = \frac{1}{2}, -\frac{1}{2})$. Für große Magnetfelder spielt die Spin-Bahn-Kopplung keine Rolle mehr, und man erhält die Aufspaltung in die Niveaus $m_l + g m_s$ (Paschen-Back-Effekt).

Aufgaben

17.1 Bestimmen Sie **Eigenwerte und -vektoren** der Koeffizientenmatrix in (17.6) und transformieren Sie diese auf die Eigenbasis.

17.2 Berechnen Sie analog zum Doppelmuldenpotenzial in Abschn. 17.3.2 die **Energieeigenwerte** in einem **schiefen Doppelmuldenpotenzial**

$$V(\xi) = -\frac{19}{2}\xi^2 + \frac{(\xi - \frac{1}{4})^4}{2}. \qquad (17.19)$$

17.3 Stellen Sie die Matrixdarstellung für ein **Zweispin-System** ($s_1 = s_2 = \frac{1}{2}$) mit dem Hamilton-Operator

$$H = H_0 - J\boldsymbol{s}_1 \otimes \boldsymbol{s}_2 - \frac{g\mu B}{2}(s_{1z} + s_{2z}) \qquad (17.20)$$

analog zu (17.18) auf. Berechnen Sie dann die Energieeigenwerte und zeichnen Sie die Aufspaltung der Energieniveaus. Interpretieren Sie die Ergebnisse.

Daten- und Signalanalyse 18

Inhaltsverzeichnis

Daten sind Informationen, die durch Messungen, Untersuchungen, Beobachtungen etc. erzeugt wurden. Nicht nur in den Naturwissenschaften fallen vor allen Dingen quantitative Daten an, deshalb gehört die Auswertung, Aufbereitung und Darstellung von Daten zum Rüstzeug jedes Wissenschaftlers. Die zunehmende Bedeutung der Datenanalyse in vielen Bereichen ist auch anhand der inzwischen allgegenwärtigen Schlagwörter „Big data" und „Data science" erkennbar.

In diesem Kapitel sollen die grundlegenden Methoden der Daten- bzw. Signalanalyse besprochen und anhand von Beispielen verdeutlicht werden. Der Schwerpunkt liegt hierbei auf den klassischen Analysemethoden, deren mathematischer Hintergrund leicht nachvollziehbar ist und schnell einen Einstieg in dieses umfangreiche Gebiet erlaubt. Fragen zur Strukturierung von Daten und zum Datenmanagement wurden bereits in Abschn. 6.2 besprochen. Aufwendigere Methoden sowie Fragen zur fachgebietsabhängigen Interpretation von Daten sollen entsprechenden Fachbüchern vorbehalten bleiben.

Das Kapitel beginnt mit den grundlegenden statistischen Methoden zur Beschreibung von Daten und befasst sich dann mit Methoden zur Anpassung (*fitting*) von Daten. Im letzten Abschnitt werden die wichtigsten Methoden zur Daten-/Signalanalyse und deren Grundlagen mit vielen Beispielen besprochen.

18.1 Statistische Methoden

Der erste „Blick" auf Daten sind meist statistische Methoden, um wichtige Kenngrößen und damit allgemeine Aussagen aus den Daten zu extrahieren. Dabei können

© Springer-Verlag GmbH Deutschland, ein Teil von Springer Nature 2019   245
S. Gerlach, *Computerphysik*, https://doi.org/10.1007/978-3-662-59246-5_18

grafische Darstellungen, insbesondere bei größeren Datenmengen, für den Überblick sehr hilfreich sein.

Ein wichtiger Grund, warum statistische Methoden sehr hilfreich bei der Datenanalyse sind, ist das Gesetz der großen Zahlen. Dieses besagt, dass sich statistische Aussagen über Daten immer mehr den theoretischen Wahrscheinlichkeiten annähern, wenn die Größe der Stichprobe zunimmt. Man fasst also die Daten als Stichprobe auf, d. h. als eine zufällige Auswahl, und vergleicht mit den theoretischen Wahrscheinlichkeiten der Grundgesamtheit. Ein solides Grundwissen über Wahrscheinlichkeiten und Wahrscheinlichkeitsverteilungen ist also unerlässlich. In diesem Kapitel beginnen wir deshalb mit den wichtigsten diskreten und kontinuierlichen Wahrscheinlichkeitsverteilungen.

18.1.1 Binomialverteilung

Die Binomialverteilung ist eine der bekanntesten diskreten Wahrscheinlichkeitsverteilungen und beantwortet die Frage: Wie hoch ist die Wahrscheinlichkeit, dass bei mehrfach durchgeführten **Bernoulli-Experimenten** (Jakob I Bernoulli 1655–1705) (das sind Experimente, bei denen es nur zwei mögliche Ergebnisse gibt) eine bestimmte Anzahl der gesuchten Ergebnisse zu erhalten? Ein einfaches Beispiel für ein Bernoulli-Experiment ist der Münzwurf, der entweder Kopf oder Zahl (bei einer idealen Münze mit jeweils 50 % Wahrscheinlichkeit) als Ergebnis haben kann. Die Binomialverteilung gibt hier also an, wie oft bei n Münzwürfen die gesuchte Seite, d. h. ein positives Ergebnis, auftritt.

Die Wahrscheinlichkeit bei n Bernoulli-Experimenten $k = 0, ..., n$-mal ein positives Ergebnis zu erhalten, ergibt sich damit einfach aus der Anzahl der möglichen Kombinationen (gegeben durch den Binomialkoeffizienten), und man erhält die Verteilungsfunktion

$$B_{n,p}(k) = \binom{n}{k} p^k (1-p)^{n-k}. \tag{18.1}$$

$p \in [0, 1]$ ist hier die Wahrscheinlichkeit, das positive Ergebnis zu erhalten, bei einer idealen Münze also 0,5. In diesem Fall vereinfacht sich die Verteilung zu

$$B_{n,p=0,5}(k) = \frac{1}{2^n} \binom{n}{k}. \tag{18.2}$$

Abb. 18.1 zeigt die Binomialverteilung für $n = 30$ und verschiedene Werte von p. Nur für $p = 0$, $p = 0,5$ und $p = 1$ ist die Verteilung symmetrisch.

Eine Wahrscheinlichkeitsverteilung muss normiert sein, damit die Gesamtwahrscheinlichkeit aller möglichen Ergebnisse zusammen genau 1 (also 100 %) ergibt. Dies ist bei der Binomialverteilung in der Tat erfüllt:

$$\sum_{k=0}^{n} B_{n,p}(k) = \sum_{k=0}^{n} \binom{n}{k} p^k (1-p)^{n-k} = (p + (1-p))^n = 1^n = 1. \tag{18.3}$$

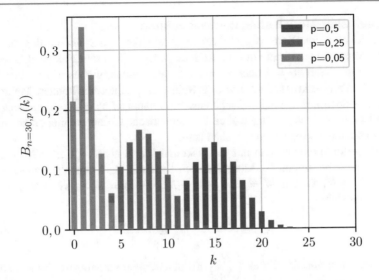

Abb. 18.1 Binomialverteilung für $n = 30$ und verschiedene Werte von p. Der Erwartungswert liegt bei $np = 3/7, 5/15$

Der **Erwartungswert** $\mu = \langle k \rangle = \sum_{k=0}^{n} k\, B_{n,p}(k)$ der Verteilung, d. h., der im Mittel zu erwartende Wert, bestimmt die Lage der Verteilung und liegt für die Binomialverteilung bei $\mu = np$ (s. Aufgabe 18.1), für $p = 0,5$ also genau bei $n/2$. Das Maximum einer Verteilung ist bei asymmetrischen Verteilungen keine gute Kenngröße und insbesondere bei diskreten Verteilungen ungenau.

Eine weitere wichtige Kenngröße ist die Breite einer Verteilung. Sie wird meist über die Summe der quadratischen Abweichungen aller Werte vom Erwartungswert definiert und als **Varianz** σ^2 bezeichnet. Die sog. **Standardabweichung** vom Erwartungswert ist dann $\sigma = \sqrt{\sigma^2}$.

Wegen der Linearität des Erwartungswerts berechnet sich die Varianz über den sog. **Verschiebungssatz** zu

$$\sigma^2 = \sum_{k=0}^{n} (k - \mu)^2 B_{n,p} = \langle (k - \langle k \rangle)^2 \rangle = \langle k^2 - 2k\langle k \rangle - \langle k \rangle^2 \rangle = \langle k^2 \rangle - \langle k \rangle^2.$$

(18.4)

Für die Binomialverteilung ergibt sich damit eine Varianz von $np(1 - p)$.

Die Mittelwerte $\langle k^i \rangle$ werden auch i-te **Momente** der Verteilung genannt, wobei $\langle k^0 \rangle = \langle 1 \rangle = 1$ der Normierung, $\langle k^1 \rangle = \langle k \rangle = \mu$ dem Erwartungswert und $\langle k^2 \rangle = \sigma^2 + \mu^2$ der (verschobenen) Varianz entspricht.

Interessant ist insbesondere die relative Breite bzgl. des Wertebereiches, d. h.

$$\frac{\sigma}{n} = \sqrt{\frac{p(1 - p)}{n}} \sim \frac{1}{\sqrt{n}}.$$

(18.5)

Man sieht also, dass die relative Breite mit zunehmender Anzahl n an Versuchen mit $\frac{1}{\sqrt{n}}$ abnimmt, die Verteilung um den Erwartungswert also immer schmaler wird.

Beispiel: Ising-Modell ohne Wechselwirkung

Betrachtet man eine Kette von N nicht-wechselwirkenden Spins mit den magnetischen Momenten m_i, die nur in einer Richtung ausgerichtet sein können, d. h. jeweils entweder den Wert $m_i = 1$ oder $m_i = -1$ haben können, gibt es offensichtlich 2^N Möglichkeiten (Mikrozustände), wie die Spins ausgerichtet sein können. Makroskopisch ist jedoch nur das magnetische Gesamtmoment $M = \sum_{i=1}^{N} m_i$ messbar. Die Frage ist nun, welche Aussagen über das magnetische Gesamtmoment man anhand der möglichen Mikrozustände machen kann.

Das Gesamtmoment kann nur die diskreten Werte $N, N - 2, ..., -N + 2, -N$ annehmen. Dabei zeigen N_+ Momente nach oben und N_- Momente nach unten mit $N_+ + N_- = N$. Wegen $M = N_+ \cdot (+1) + N_- \cdot (-1) = N_+ - (N - N_+) = 2N_+ - N$ ergibt sich:

$$N_+ = \frac{M + N}{2}, \quad N_- = \frac{N - M}{2}. \tag{18.6}$$

Für jeden Wert von M gibt es $\binom{N}{N_+}$ Kombinationen an Mikrozuständen, sodass man die Wahrscheinlichkeitsverteilung direkt angeben kann (p ist die statistische Wahrscheinlichkeit, mit der die Spins nach oben ausgerichtet sind):

$$P(N_+) = \binom{N}{N_+} p^{N_+} (1 - p)_-^N = B_{N,p}(N_+). \tag{18.7}$$

Es handelt sich also um eine Binomialverteilung für $N_+ = \frac{M+N}{2}$.

Mit den bekannten Eigenschaften der Binomialverteilung kann man jetzt statistische Aussagen über das Gesamtmoment treffen. Der Mittelwert ist

$$\langle M \rangle = \langle 2N_+ - N \rangle = 2\langle N_+ \rangle - N = 2(Np) - N = N(2p - 1). \tag{18.8}$$

Das mittlere magnetische Moment pro Spin, $\frac{\langle M \rangle}{N}$, ist also $2p - 1$, also z. B. 0 für $p = 0,5$.

Die Varianz des Gesamtmoments ergibt sich analog zu

$$
\begin{aligned}
\sigma^2 &= \langle M^2 \rangle - \langle M \rangle^2 \\
&= \langle (2N_+ - N)^2 \rangle - \langle 2N_+ - N \rangle^2 = \langle 4N_+^2 - 4NN_+ + N^2 \rangle - (2\langle N_+ \rangle - N)^2 \\
&= 4\langle N_+^2 \rangle - \cancel{4N\langle N_+ \rangle} + \cancel{N^2} - 4\langle N_+ \rangle^2 + \cancel{4N\langle N_+ \rangle} - \cancel{N^2} \\
&= 4(\langle N_+^2 \rangle - \langle N_+ \rangle^2) = 4Np(1 - p).
\end{aligned}
\tag{18.9}
$$

Für $p = 0,5$ ist also $\sigma^2 = N$, und wir erhalten für die relative Standardabweichung

$$\frac{\sigma}{\langle M \rangle} = \sqrt{\frac{4p(1 - p)}{N(2p - 1)^2}} \sim \frac{1}{\sqrt{N}}. \tag{18.10}$$

Für eine große Anzahl N an magnetischen Momenten ist es also gerechtfertigt, das Gesamtmoment M mit dem Mittelwert zu ersetzen (Thermodynamischer Grenzfall).

18.1.2 Poisson-Verteilung

Betrachtet man eine Vielzahl von Ereignissen, die einzeln betrachtet jedoch nur eine sehr geringe Wahrscheinlichkeit haben, kann man die Binomialverteilung vereinfachen und gelangt zur sog. **Poisson-Verteilung** (Siméon Denis Poisson 1781–1840). Der Grenzübergang $N \to \infty$ und $p \to 0$ bei festem Faktor $Np = \lambda$ ergibt die einparametrige Poisson-Verteilung

$$P_\lambda(k) = \frac{\lambda^k}{k!} e^{-\lambda}. \tag{18.11}$$

Die Verteilung ist normiert, denn $\sum_{k=0}^{\infty} P_\lambda(k) = e^{-\lambda} \sum_{k=0}^{\infty} \frac{\lambda^k}{k!} = e^{-\lambda} e^{\lambda} = 1$. Der Parameter λ entspricht dem Erwartungswert, wie eine kurze Rechnung zeigt:

$$\mu = \sum_{k=0}^{\infty} k \frac{\lambda^k}{k!} e^{-\lambda} = \lambda e^{-\lambda} \sum_{k=1}^{\infty} \frac{\lambda^{k-1}}{(k-1)!} = \lambda e^{-\lambda} e^{\lambda} = \lambda. \tag{18.12}$$

Für die Varianz bekommt man ebenfalls λ, sodass sich die relative Breite der Verteilung ergibt zu

$$\frac{\sigma}{\mu} = \frac{1}{\sqrt{\lambda}}. \tag{18.13}$$

Abb. 18.2 zeigt die Poisson-Verteilung für verschiedene Werte von λ. k kann beliebig große Werte annehmen, jedoch nimmt die Wahrscheinlichkeit weit weg vom Erwartungswert λ schnell ab.

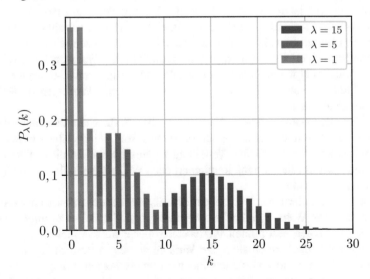

Abb. 18.2 Poisson-Verteilung für verschiedene Werte von λ. Sowohl der Erwartungswert als auch die Varianz ist gegeben durch λ

Beispiel: Radioaktiver Zerfall

Betrachtet man den radioaktiven Zerfall eines Präparats des Elements ^{238}U mit einer Halbwertszeit von $t_H = 4{,}468$ Mrd. Jahren, so wird die Anzahl der Zerfälle pro Sekunde extrem klein sein im Vergleich zur Gesamtzahl der Atomkerne. Die Poisson-Verteilung wird also die Verteilung der Anzahl der Zerfälle pro Zeiteinheit für kleine Zeiten sehr gut beschreiben.

Die Änderung der Teilchenanzahl $N(t)$ ist beim radioaktiven Zerfall proportional zur Zerfallskonstante $\alpha = \ln 2/t_H$ und der Teilchenanzahl selbst:

$$\frac{dN(t)}{dt} = -\alpha N(t) \tag{18.14}$$

$$\Rightarrow N(t) = N(0)e^{-\alpha t}. \tag{18.15}$$

Die Anzahl n der Zerfälle pro Zeiteinheit ist dann Poisson-verteilt:

$$P_\lambda(n) = \frac{\lambda^n}{n!}e^{-\lambda} \tag{18.16}$$

mit $\lambda = \langle n \rangle = -\Delta N \approx \alpha N \Delta t = \frac{\ln 2}{t_H} N \Delta t$ (für $\Delta t \ll t_H$). Für $N = 10^{18}$ Atomkerne ist die mittlere Anzahl λ an Zerfällen pro Sekunde also ungefähr 5.

18.1.3 Kontinuierliche Verteilungen

Bereits der Übergang von der Binomialverteilung zur Poisson-Verteilung erleichtert den Umgang mit der Wahrscheinlichkeitsverteilung erheblich. Ein weiterer Grenzfall, der oft eintritt, ist der Fall $n \to \infty$ bei der Binomialverteilung bzw. $\lambda \to \infty$ bei der Poisson-Verteilung, also der Fall einer hinreichend großen Anzahl an Versuchen. In diesem Fall erhält man die sog. **Normalverteilung,** wie der zentrale Grenzwertsatz zeigt. Die Normalverteilung gehört zu den kontinuierlichen Wahrscheinlichkeitsverteilungen und findet in den Naturwissenschaften vielfältige Anwendungen z. B. bei der Beschreibung von Messunsicherheiten, stochastischen Prozessen (s. Kap. 19) und in der Quantenstatistik.

Die Zufallsvariable, deren Verteilung die Wahrscheinlichkeitsverteilung beschreibt, und damit die Verteilung selbst, ist meist kontinuierlich bzw. hinreichend genau mit einer kontinuierlichen Verteilung zu beschreiben. In diesem Abschnitt beschäftigen wir uns deshalb mit kontinuierlichen Wahrscheinlichkeitsverteilungen und deren Eigenschaften.

Auch die kontinuierlichen Wahrscheinlichkeitsverteilungen müssen entsprechend normiert sein. Die Wahrscheinlichkeitsverteilungen sind dabei so zu interpretieren, dass man über einen bestimmten Wertebereich der Zufallsvariable integriert, um die Wahrscheinlichkeit zu erhalten, die Variable in diesem Bereich zu finden. Um die Verteilungen von normalen Funktionen zu unterscheiden, schreibt man daher oft $p(x)\,dx$, hängt also ein Differenzial der Zufallsvariable an. Aus dem Wert der Verteilungsfunktion an einer Stelle lassen sich direkt keine Aussagen über die Wahrscheinlichkeit machen.

Zuerst werfen wir einen Blick auf die Exponentialverteilung und beschäftigen uns dann mit der Normalverteilung. Eine weitere wichtige Wahrscheinlichkeitsverteilung, die Cauchy-Lorentz-Verteilung, wird in der Aufgabe 18.4 behandelt.

Exponentialverteilung

Betrachtet man Ereignisse, deren Anzahl in einem beliebigen Zeitintervall Poisson-verteilt ist (sog. Poisson-Prozesse), und fragt sich, wie der zeitliche Abstand einzelner Ereignisse verteilt ist, so gelangt man zur Exponentialverteilung. Diese wird für $t \geq 0$ mit der Funktion

$$p_\alpha(t) = \alpha e^{-\alpha t} \qquad (18.17)$$

beschrieben. $\alpha > 0$ ist die Zerfallsrate der Ereignisse (s. Abschn. 18.1.2). Man sieht also, dass kleine Abstände der Ereignisse bei Poisson-Prozessen häufiger auftreten als große Abstände.

Die Exponentialverteilung ist also eine typische Lebensdauerverteilung mit der Zerfallsrate α, beschreibt also z. B. den Abstand von radioaktiven Zerfällen (Klicks eines Geiger-Müller-Zählers), den zeitlichen Abstand von Autos auf der Autobahn, aber auch annähernd die Lebensdauer von elektronischen Bauteilen. Im letzteren Fall hat man es häufig mit der sog. Badewannenkurve zu tun (der sog. **Weibull-Verteilung**), da es am Anfang mehr Ausfälle gibt und die Ausfallrate der Bauteile beim Erreichen der „natürlichen Lebensdauer" stark zunimmt.

Die Exponentialverteilung ist offensichtlich normiert ($\int_0^\infty p_\alpha(t)\, dt = 1$), und der Erwartungswert ist

$$\mu = \int_0^\infty t\, p_\alpha(t)\, dt = \frac{1}{\alpha}. \qquad (18.18)$$

Man erwartet also eine mittlere Lebensdauer von $\tau = 1/\alpha$ mit $p(\tau) = \alpha/e$.

Möchte man berechnen, welcher Anteil der ursprünglichen Anzahl bis zu einer bestimmten Zeit zerfallen ist, benötigt man die sog. **kumulierte Verteilungsfunktion**

$$P_\alpha(t) = \int_0^t p_\alpha(t')\, dt' = \alpha \int_0^t e^{-\alpha t'}\, dt' = 1 - e^{-\alpha t}. \qquad (18.19)$$

Für $t = \tau = 1/\alpha$ ist die Verteilung auf $p(t = \tau) = \alpha/e$ abgefallen und wegen $P(t = \tau) = 1 - 1/e \approx 0{,}63$ damit ca. 63 % zerfallen. Genau die Hälfte ist zerfallen, wenn $P_\alpha(t_H) = 1/2$. Damit folgt $t_H = \ln(2)/\alpha$ und $p(t_H) = \alpha/2$, also ist genau die Hälfte zerfallen, wenn die Verteilung auf die Hälfte abgefallen ist.

Alternativ zur kumulierten Verteilung kann man auch die sog. Überlebensfunktion *(survival function)* definiert durch $1 - P_\alpha(t)$ verwenden. Diese gibt den Anteil der „überlebenden" Teilchen an.

Normalverteilung

Die Wahrscheinlichkeitsfunktion der Gauß'schen Normalverteilung ist gegeben durch

$$p(x) = \frac{1}{\sigma\sqrt{2\pi}}e^{-\frac{(x-\mu)^2}{2\sigma^2}}. \tag{18.20}$$

Hier sind bereits der Erwartungswert μ und die Varianz σ^2 enthalten. Der Vorfaktor normiert die Verteilung auf $\int_{-\infty}^{\infty} p(x)\,dx = 1$.

Die Abb. 18.3 zeigt die typische Glockenform der Gauß-Verteilung. Die Verteilung ist symmetrisch bzgl. des Mittelwertes, und die z. B. in der Spektroskopie wichtige **Halbwertsbreite** *(Full Width at Half Maximum, FWHM)*, also die Breite der Verteilung bei halber Höhe, ist

$$e^{-\frac{x_H^2}{2\sigma^2}} = \frac{1}{2} \Rightarrow \text{FWHW} = 2x_H = 2\sqrt{2\ln 2}\sigma \approx 2{,}3548\sigma. \tag{18.21}$$

Die kumulierte Verteilungsfunktion $P(x) = \int_{-\infty}^{x} p(\xi)\,d\xi$ wird benötigt, um z. B. den gesamten Anteil unterhalb eines bestimmten Wertes zu berechnen. Das Integral ist nicht elementar lösbar, deshalb verwendet man oft die sog. **Fehlerfunktion** *(error function)*, gegeben durch

$$\text{erf}(x) = \frac{2}{\sqrt{\pi}}\int_0^x e^{-t^2}\,dt. \tag{18.22}$$

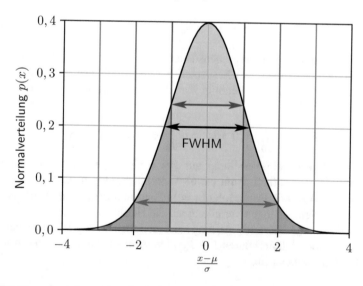

Abb. 18.3 Normalverteilung mit voller Halbwertsbreite und den Vertrauensintervallen $\pm\sigma$, $\pm 2\sigma$ und $\pm 3\sigma$

Damit ist

$$P(x) = \int_{-\infty}^{x} \frac{1}{\sigma\sqrt{2\pi}} e^{-\frac{(\xi-\mu)^2}{2\sigma^2}} \, d\xi \tag{18.23}$$

$$= \int_{-\infty}^{\mu} p(\xi) \, d\xi + \frac{1}{\sigma\sqrt{2\pi}} \int_{\mu}^{x} e^{-\frac{(\xi-\mu)^2}{2\sigma^2}} \, d\xi \tag{18.24}$$

$$= \frac{1}{2} + \frac{\sigma\sqrt{2}}{\sigma\sqrt{2\pi}} \int_{0}^{\frac{x-\mu}{\sqrt{2}\sigma}} e^{-t^2} \, dt = \frac{1}{2}\left(1 + \mathrm{erf}\left(\frac{x-\mu}{\sqrt{2}\sigma}\right)\right). \tag{18.25}$$

Die Fehlerfunktion ist in C99 verfügbar als *erf(x)*, genauso wie die komplementäre Fehlerfunktion $\mathrm{erfc}(x) = 1 - \mathrm{erf}(x)$ als *erfc(x)*. In Python ist die Fehlerfunktion sowohl als *math.erf(x)/math.erfc(x)* als auch (sogar für komplexe Argumente) durch *scipy.special.erf(z)/scipy.special.erfc(z)* verfügbar.

Eine wichtige weitere Anwendung sind die sog. **Vertrauensintervalle.** Diese geben an, welcher Anteil der Verteilung innerhalb eines bestimmten Intervalls (z. B. $\pm\sigma$) liegt, mit welcher Wahrscheinlichkeit also ein Wert innerhalb des Intervalls zu finden ist. Die Berechnung für das Intervall $[-\sigma, \sigma]$ ergibt z. B.

$$I_\sigma = \int_{\mu-\sigma}^{\mu+\sigma} p(x) \, dx = \mathrm{erf}\left(\frac{1}{\sqrt{2}}\right) \approx 0{,}682. \tag{18.26}$$

Etwa 68,2 % der Verteilung liegen also innerhalb des Intervalls $[-\sigma, \sigma]$. Oft wird dieses Intervall zur Angabe der Unsicherheiten einer Größe verwendet, z. B. Messunsicherheiten mit $X \pm \sigma$ angegeben. Das bedeutet aber, dass nur knapp 70 % der Messwerte innerhalb des angegebenen Intervalls liegen.

Für größere Intervalle nähert sich der Wert schnell der 100 %. Für $[-2\sigma, 2\sigma]$ ist $I_{2\sigma} = \mathrm{erf}(\frac{2}{\sqrt{2}}) \approx 0{,}954$ und für $[-3\sigma, 3\sigma]$ bereits $I_{3\sigma} = \mathrm{erf}(\frac{3}{\sqrt{2}}) \approx 0{,}997$. Dies ist auch in Abb. 18.3 gut erkennbar.

Beispiel: Geschwindigkeitsverteilung eines idealen Gases

Eine interessante Anwendung der Normalverteilung findet man in der kinetischen Gastheorie. Die drei Geschwindigkeitskomponenten der Teilchen eines idealen Gases sind im thermodynamischen Gleichgewicht normalverteilt, sodass sich für den Betrag der Geschwindigkeit die **Maxwell-Boltzmann-Verteilung** (James Clerk Maxwell und Ludwig Boltzmann 1860) ergibt:

$$p(v) = 4\pi \left(\frac{m}{2\pi k_B T}\right)^{3/2} v^2 e^{-\frac{mv^2}{2k_B T}}. \tag{18.27}$$

Im Gegensatz zur Normalverteilung ist diese Verteilung nicht symmetrisch. Der Betrag der Geschwindigkeit ist nicht negativ. Sie ist normiert ($\int_0^\infty p(v) \, dv = 1$) und insbesondere temperaturabhängig.

Zur Charakterisierung der Verteilung kann man den Maximalwert, also die wahrscheinlichste Geschwindigkeit

$$\frac{\mathrm{d}p(v)}{\mathrm{d}v}\bigg|_{v=\hat{v}} = 0 \rightarrow \hat{v} = \sqrt{\frac{2k_\mathrm{B}T}{m}}, \tag{18.28}$$

die mittlere Geschwindigkeit

$$\langle v \rangle = \int_0^\infty v p(v) \, \mathrm{d}v = \sqrt{\frac{8k_\mathrm{B}T}{\pi m}} \tag{18.29}$$

oder den Median der Geschwindigkeit berechnen:

$$\int_0^{v_\mathrm{M}} p(v) \, \mathrm{d}v = 0{,}5 \rightarrow v_\mathrm{M} \approx 1{,}54\sqrt{\frac{k_\mathrm{B}T}{m}}. \tag{18.30}$$

Physikalisch relevant ist allerdings das mittlere Geschwindigkeitsquadrat für die kinetische Energie der Atome (vgl. Gleichverteilungssatz):

$$\sqrt{\langle v^2 \rangle} = \left(\int_0^\infty v^2 p(v) \, \mathrm{d}v \right)^{1/2} = \sqrt{\frac{3k_\mathrm{B}T}{m}}. \tag{18.31}$$

18.2 Datenanpassung

Hinter den meisten Daten $y_i(x_i)$ $(i = 1, .., n)$ steht ein Modell $f(x; \boldsymbol{\alpha})$, welches die Daten beschreibt. Um dieses Modell zu finden bzw. zu bestätigen, möchte man die Parameter $\boldsymbol{\alpha} = (\alpha_1, \alpha_2, ...)$ des Modells so anpassen, dass das Modell möglichst gut auf die Daten passt. Das bedeutet z. B., die Abweichungen des Modells von den Daten zu minimieren oder die Wahrscheinlichkeit zu maximieren, dass das Modell die Daten beschreibt. Deshalb ist die Datenanpassung *(curve fit)* oft ein wichtiger Schritt der Datenanalyse. Auch wenn das Modell nicht bekannt ist, ist es mithilfe einer angepassten Funktion möglich, Zwischenwerte und Werte außerhalb des Wertebereichs zu bestimmen, die Daten also zu interpolieren bzw. zu extrapolieren.

Die mathematischen Verfahren zur Bestimmung der Modellparameter (Ausgleichsrechnung), z. B. die **Kleinste-Quadrate-Methode** (s. Abschn. 9.6), führen meist auf ein überbestimmtes Gleichungsystem, da im Normalfall das Modell weniger Parameter hat, als Datenpunkte zur Verfügung stehen. Das Modell wird deshalb auch im besten Fall die Daten nicht exakt beschreiben können, wie es bei der Polynominterpolation der Fall ist, sondern nur mit einer Restabweichung, den sog. **Residuuen,** die allerdings minimal für das gewählte Modell sind.

In diesem Kapitel beschäftigen wir uns zuerst mit der Maximum-Likelyhood-Methode und dann mit Anwendungen der Kleinste-Quadrate-Methode, insbesondere mit der nichtlinearen Anpassung.

18.2.1 Maximum-Likelyhood-Methode

Die Maximum-Likelyhood-Methode nach Fischer (Ronald Aylmer Fisher 1890–1962) ist ein Schätzverfahren, um von einer Stichprobe auf die Eigenschaften des Gesamtsystems zu schließen. Dabei werden die Parameter einer Modellverteilung so optimiert, dass die betrachteten Daten als Stichprobe die größte Wahrscheinlichkeit unter allen Möglichkeiten haben. Das Ergebnis ist also diejenige Verteilung, für die die beobachteten Daten am plausibelsten sind.

Ein einfaches Beispiel soll die Methode verdeutlichen. Wir möchten die Effizienz eines Einzelphotonendetektors herausfinden, d.h., mit welcher Wahrscheinlichkeit der Detektor ein einzelnes Photon detektieren kann. Dafür testen wir den Detektor mit einer bestimmten Anzahl an einzelnen Photonen und erhalten als Stichprobe z.B., dass der Detektor 7-mal anschlägt und 3-mal nicht. Wir vermuten, dass die Verteilung einer Binomialverteilung $B_{n,p}(k)$ entspricht (s. Abschn. 18.1.1), und suchen jetzt den Parameter p (Effizienz), der die Stichprobe am plausibelsten erscheinen lässt. Dafür definieren wir die sog. Likelyhood-Funktion $L(p) = B_{10,p}(7)$ und bestimmen das Maximum dieser Funktion, d.h. $\hat{p}$ für $\left.\frac{dL(p)}{dp}\right|_{p=\hat{p}} = 0$. Das Ergebnis ist in unserem Fall $\hat{p} = 0{,}7$. Die Binomialverteilung mit $p = 0{,}7$ (Effizienz 70 %) hat also die größte Wahrscheinlichkeit, unsere Stichprobe zu halten.

Dass wir mit der Maximum-Likelyhood-Methode die naive Lösung 7 von $10 = 70\,\%$ erhalten, überrascht nicht, denn die Binomialverteilung $B_{n,p}(k)$ ist die korrekte Verteilung bei der Auswahl von n Elementen.

18.2.2 Polynomapproximation einer Funktion

Eine interessante Anwendung der Kleinste-Quadrate-Methode (s. Abschn. 9.6) ist die Anpassung eines Polynoms an eine gegebene Funktion.

Im Unterschied zur Taylor-Entwicklung, bei der eine Funktion lokal um einen Punkt entwickelt wird und die damit nur in der Nähe des Punktes eine gute Näherung darstellt, wird bei der Anpassung mit der Kleinste-Quadrate-Methode der Fehler (auf einem beschränkten Intervall) global minimiert, die Funktion also so angepasst, dass sie überall gut passt.

Mathematisch ist also das Problem

$$\min_{\boldsymbol{\alpha}} \chi^2(\boldsymbol{\alpha}) = \min_{\boldsymbol{\alpha}} \int \left(f(x) - \sum_{j=0}^{n} \alpha_j x^j \right)^2 \mathrm{d}x \qquad (18.32)$$

zu lösen. Aus $\frac{\partial \chi^2(\alpha)}{\partial \alpha_j} = 0$ ergibt sich damit aus $n + 1$ **Normalgleichungen** das LGS

$$
\begin{pmatrix}
\int \mathrm{d}x & \int x \, \mathrm{d}x & \dots & \int x^n \, \mathrm{d}x \\
\int x \, \mathrm{d}x & \int x^2 \, \mathrm{d}x & \dots & \int x^{n+1} \, \mathrm{d}x \\
\vdots & \vdots & \ddots & \vdots \\
\int x^n \, \mathrm{d}x & \int x^{n+1} \, \mathrm{d}x & \dots & \int x^{2n} \, \mathrm{d}x
\end{pmatrix}
\begin{pmatrix}
\alpha_0 \\ \alpha_1 \\ \vdots \\ \alpha_n
\end{pmatrix}
=
\begin{pmatrix}
\int f(x) \, \mathrm{d}x \\
\int x f(x) \, \mathrm{d}x \\
\vdots \\
\int x^n f(x) \, \mathrm{d}x
\end{pmatrix}. \tag{18.33}
$$

Die Integrale lassen sich einfach berechnen und dann das LGS lösen.

Man erkennt, dass die Koeffizientenmatrix meistens vollbesetzt ist, weil die Basis der Monome $\{1, x, x^2, \dots, x^n\}$ nicht orthogonal ist. Eine Vereinfachung wäre also die Verwendung einer orthogonalen Basis $\{|0\rangle, |1\rangle, \dots, |n\rangle\}$ (in Dirac-Notation), d. h. eine Anpassung an das Polynom $\sum_{j=0}^{n} \alpha_j |j\rangle$. Dann erhält man das LGS

$$
\begin{pmatrix}
\langle 0|0 \rangle & \langle 0|1 \rangle & \dots & \langle 0|n \rangle \\
\langle 1|0 \rangle & \langle 1|1 \rangle & \dots & \langle 1|n \rangle \\
\vdots & \vdots & \ddots & \vdots \\
\langle n|0 \rangle & \langle n|1 \rangle & \dots & \langle n|n \rangle
\end{pmatrix}
\begin{pmatrix}
\alpha_0 \\ \alpha_1 \\ \vdots \\ \alpha_n
\end{pmatrix}
=
\begin{pmatrix}
\langle f|0 \rangle \\ \langle f|1 \rangle \\ \vdots \\ \langle f|n \rangle
\end{pmatrix}. \tag{18.34}
$$

Da die Polynome $P_j(x)$ orthogonal sind ($\langle i|j \rangle = c_j \delta_{ij}$), vereinfacht sich das Problem sofort auf die Lösung

$$
\alpha_j = \frac{1}{c_j} \langle f|j \rangle = \frac{1}{c_j} \int f(x) P_j(x) \, \mathrm{d}x. \tag{18.35}
$$

Abb. 18.4 zeigt das mit der Kleinste-Quadrate-Methode bestimmte Polynom zweiter Ordnung bei der Anpassung an die Funktion $f(x) = \cos \frac{\pi}{2} x$ im Intervall $[-1, 1]$ mit den Legendre-Polynomen ($\langle i|j \rangle = \frac{2}{2j+1} \delta_{ij}$, s. Aufgabe 9.5). Die Integrale für die Koeffizienzen wurden mithilfe der *scipy.integrate.quad()*-Funktion in Python berechnet. Zum Vergleich sieht man die Taylor-Entwicklung derselben Funktion um den Punkt $x = 0$, die nur in der Nähe des Entwicklungspunkts gut passt.

18.2.3 Nichtlineare Anpassung

Der allgemeine Fall der Anpassung einer beliebigen Funktion an Daten wird nichtlineare Anpassung *(non-linear fit)* genannt. Die numerischen Methoden dafür sind i. Allg. aufwendig und benötigen Verfahren der linearen Algebra (s. Kap. 11).

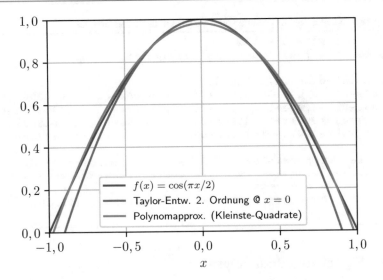

Abb. 18.4 Vergleich der Taylor-Entwicklung zweiter Ordnung der Funktion $\cos(\frac{\pi}{2}x)$ mit der Polynomapproximation $p(x) = 0{,}98 - 1{,}03x^2$ in der Kleinste-Quadrate-Methode

Eine Idee bei der nichtlinearen Anpassung ist es, die Minimierung auf allgemeine Funktionen zu erweitern und dies dann auf die Kleinste-Quadrate-Methode anzuwenden. Im Abschn. 11.3 wird dies im Detail diskutiert und der **Levenberg-Marquardt-Algorithmus** hergeleitet, der zu den am häufigsten verwendeten Algorithmen der nichtlinearen Anpassung gehört.

In Python kann man die Funktion *popt, pcov = scipy.optimize.curve_fit(f,x,y)* verwenden, um eine nichtlineare Anpassung einer Modellfunktion f an die Datenpunkte (x_i, y_i) zu berechnen. *popt* enthält die bestimmten Parameter und *pcov* die Kovarianzmatrix (s. Abschn. 9.6), die die (Ko-)Varianzen und damit die Ungenauigkeiten der Lösungen angibt.

Auch in vielen Programmen zur Darstellung von Daten finden sich Methoden zur nichtlinearen Anpassung (meist mit dem Levenberg-Marquardt-Algorithmus). In Gnuplot (s. Abschn. 6.2.2) kann man mit *fit* eine nichtlineare Anpassung durchführen (s. Listing 18.1). Man erkennt die Iterationsschritte und die optimalen Modellparameter inkl. Fehlerabschätzung. Die Ausgabe wird auch in der Datei *fit.log* gespeichert.

Spezialisierte Programme für die nichtlineare Anpassung wie z. B. LabPlot2 (s. Abb. 6.3) unterstützen u. a. die Berücksichtigung von Unsicherheiten der Daten (x- und y-Werte), vordefinierte Modellfunktionen, die Einschränkung der Parameterbereiche oder die Berechnung von statistischen Parametern zur Charakterisierung der Anpassung.

Listing 18.1 Nichtlineare Anpassung von x-y-Daten mithilfe von Gnuplot

```
gnuplot> f(x) = a + b*x
gnuplot> fit f(x) 'data.dat' using 1:2 via a, b
...
iter chisq delta/lim lambda   a            b
0 3.43e+07  0.00e+00  4.08e+01 1.000000e+00  1.000000e+00
1 5.35e+03 -6.42e+08  4.08e+00 4.285327e-01 -6.638261e-03
2 5.01e+03 -6.87e+03  4.08e-01 6.004075e-02 -1.161502e-03
3 5.01e+03 -3.01e-01  4.08e-02 5.758351e-02 -1.124643e-03
...
Final set of parameters      Asymptotic Standard Error
=======================      =========================
a         = 0.0575835        +/- 0.01416      (24.59%)
b         = -0.00112464      +/- 0.0002452    (21.8%)
...
```

18.3 Signal- und Bildanalyse

Neben der statistischen Interpretation ist auch das Herausarbeiten der gewünschten Eigenschaften bzw. das Optimieren (Qualitätsverbesserung) durch Filter ein wichtiger Schritt bei der Daten- und Signalverarbeitung. Zur Signalanalyse gehören damit zum einen statistische Methoden, aber auch z. B. die **Frequenzanalyse** auf Basis der Fourier-Transformation. Viele dieser Methoden werden insbesondere bei der Bildbearbeitung und -analyse verwendet.

Für die Signal- und Bildanalyse kommen prinzipiell alle Daten infrage, jedoch benötigt man sie vor allen Dingen bei Bilddaten, akustischen Daten (z. B. Sprache) oder elektronischen Signalen sowohl in digitaler als auch analoger Form. Viele elektronischen Geräte implementieren bereits eine Vielzahl an Signalanalysemethoden, deren Verständnis nicht nur im Labor für jeden Wissenschaftler zum Handwerkszeug gehört. Aber auch in den nicht-experimentellen Wissenschaften fallen heutzutage sehr schnell große Datenmengen an, die mit modernen Methoden *(machine learning, data mining)* verarbeitet werden. Dies geht jedoch weit über dieses Buch hinaus.

In diesem Abschnitt werden die wichtigsten Signal- und Bildanalyseverfahren auf Basis der Fourier-Transformation, Faltung und Auto-/Kreuzkorrelation vorgestellt und an Beispielen diskutiert. Die Optimierung der Übertragbarkeit und Speicherplatznutzung von Signalen und Bildern soll hier ausgespart bleiben. Diese eher technischen Aspekte wurden bereits in Abschn. 6.2 angesprochen.

18.3.1 Frequenzanalyse

Zum besseren Verständnis beginnen wir mit einem konkreten Beispiel der Frequenzanalyse. Wird ein Signal periodisch mit einem festen Zeitabstand Δt gemessen (abgetastet), so ergibt sich eine Abtastfrequenz *(sample rate)* von $\nu = 1/\Delta t$. Bei $N = 200$ äquidistanten Messungen und einer Messzeit von $T = 2\,\mathrm{s}$ ist $\Delta t = 10\,\mathrm{ms}$ und die

Abtastfrequenz $\nu = 100\,$Hz. Die Auflösung (also der Abstand) im Frequenzbereich ist dann $\Delta\nu = \nu/N = 1/(\Delta t N) = 1/T = 0{,}5\,$Hz.

Die maximal auflösbare Frequenz ist offensichtlich abhängig von der Abtastfrequenz und ist die sog. **Nyquist-Frequenz** (Harry Nyquist 1889–1976), gegeben durch $\nu_{Ny} = \nu/2 = 1/(2\Delta t)$. Alle Frequenzen über der Nyquist-Frequenz (in unserem Beispiel ist $\nu_{Ny} = 50\,$Hz) können mit der Abtastfrequenz ν nicht eindeutig aufgelöst werden.

Durch diskrete Fourier-Transformation (s. Abschn. 9.4.2) erhält man dann aus den Messdaten das Frequenzspektrum mit einer Auflösung von $\Delta\nu$ und dem Frequenzbereich $\nu = 0..\nu_{Ny}$. Für eine höhere Frequenzauflösung muss man also die Abtastfrequenz vergrößern.

Um in Python die korrekte Frequenzachse bei Verwendung der DFT-Funktionen zu erhalten, gibt es die Funktion *numpy.fft.fftshift()*, die das Ergebnis der DFT zentriert (Nullfrequenz in der Mitte) bzw. die Funktion *numpy.fft.fftfreq()*, die die korrekte Frequenzachse berechnet.

Daneben bietet SciPy in dem Paket *signal* hilfreiche Funktionen zur Vorbearbeitung, z. B. Untergrund entfernen mit *signal.detrend()* oder zur Spektralanalyse, wie z. B. *signal.periodigram()* oder *signal.welch()* zur Erzeugung eines **Periodigramms**, d. h. des Frequenzspektrums der Leistungs-/Energiedichte eines Signals. Weitere Funktionen aus dem Paket *scipy.signal* werden wir später in diesem Abschnitt verwenden.

Die Erweiterung der Frequenzanalyse auf mehrdimensionale Daten ist mit der mehrdimensionalen DFT keine Hürde. Mit der zweidimensionalen DFT lassen sich z. B. Beugungsbilder (in der Fraunhofer-Beugung) einer beliebigen zweidimensionalen Blendenfunktion (Lochblende, Mehrfachspaltblende etc.) berechnen, analog zum eindimensionalen Fall (s. Abschn. 9.4.2). Man spricht deshalb hier auch von der Fourier-Optik.

Leckeffekt

Jedes reale Signal hat eine begrenzte Messzeit (Zeitfenster), insbesondere, wenn man kurzzeitige Frequenzspektren berechnen möchte. Damit ist aber die Frequenz eines Signals nicht mehr beliebig schmal, sondern über einen weiten Frequenzbereich „verschmiert" und leckt in andere Frequenzbereiche. Diesen Leckeffekt *(leakage)* sieht man sehr gut bei der DFT eines Rechtecksignals. Das Ergebnis ist die Sinc-Funktion mit einem breiten Spektrum an Nebenmaxima (s. Abb. 9.7 und 9.8).

Es ist also oft vonnöten, den Leckeffekt zu minimieren, d. h. das Überspringen in andere Frequenzbereiche zu verringern. Man denke z. B. an festgelegte Frequenzbänder von Radiosignalen beim Rundfunk. Eine sinnvolle Strategie ist die Verwendung von sog. **Fensterfunktionen**. Dabei wird das Signal während des Zeitfensters mit einer speziellen Funktion multipliziert, um das Frequenzspektrum zu optimieren. Je nach gewünschter Optimierung (wenige Nebenmaxima, kein erstes Nebenmaximum etc.) verwendet man eine von zahlreichen Fensterfunktionen, wie das Dreieckfenster, das von-Hann-Fenster oder das Hamming-Fenster. In SciPy sind diese in dem Paket *scipy.signal.windows* verfügbar.

Aliaseffekt

Ein zweiter Effekt, der oft beim Abtasten eines Signals auftritt, ist der sog. Aliaseffekt *(aliasing)*.

Hierbei kommt es zu einer Interferenz zwischen dem Signal und der Abtastung, insbesondere, wenn das Signal Frequenzen enthält, die über der Nyquist-Frequenz liegen. Anschaulich bedeutet das, dass die Abtastung dem Signal nicht mehr folgen kann und das Signal nur stroboskopartig abtastet. Ist die Abtastfrequenz z. B. genauso groß wie die Signalfrequenz, würde man gar keine Veränderung wahrnehmen. Dies nutzt man beim sog. **Stroboskopeffekt** aus, indem man die Frequenz des Stroboskops so verändert, bis die beobachtete Bewegung scheinbar stillsteht. Auch bei Filmaufnahmen ist dieser Effekt unter dem Namen „Wagenradeffekt" bekannt, wenn Räder von bewegten Fahrzeugen scheinbar stillstehen oder sogar rückwärts laufen.

Auch beim Abtasten von örtlich periodischen Strukturen kann es zum Aliaseffekt kommen. Diese auch als Moiré-Effekt genannte Interferenz ist besonders aus der Optik bekannt.

Abb. 18.5 zeigt ein Signal mit zunehmender Frequenz, das mit einer festen Abtastfrequenz gemessen wird. Man erkennt bei höheren Signalfrequenzen die schlechte Auflösung des Abtastens und den Aliaseffekt, wenn beide Frequenzen übereinstimmen. Wie man den Aliaseffekt verringert bzw. vermeidet, wird in Abschn. 18.3.2 diskutiert.

18.3.2 Fourier-Filter und Anwendungen

Ein wichtige Klasse an Filtern zur Signalbearbeitung sind die sog. Fourier-Filter. Dabei wird das Signal mithilfe der Fourier-Transformation in den Frequenzbereich transformiert, und bestimmte Frequenzkomponenten werden herausgefiltert bzw. verstärkt. Je nach ungefiltertem Frequenzbereich unterscheidet man Hochpass-, Tiefpass-, Bandpass- und Bandblockfilter. Ein häufige Anwendung ist die Unterdrückung von Störfrequenzen mit einem Bandblockfilter oder die Selektion einzelner Frequenzen mit einem schmalen Bandpassfilter. Auch hier können optimierte Fensterfunktionen (s. Abschn. 18.3.1) störende Artefakte der Fourier-Transformation vermeiden.

In Abb. 18.5 sieht man das Ergebnis eines Tiefpassfilters nach dem Abtasten des Signals. Hierbei werden die hohen Frequenzen herausgefiltert, jedoch bleibt der Aliaseffekt dabei erhalten. Nur durch Anwendung eines Tiefpassfilters vor dem Abtasten des Signals kann der Aliaseffekt aufgrund der fehlenden hohen Frequenzanteile vermieden werden. Man spricht hier von **Antialiasing.**

Auch bei der Bildbearbeitung sind Fourier-Filter sehr hilfreich. Durch einen Tiefpassfilter kann ein Bild weichgezeichnet werden, da alle schnellen Farbübergänge bzw. kleine Strukturen verschmiert werden und dadurch weichere Übergänge zwischen Farben bzw. Helligkeiten entstehen. Diese Kantenglättung wird unter dem Namen „Antialiasing" sehr häufig bei der Darstellung von gerasterten Bildern wie

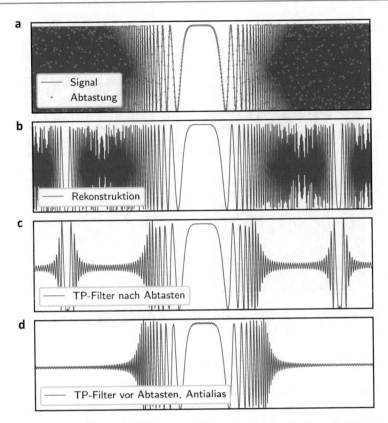

Abb. 18.5 (**b**) Aliaseffekt beim Abtasten eines Signals mit zunehmender Frequenz (**a**) sowie Tiefpassfilter (**c**) nach und (**d**) vor dem Abtasten (**Antialiasing**)

z. B. Schriften verwendet, um das optische Erscheinungsbild zu verbessern. Weitere Methoden zum Weichzeichnen werden in Abschn. 18.3.3 diskutiert.

Auch ein Hochpassfilter kann bei der Bildbearbeitung nützlich sein, wenn man z. B. Kanten bzw. Farbübergänge betonen möchte, um die Schärfe eines Bildes zu erhöhen. Eine andere Methode zum Schärfen von Bildern ist die Verwendung eines Tiefpassfilters, dessen Ergebnis man vom Originalbild pixelweise abzieht. Damit erhöht sich der Kontrast, da effektiv der Untergrund des Bildes entfernt wird. Besser dafür geeignet sind jedoch Methoden auf Basis einer Faltung, die in Abschn. 18.3.3 besprochen werden.

Die Abb. 18.6 zeigt die Anwendung eines Fourier-Filters zum Weichzeichen eines Bildes mit gleichzeitiger Reduktion von Bildrauschen aufgrund von periodischen Bildstörungen. Hierbei wurden die ungewünschten Fourier-Komponenten des Bildes (insbesondere die hohen Frequenzen) einfach auf null gesetzt. Die niedrigen Frequenzen liegen in der Mitte des Bildes. Man sieht bereits mit diesem einfachen Filter eine deutliche Verbesserung der Bildqualität, obwohl bereits alle Bilddaten im Originalbild enthalten sind.

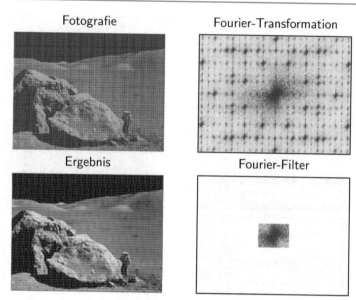

Abb. 18.6 Ergebnis eines einfachen Fourier-Filters zum Weichzeichnen und zur Reduktion von periodischem Bildrauschen angewendet auf eine Fotografie

18.3.3 Anwendungen der Faltung

Auch eine Faltung (s. Abschn. 9.4.3) kann zur Signalanalyse bzw. -bearbeitung vielfältig verwendet werden. Da bei der Faltung $f * g$ anschaulich eine Gewichtsfunktion **(Kernel)** g punktweise über die Funktion f läuft, kann man mit einem geeigneten Kernel z. B. eine einfache Glättung der Funktion f realisieren. Hierfür wird häufig eine Gauß-Funktion (Gauß-Kernel) verwendet, und man erhält einen sog. Gauß-Filter.

Eine interessante Anwendung hierfür ist die Faltung einer Lorentz-Kurve mit einem Gauß-Kernel in der Spektroskopie. Die Lorentz-Kurve ist das typische Linienprofil, verursacht durch die begrenzte Lebensdauer eines Zustandes (die sog. natürliche Linienbreite), und der Gauß-Kernel ist die Linienverbreiterung aufgrund z. B. des Doppeleffekts bei der Bewegung der aussendenden Atome. Das gesamte Linienprofil ist damit die Faltung einer Lorentz-Kurve mit einem Gauß-Kernel, auch bekannt als **Voigt-Profil.**

Bei der Bildbearbeitung lassen sich mit einer Faltung, je nach verwendetem Kernel (auch als Punktspreizfunktion *(point spread function)* bezeichnet), zahlreiche Methoden implementieren. Für z. B. eine Glättung kann man nicht nur einen zweidimensionalen Gauß-Kernel verwenden (in Python als *scipy.ndimage.filters. gaussian_filter()*), sondern auch einen konstanten Kernel $\begin{pmatrix} 1 & 1 \\ 1 & 1 \end{pmatrix}$ zur Mittelung *(scipy.ndimage.filters.uniform_filter())* oder einen Kernel zur Berechnung des Medians benachbarter Punkte *(scipy.ndimage.filters.median_filter())*. Eine künstliche Verzerrung *(blur)* lässt mit einem verschmierten Kernel u. a. in Form einer

Gauß-Funktion, eines Kometen oder einer konstanten Funktion (eine sog. Belichtungsverzerrung) erreichen.

Eine weitere wichtige Anwendung der Faltung ist die Erkennung von Kanten (bzw. Farbübergängen) in Bildern. Dafür verwendet man eine Faltung mit einem Kernel, der effektiv eine numerische Ableitung (s. Abschn. 9.1) des Bildes bestimmt, also (eindimensional) $(1, -1)$ oder $(1, 0, -1)$. Optimiert dafür ist ein sog. **Sobel-Filter,** der in x-Richtung den Kernel K_x und analog in y-Richtung den Kernel K_y mit

$$K_x = \begin{pmatrix} 1 & 0 & -1 \\ 2 & 0 & -2 \\ 1 & 0 & -1 \end{pmatrix}, \quad K_y = \begin{pmatrix} 1 & 2 & 1 \\ 0 & 0 & 0 \\ -1 & -2 & -1 \end{pmatrix}, \qquad (18.36)$$

also praktisch eine Ableitung mit einer Mittelung in beiden Koordinaten, verbindet. Dieser Filter ist in SciPy direkt als *scipy.ndimage.sobel()* verfügbar.

Die Umkehrung einer Faltung wird **Dekonvolution** *(deconvolution)* genannt. Die Berechnung ergibt sich analog zur Faltung $S = B * K = \mathcal{F}^{-1}\{k\mathcal{F}\{B\} \cdot \mathcal{F}\{K\}\}$ (s. Formel 9.28) eines Bildes B mit dem Kernel K durch das Faltungstheorem zu

$$B = \mathcal{F}^{-1}\left\{\frac{\mathcal{F}\{S\}}{\mathcal{F}\{K\}}\right\}. \qquad (18.37)$$

Damit lässt sich das Originalbild B bei Kenntnis des Kernels K jederzeit rekonstruieren. Auch wenn der Kernel unbekannt ist, lässt sich ein Originalbild durch Versuch und Irrtum oder iterativ durch Raten und Optimieren des Kernels rekonstruieren (z. B. die Van-Cittert-Dekonvolution). Typische Anwendungen der Dekonvolution sind die Verringerung der Unschärfe von Bildern oder die **Bewegungskorrektur** bei langen Belichtungszeiten, z. B. von Sternspuren in der Astronomie. In Abb. 18.7 sieht man das Ergebnis einer Dekonvolution eines Bildes mit Sternspuren (s. Aufgabe 18.8). Verwendet wurde ein geschätzter Kernel (Mitte) und die Formel 18.37.

Da das frequenzabhängige Bildrauschen einen großen Einfluss bei der Dekonvolution hat, gibt es optimierte Verfahren, wie z. B. die **Wiener-Dekonvolution,** um den Einfluss des Rauschens bei der Berechnung zu berücksichtigen. In SciPy ist diese mit *scipy.signal.wiener()* verfügbar.

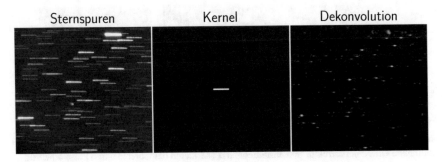

Abb. 18.7 Dekonvolution von sog. Sternspuren mithilfe eines geschätzten Kernels

18.3.4 Bildanalyse

Bei der Analyse von Bildern möchte man statistische Informationen aus Bildern extrahieren. Dabei geht es nicht nur um einfache Eigenschaften des Bildes (Größe, Pixelanzahl etc.), sondern z. B. auch um Strukturinformationen und Mustererkennung.

In diesem Abschnitt sollen die wichtigsten Bildanalysemethoden diskutiert werden.

Segmentation und Morphologie

Bei der Segmentierung werden zusammenhängende Strukturen in Bildern untersucht. Dies kann als erster Schritt zur Analyse von Strukturinformationen z. B. zur Klassifizierung von Strukturen verwendet werden (auch bekannt als „Clusteranalyse").

Eine einfache Segmentierung lässt sich mittels eines Histogramms z. B. der Helligkeitswerte erreichen. Abb. 18.8 zeigt die Segmentation der Pixel eines Bildes in zwei Klassen aufgrund der Grauwerte (Helligkeit) und das zugehörige Histogramm. Die korrekte Einteilung aller Pixel ist aufgrund von Bildrauschen und anderen Störeffekten nicht perfekt. Um dies zu verbessern, tranformiert man das Bild pixelbasiert mithilfe von morphologischen Methoden. Dabei werden mathematische Basisoperationen pixelweise auf das Bild angewendet, um Störeffekte zu beseitigen und/oder Strukturen hervorzuheben.

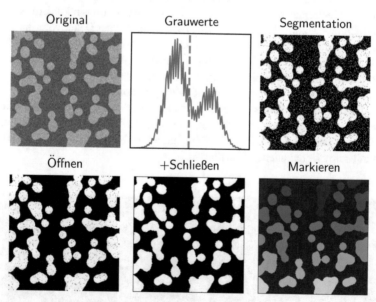

Abb. 18.8 Segmentation eines Bildes mithilfe eines Histograms der Grauwerte sowie Öffnen und Schließen zur Fehlerkorrektur und anschließendes Markieren der Gebiete durch Farbkodierung

Beispiele für diese Basisoperationen auf ein Bild B mit einer Maske M sind **Erosion** ($B \ominus M$: Behalte nur die Pixel, bei denen M vollständig in B passt) und **Dilatation** ($B \oplus M$: Füge M an jedem Pixel von B ein) bzw. deren Kombinationen **Öffnen** *(opening)* ($B \circ M = (B \ominus M) \oplus M$) und **Schließen** *(closing)* ($B \bullet M = (B \oplus M) \ominus M$). In Abb. 18.8 sieht man in der unteren Zeile den Effekt des Öffnens mit einer Nächste-Nachbar-Maske dadurch, dass die einzelnen weißen Pixel in den schwarzen Gebieten verschwinden. Beim anschließenden Schließen mit derselben Maske werden die schwarzen Pixel in den weißen Gebieten entfernt und man erhält das finale Bild.

In Python stehen diese Methoden im Paket *scipy.ndimage.morphology* als *binary_erosion()*, *binary_dilation()*, *binary_opening()* und *binary_closing()* mit einer optionalen Maske M zur Verfügung. Es gibt auch die Erweiterungen auf Grauwertbilder als *grey_opening()* etc.

Statistische Auswertung und Mustererkennung

Ein große Herausforderung der Bildanalyse ist es, statistische Informationen über Strukturen in Bildern zu extrahieren. Wenn man bedenkt, wie gut das menschliche Gehirn Strukturen und Muster in Bildern und Videos erkennen und beurteilen kann, kann man sich vorstellen, wie vielseitig das Gebiet der computergestützten Bildanalyse ist. Insbesondere Methoden der künstlichen Intelligenz *(artificial intelligence)* haben in den letzten Jahren für einen großen Aufschwung auf diesem Gebiet gesorgt. Wir beschränken uns hier auf einige Beispiele zur Veranschaulichung der Möglichkeiten, die dieses Gebiet bietet.

Zuerst möchten wir die Anzahl der zusammenhängenden Gebiete in einem Bild bestimmen. Dazu verwenden wir die Funktion L, *anzahl = scipy.ndimage.label(B)*, die sowohl die Anzahl *anzahl* der Gebiete als auch das farbkodierte Bild L bestimmt. Das Ergebnis sieht man in Abb. 18.8.

Im nächsten Schritt könnte man die Größe der Gebiete bestimmen. Dies wird auch als **Granulometrie** bezeichnet. Eine Methode dafür ist z.B., das Gebiet mit einer Maske unterschiedlicher Größe zu öffnen und jeweils die verbleibende Fläche zu bestimmen. Dadurch erhält man die Fläche der Gebiete, die größer als die Maske sind, und bekommt damit eine Statistik der Größen der Gebiete.

Eine weitere wichtige Anwendung für Bildanalysemethoden ist die Suche nach bestimmten Mustern. Die für eine **Mustererkennung** benötigte Berechnung lässt sich mit einer Korrelation beschreiben. Der mathematische Hintergrund und die numerischen Details dazu werden in Abschn. 9.4.4 besprochen.

Man unterscheidet zwischen einer sog. **Autokorrelation,** bei der die Korrelation eines Signals mit sich selbst berechnet wird, und einer **Kreuzkorrelation,** bei der die Korrelation zweier Signale bzw. eines Signals mit einem Muster bestimmt wird. Mit einer Autokorrelation kann man also periodisches Verhalten in einem Signal finden und mit einer Kreuzkorrelation die Verschiebung bzw. Übereinstimmung zweier Signale. Die Kreuzkorrelation ist also ideal, um ein Muster in einem Signal zu finden.

Abb. 18.9 Autokorrelation eines Bildes sowie dessen Kreuzkorrelation mit einem Dreiecksmuster (vergrößert dargestellt)

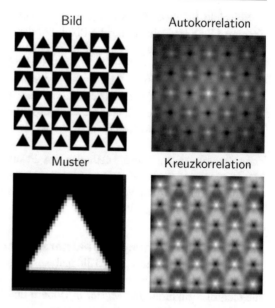

In der oberen Hälfte der Abb. 18.9 wurde die zweidimensionale Autokorrelation (s. Abschn. 9.4.4) eines Bildes mithilfe der SciPy-Funktion *scipy.signal.correlate2d()* zur Veranschaulichung berechnet. Man erkennt das maximale Signal in der Mitte, da das Bild dort exakt auf sich selbst passt. Ebenfalls erkennt man die hellen und dunklen Punkte, wenn das Bild so verschoben ist, dass weiße Flächen auf weißen und schwarze auf schwarzen liegen bzw. genau umgekehrt. Nach außen nimmt das Signal ab, da das verschobene Bild aus dem Bereich herauswandert und damit die Korrelation ingesamt abnimmt.

In der unteren Hälfte von Abb. 18.9 sieht man die Kreuzkorrelation des gleichen Bildes mit einem Muster (weißes Dreieck). Im Ergebnis erkennt man einen weißen Punkt, wenn das verschobene Muster wieder auf einem weißen Dreieck liegt, und ein schwarzen Punkt, wenn es auf einem schwarzen Dreieck liegt. In den Flächen dazwischen gibt es auch ein Signal, da weiße und schwarze Flächen immer teilweise mit dem Muster übereinstimmen. In dem Ergebnis der Kreuzkorrelation kann man also sehen, an welcher Stelle des Originalbildes sich das gesuchte Muster befindet.

Bei der Kreuzkorrelation ist man natürlich nicht nur auf einfache geometrische Formen beschränkt, sondern kann auch Schriftzüge oder komplizierte Strukturen als Muster verwenden, um so eine Mustersuche *(pattern matching)* durchzufüh-ren. Kombiniert mit einer statistischen Auswertung der Muster in vielen Bildern kann dies ein erster Schritt des **Maschinellen Lernens** *(machine learning)* sein. Man denke z. B. an eine Vielzahl von MRT-Bildern, die ein Computer nach Muster klassifizieren kann, um damit neue Bilder zu beurteilen. Ähnliche Anwendungen finden sich auch beim autonomen Fahren, bei der Sprach- und Texterkennung, bei der Gesichtserkennung und in Spielen. Erst in den letzten Jahren wurde hier eine Vielzahl an Anwendungen erschlossen, die man unter dem Stichwort **Künstliche Intelligenz** zusammenfasst. Ein Auslöser für dieses interessante Gebiet war und ist sicherlich die inzwischen weitverbreitete Verfügbarkeit an Computern im Alltag und deren gestiegene Rechenleistung, daher wird man auf diesem Gebiet über die nächsten Jahre noch eine rasante Entwicklung erwarten können.

Aufgaben

18.1 Zeigen Sie durch Differenzierung des binomischen Lehrsatzes, dass der Erwartungswert der **Binomialverteilung** np ist.

18.2 Punktmutationen, die beim Duplizieren einer DNA entstehen, werden durch ausgeklügelte Korrekturmechanismen so gut korrigiert, dass pro Generation nur eine Punktmutation in 50 Mio. Basenpaaren entsteht. Die Zahl der daraus resultierenden Punktmutationen folgt der **Poisson-Verteilung.**

Das Chromosom Nummer 8 des Menschen hat 146 Mio. Basenpaare. Wie hoch sind die Wahrscheinlichkeiten dafür, dass das Chromosom 8 des Kindes keine, eine oder zwei Punktmutationen gegenüber dem elterlichen Chromosom 8 aufweist? Stellen Sie die Ergebnisse grafisch dar.

18.3 Ein Behälter mit dem Volumen V enthalte $N \gg 1$ Moleküle; die mittlere Dichte beträgt $\rho = N/V$. Die Wahrscheinlichkeit, ein bestimmtes Molekül im Teilvolumen ΔV zu finden, ist gegeben durch $p = \Delta V/V$. Es sei nun $\Delta V/V \ll 1$. Die Anzahl der Moleküle in ΔV unterliegt dann einer **Poisson-Verteilung** mit der mittleren Teilchenzahl $\bar{n} = Np = \rho \Delta V$. In welchem Fall werden die **Dichteschwankungen** sehr klein und (im Sinne der Thermodynamik) hat nur mehr die mittlere Dichte eine Bedeutung? Stellen Sie die entsprechende Verteilung an einem Beispiel und im Grenzfall grafisch dar.

18.4 Die **Cauchy-Lorentz-Verteilung** wird in der Physik oft zur Beschreibung von Resonanzkurven (sog. Lorentz-Kurven) verwendet. Sie ergibt sich bei der Fourier-Transformation einer exponentiell abnehmenden Funktion, beschreibt also das Frequenzspektrum eines exponentiellen Zerfallsprozesses.

Die normierte Verteilungsfunktion ist gegeben durch

$$p(x) = \frac{1}{\pi} \frac{\gamma}{\gamma^2 + (x - x_0)^2}. \tag{18.38}$$

Versuchen Sie, den **Mittelwert** und die **Standardabweichung** der Verteilung zu bestimmen. Welches Problem taucht dabei auf? Berechnen Sie stattdessen den **Median** x_m der Verteilung, definiert durch $\int_{-\infty}^{x_m} p(x)\,dx = 50\,\%$, und die volle **Halbwertsbreite** (*full width of half maximum*, FWHM), also die Breite der Verteilung bei halber Höhe.

18.5 Erzeugen Sie mit einem Python-Programm ein zweidimensionales Bild der Funktion $\cos(x^2 + y^2)$ für den Bereich $x, y = [-6, 6]$ mit 600×600 sowie mit

60×60 Bildpunkten. Bereits hier erkennt man den **Aliaseffekt.** Transformieren Sie beide Bilder mithilfe einer DFT und wenden Sie einen **Tiefpassfilter** an. Vergleichen Sie die beiden rücktransformierten Bilder (Antialiasing).

18.6 In vielen alten Bildern findet man ein störendes **Streifenmuster,** welches z. B. bei der Aufnahme oder Übertragung des Bildes entstanden ist. Da es sich um eine periodische Störung handelt, bietet es sich an, einen **Fourier-Filter** zur Verbesserung der Bildqualität einzusetzen.

Schreiben Sie ein Python-Programm, um das Bild von http://theo.physik.uni-konstanz.de/gerlach/CP/lincoln.jpg mittels einer zweidimensionalen DFT zu transformieren, und finden Sie einen geeigneten Fourier-Filter, um die störenden Streifen zu entfernen. Das Ergebnis erhalten Sie durch Rücktransformation.

18.7 Berechnen Sie ein **Voigt-Profil** durch Faltung einer Gauß-Funktion mit einer Lorentz-Kurve der gleichen Halbwertsbreite. Führen Sie eine **nichtlineare Anpassung** mit einer Gauß-Funktion sowie einer Lorentz-Kurve an dem Voigt-Profil durch und vergleichen Sie die Anpassungen.

18.8 Für eine **Dekonvolution** mit einem unbekannten Kernel ist meist etwas „Handarbeit" nötig. Versuchen Sie selbst die Dekonvolution der **Sternspuren** in Abb. 18.7 (http://theo.physik.uni-konstanz.de/gerlach/CP/ISON.jpg). Um zu vermeiden, dass der Fourier-transformierte Kernel null wird, addieren Sie einen kleinen Zufallswert zu jedem Pixel des Kernels und vermeiden Sie große Werte im Fourier-transformierten Kernel.

Stochastische Methoden

19

Inhaltsverzeichnis

Stochastische Prozesse spielen bei vielen physikalischen Problemen eine große Rolle. Die Grundlage dabei sind Zufallsexperimente, die das Verhalten dieser Prozesse charakterisieren. Damit ist klar, dass man solche Prozesse nur mit statistischen Methoden untersuchen kann. Da jedoch höhere statistische Methoden noch nicht in den Grundvorlesungen behandelt werden, beschränken wir uns auf die grundlegenden Untersuchungen.

Auf dem Computer lassen sich stochastische Prozesse mithilfe von Zufallszahlen simulieren. Man spricht von sog. **Monte-Carlo-Simulationen.** Die Verwendung von Zufallszahlen und deren Verteilungen habe wir bereits in Kap. 12 besprochen. Hier betrachten wir nun zwei wichtige Anwendungen genauer, die Monte-Carlo-Integration und den *Random Walk*.

19.1 Monte-Carlo-Integration

Das erste Beispiel für die Anwendung von Monte-Carlo-Methoden ist die sog. Monte-Carlo-Integration (MC-Integration). Wir hatten bereits in Abschn. 9.5 verschiedene Methoden kennengelernt, um anhand von ausgewählten Stützstellen eine Funktion numerisch zu integrieren.

Die Idee bei der MC-Integration ist, die zu integrierende Funktion $f(x)$ an N zufällig gewählten Stützstellen x_i $(i = 1, ..., N)$ *(random sampling)* im Intervall $[a, b]$ auszuwerten. Bei gleichverteilten Stützstellen ergibt sich der Wert des Integrals

© Springer-Verlag GmbH Deutschland, ein Teil von Springer Nature 2019
S. Gerlach, *Computerphysik,* https://doi.org/10.1007/978-3-662-59246-5_19

dann einfach als Mittelwert der Funktionswerte

$$\int_a^b f(x)\,\mathrm{d}x \approx \frac{b-a}{N} \sum_{i=1}^N f(x_i).$$ (19.1)

Dass diese Methode funktioniert, liegt am Gesetz der großen Zahlen, d. h., für $N \to \infty$ sind die Stützstellen gleichverteilt und der berechnete Mittelwert entspricht dem Wert des Integrals.

19.1.1 Beispiel: Bestimmung von π

Zur Veranschaulichung wenden wir die (zweidimensionale) MC-Integration auf den Viertelkreis an, um den Wert von π näherungsweise zu bestimmen. Dies ist auch als „Steinwurfmethode" bekannt, da man analog dazu durch zufälliges Werfen von Steinen und Abzählen die Fläche eines Sees abschätzen kann – jedenfalls theoretisch.

In Abb. 19.1 sieht man für $N = 1000$ die MC-Integration des Viertelkreises und wie viele „Steine" innerhalb des Kreises und wie viele außerhalb liegen. Anhand des Verhältnisses lässt sich dann die Fläche A des Viertelkreises abschätzen und damit π näherungsweise bestimmen:

$$\pi = 4A \approx 4\frac{N_+}{N} = 4\frac{793}{1000} = 3{,}172.$$ (19.2)

Abb. 19.1 MC-Integration anhand der Steinwurfmethode für den Viertelkreis ($\sqrt{1 - x^2}$)

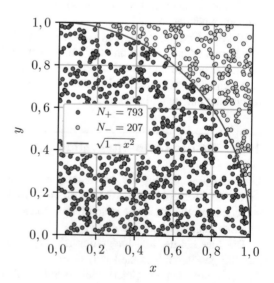

19.1.2 Anwendungen

Die MC-Integration lässt sich auf beliebig dimensionale Integrale erweitern. Effektiv wird es in der Tat erst bei höherdimensionalen Integralen, wie sie z. B. in der statistischen Physik häufig auftreten.

Der Fehler der MC-Integration nimmt mit $1/\sqrt{N}$ ab, unabhängig von der Dimension d des Integrals. Dies ist zwar sehr langsam, wenn d klein ist (s. Tab. 19.1 für die Bestimmung von π mit der Steinwurfmethode), jedoch nimmt der Fehler bei den Standardverfahren der numerischen Integration mit $N^{-k/d}$ ab, ist daher abhängig von d. k ist die Ordnung des Verfahrens der numerischen Integration. Für $d > 2k$ ist die MC-Integration damit genauer als die Standardverfahren der numerischen Integration, z. B. für $d > 8$ im Vergleich zum Simpson-Verfahren ($k = 4$).

Die Programmierung der MC-Integration ist sowohl in C als auch in Python sehr einfach, da lediglich eine Summe von Funktionswerten berechnet werden muss. Die GSL enthält jedoch Funktionen, um die einfache MC-Integration, aber auch höhere Methoden, in C-Programmen zu verwenden.

19.1.3 *Importance Sampling*

Die Verwendung von gleichverteilten Zufallszahlen bei der einfachen MC-Integration benötigt offensichtlich sehr viele Stützstellen. Besonders ungünstig ist die Methode zusätzlich, wenn die zu integrierende Funktion nur in einem kleinen Bereich große Werte annimmt. Um dieses Problem zu lindern und damit die Genauigkeit der MC-Integration zu verbessern, gibt es mehrere Ansätze.

Bei der **geschichteten Auswahl** *(stratified sampling)* wird das zu integrierende Gebiet aufgeteilt und in jedem Untergebiet gewichtete Zufallszahlen mit einer Gleichverteilung angenommen. Richtet sich die Gewichtung nach den Werten der Funktion in dem Teilgebiet, werden die Bereiche, in denen große Werte auftauchen, offensichtlich bevorzugt und tragen mehr zum Wert des Integrals bei. Damit erreicht man mit einer deutlich geringeren Anzahl an Stützstellen gute Ergebnisse.

Eine andere Möglichkeit zur Verbesserung der MC-Integration ist, die Verteilung der Zufallszahlen an die Funktion anzupassen. Damit werden ähnlich zur geschichteten Auswahl die Bereiche stärker berücksichtigt, in denen hohe Werte auftreten, und

Tab. 19.1 Beispielhafte Ergebnisse der MC-Integration mit der Steinwurfmethode zur Bestimmung von π, abhängig von der Anzahl der Stützstellen N, gemittelt über $Z = 100$ Versuche

Anzahl Stützstellen N	Ergebnis $\frac{4}{Z} \sum_{k=1}^{Z} A_k$	Mittlerer rel. Fehler $\frac{1}{Z\pi} \sum_{k=1}^{Z} \lvert \pi - 4A_k \rvert$ (%)
10	3,172	40
100	3,1748	11
10^3	3,14312	4
10^4	3,14540	1,4
10^5	3,14148	0,4
10^6	3,14166	0,13

man kann erwarten, auch mit weniger Stützstellen gute Ergebnisse zu erzielen. Die Kunst dieser Methode ist also, die Auswahl einer geeigneten (normierten) Verteilung der Zufallszahlen $p(x)$, um das Integral der Funktion $f(x)$ zu bestimmen:

$$\int_a^b f(x)\,\mathrm{d}x = \int_a^b \frac{f(x)}{p(x)} p(x)\,\mathrm{d}x \approx \frac{1}{N}\sum_{i=1}^{N}\frac{f(x_i)}{p(x_i)}. \tag{19.3}$$

Die Verteilung $p(x)$ hilft uns daher, die Stützstellen anhand ihrer Wichtigkeit auszuwählen. Daher auch der Name *Importance Sampling*.

Beispiel: *Importance Sampling* der Gauß-Funktion

Mithilfe des *Importance Sampling* wollen wir die Standard-Gauß-Funktion $f(x) = e^{-x^2/2}/\sqrt{2\pi}$ integrieren. Als Verteilung der Zufallszahlen nehmen wir eine (Cauchy-)Lorentz-Verteilung $p(x) = \gamma/\left(\pi(\gamma^2 + x^2)\right)$ (s. Aufgabe 18.4) der gleichen Höhe (d. h. $\gamma = \sqrt{2/\pi}$). Diese Verteilung korreliert gut mit der Gauß-Funktion, und wir können Lorentz-verteilte Zufallszahlen einfach mit der Inversionsmethode erzeugen (s. Abschn. 12.2.1). In Abb. 19.2 sieht man für $N = 10^5$, wie gut die Verteilung der Zufallszahlen und die zu integrierende Funktion übereinstimmen.

Der Wert des Gauß-Integrals ergibt sich dann zu

$$\int_{-\infty}^{\infty} f(x)\,\mathrm{d}x \approx \int_{-5}^{5} \frac{1}{\sqrt{2\pi}} e^{-\frac{x^2}{2}}\,\mathrm{d}x \approx \frac{1}{2N}\sum_{i=1}^{N} e^{-\frac{x_i^2}{2}}\left(\frac{2}{\pi} + x_i^2\right). \tag{19.4}$$

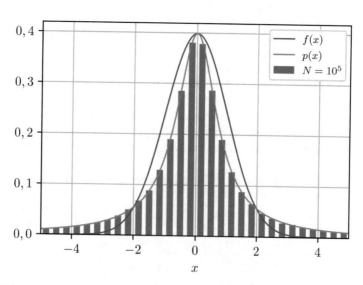

Abb. 19.2 *Importance Sampling* zur Bestimmung des Gauß-Integrals mithilfe von Lorentz-verteilten Zufallszahlen

Tab. 19.2 Ergebnisse zur Bestimmung des Gauß-Integrals mithilfe des *Importance Sampling*, abhängig von der Anzahl der Stützstellen N, gemittelt über $Z = 100$ Versuche

Anzahl Stützstellen N	Ergebnis $\frac{1}{Z} \sum_{k=1}^{Z} I_k$	Mittlerer Fehler $\frac{1}{Z} \sum_{k=1}^{Z} |1,0 - I_k|$ (%)
10	0,9985516	13
100	0,9946688	4
10^3	1,0000843	1,3
10^4	0,9999832	0,4
10^5	0,9998997	0,11
10^6	1,0000215	0,04

Tab. 19.2 zeigt beispielhaft die Ergebnisse abhängig von der Anzahl der Stützstellen. Man sieht deutlich den geringeren Fehler im Vergleich zur einfachen MC-Integration in Tab. 19.1.

19.2 *Random Walk*

Als praktische Anwendung für stochastische Prozesse, d. h. Prozesse, die auf Zufällen beruhen, betrachten wir den *Random Walk*. Dieser spielt in vielen Problemen der statistischen Physik eine wichtige Rolle. Der Name geht darauf zurück, dass sich ein gedachter Fußgänger bei jedem Schritt entscheidet, ob er nach links oder rechts gehen soll. Bei jedem Schritt wirft er also z. B. eine Münze, um sich zu entscheiden. Humorvoll spricht man deshalb oft auch vom „Weg eines Betrunkenen". Dies können wir einfach mit Zufallszahlen simulieren.

Der *Random Walk* ist also eine zufällige Bewegung auf einem Gitter. Dies kann in ein, zwei oder auch mehr Dimensionen sein. Auch Erweiterungen mit zufälligen Schrittweiten lassen sich einfach realisieren. Erstaunlicherweise lassen sich damit sehr viele physikalische Modelle untersuchen. Dazu gehören die Brown'sche Bewegung, Diffusionsprozesse oder die Bildung von Clustern und geschlossenen Wegen in der sog. Perkolationstheorie.

Abb. 19.3 zeigt den eindimensionalen *Random Walk* für 10 Beispiele und die Verteilung der Endpunkte nach $N = 100$ Schritten für 10.000 Durchläufe. Hierbei ist der Startpunkt $x_0 = 0$ und rechts und links sind gleichberechtigt (d. h. die Wahrscheinlichkeit ist jeweils 50 %). Man sieht im linken Bild, dass nach N Schritten der mittlere Abstand vom Startpunkt mit $\sqrt{N}$ anwächst. Das ist ein wichtiges Ergebnis für Diffusionsprozesse. Das bedeutet aber auch, dass der „zufällige Läufer" auch beliebig weit weg vom Startpunkt kommen kann, denn $\sqrt{N}$ ist nicht beschränkt. Ein anderes wichtiges Ergebnis ist, dass die Verteilung der Endposition einer Normalverteilung entspricht. Das sieht man sehr gut in der rechten Grafik in Abb. 19.3.

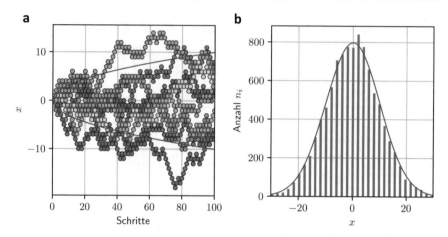

Abb. 19.3 a Eindimensionaler *Random Walk* für zehn verschiedene Beispiele **b** Verteilung der Endposition nach 100 Schritten für 10.000 Durchläufe

Aufgaben

19.1 Schreiben Sie ein Python-Programm zur numerischen Berechnung des Integrals

$$\int_0^1 \sqrt{1 - x^2} \, dx \tag{19.5}$$

mithilfe der **Trapez- und Simpson-Regel** (s. Abschn. 9.5). Wie ändert sich der Fehler mit der Anzahl N der Stützstellen?

Schreiben Sie nun ein Python-Programm zur Berechnung des gleichen Integrals mit der **MC-Integration**. Bestimmen Sie dazu N-mal zwei unabhängige Zufallszahlen a und b im Bereich $[0, 1]$ und berechnen Sie das Verhältnis N_+/N, wobei N_+ die Versuche mit $a^2 + b^2 \leq 1$ sind. Vergleichen Sie mit der Trapez- und Simpson-Regel, wie sich der Fehler mit der Anzahl der Stützstellen hier ändert.

19.2 Einheitskugel
Die **MC-Integration** ist insbesondere bei hochdimensionalen Integralen konkurrenzlos. Erweitern Sie das MC-Programm in Aufgabe 19.1, um das Volumen der d-dimensionalen Einheitskugel $V_d = \int d^d x$ zu berechnen. Erzeugen Sie dazu N-mal d unabhängige Zufallszahlen x_i im Bereich $[0, 1]$ und berechnen Sie wieder das Verhältnis N_+/N, wobei N_+ hier die Versuche mit $\sum_{i=1}^{d} x_i^2 \leq 1$ sind.

Stellen Sie das berechnete Volumen für $N = 10^6$ abhängig von der Dimension $d = 1, .., 20$ dar und vergleichen Sie mit dem analytischen Ergebnis

$$V_d = \frac{\pi^{d/2}}{\Gamma(1 + d/2)}. \tag{19.6}$$

19.3 2D-*Random Walk*

Schreiben Sie ein Python-Programm, dass einen zweidimensionalen *Random Walk* simuliert. Starten Sie bei $(0, 0)$ und erzeugen Sie für jeden Schritt eine Zufallszahl mit *randint(1,4)*, die festlegt, ob man nach vorn (1), hinten (2), links (3) oder rechts (4) geht.

a) Stellen Sie den *Random Walk* für drei Beispiele und je 10^4 Schritte grafisch dar.

b) Bestimmen Sie für je 10^4 Schritte die Endposition von 10^3 Durchläufen und stellen Sie die Verteilung grafisch dar. Wie groß ist der mittlere Abstand vom Startpunkt?

c) Wie hängt der mittlere Abstand vom Startpunkt von der Anzahl der Schritte ab?

Anhang A: Shell-Kommandos unter Linux

Hier finden Sie eine Übersicht über die wichtigsten Shell-Kommandos unter Linux. Unbedingt sollte man die Man-Pages konsultieren, um sich einen Überblick über die Optionen der einzelnen Kommandos zu verschaffen. Mit etwas Übung hat man die meisten davon bald parat und kann damit effektiv arbeiten.

A.1 Dateikommandos

Siehe Tab. A.1 und A.2

Tab. A.1 Shell-Kommandos für Dateiinformationen

Befehl	Beispiel	Beschreibung
pwd		Zeigt aktuelles Verzeichnis
ls	ls -l	Dateien des aktuellen Ordners anzeigen
file	file bild.png	Zeigt Dateityp an
cat	cat text.txt	Inhalt einer Text-Datei ausgeben
head	head out.log	Die ersten Zeilen anzeigen (Text-Datei)
tail	tail -f out.log	Die letzten Zeilen anzeigen (Text-Datei)
less	less info.txt	Inhalt mit Scrollen anzeigen (Text-Datei)
stat	stat movie.avi	Informationen zu einer Datei anzeigen
grep	grep '^Hallo' info.txt	Suche Text in Datei
cut	cut -d' ' -f 1	Schneidet Zeilen aus einer Datei aus
wc	wc -l buch.txt	Zählt Zeichen/Wörter/Zeilen einer Datei
sort	sort buch.txt	Sortiert die Zeilen einer Datei
du	du -sm	Größe von Dateien/Ordnern ausgeben

© Springer-Verlag GmbH Deutschland, ein Teil von Springer Nature 2019
S. Gerlach, *Computerphysik*, https://doi.org/10.1007/978-3-662-59246-5

A.2   Kommandos für Benutzer und Prozesse

In Tab A.3 und A.4 eine Übersicht über die wichtigsten Shell-Kommandos für Benutzer und Prozesse.

Tab. A.2 Shell-Kommandos für Dateioperationen

Befehl	Beispiel	Beschreibung
echo	echo 'Hallo $USER'	Text/Variablen ausgeben
date	date	Zeit und Datum anzeigen
sleep	sleep 10	Warten
cp	cp -a a.txt b.txt	Datei kopieren
mv	mv a.txt /tmp/b.txt	Datei umbenennen/verschieben
rm	rm tmp.log	Datei löschen
ln	ln -s a.txt alias.txt	Verknüpfung anlegen
mkdir	mkdir tmp	Ordner anlegen
rmdir	rmdir tmp/	Ordner löschen
touch	touch out.dat	Datei anlegen/Zugriffszeit aktualisieren
tr	tr a b	Zeichen vertauschen (in Umleitungen)
tee	… | tee out.log	Ausgabe zusätzlich in Datei umlenken
chmod	chmod g+w info.txt	Zugriffsrechte ändern
chown	chown root info.log	Besitzer einer Datei ändern
chgrp	chgrp alle info.log	Gruppe einer Datei ändern
find	find . -name "*.txt"	Dateien suchen
locate	locate hilfe.txt	Dateien suchen (systemweit)

Tab. A.3 Shell-Kommandos für Benutzerinformationen

Befehl	Beispiel	Beschreibung
id		Login-Namen und Gruppe anzeigen
finger	finger stefan	Informationen eines Benutzers ausgeben
w, who		Momentan eingeloggte Benutzer
last	last | head	Zuletzt eingeloggte Benutzer
groups	groups stefan	Zeigt die Gruppenzugehörigkeit eines Benutzers

Tab. A.4 Shell-Kommandos für Prozesse

Befehl	Beispiel	Beschreibung
w oder who	w	Infos aller aktiven Benutzer ausgeben
ps	ps -auwx	Prozessinformationen anzeigen
pstree	pstree -p	Prozessliste in Baumform ausgeben
pgrep NAME	pgrep firefox	Prozesse nach Namen suchen
top	top	Übersicht über Prozesse anzeigen
nice -N PROG	nice -19 sim	Programm mit dem Nice-Wert N starten
renice N PID	renice 19 12345	Nice-Wert eines laufenden Prozesses ändern
kill PID	kill -19 12345	Beendet einen Prozess
pkill PROG	pkill firefox	Prozess anhand seines Namens beenden
lsof	lsof -p 12345	Zeigt Liste der geöffneten Dateien an
watch PROG	watch date	Ausgabe eines Programms beobachten

Anhang B: Funktionen der C-Standardbibliothek

In der C-Standardbibliothek sind etwa 200 nützliche Funktionen verfügbar. Alle Funktionen bauen dabei auf den Schnittstellen des Kernels auf, d. h., sie verwenden Systemaufrufe, die man natürlich auch direkt verwenden kann. Jedoch ist dies nur in seltenen Fällen nötig.

Eine vollständige Dokumentation aller Funktionen und Header-Dateien befindet sich in den Man-Pages der Sektion 3. Die Systemaufrufe sind in der Sektion 2 zu finden. Im Folgenden gibt es eine Auswahl der wichtigsten Funktionen der C-Standardbibliothek.

B.1   <stdio.h>

Dieser Header enthält Standardfunktionen für die Ein- und Ausgabe *(input/output)*. Die beiden wichtigsten Funktionen sind *printf* und *scanf* für die formatierte Ausgabe bzw. für das Einlesen von Variablen und Text. Typische Beispiele sind

- *printf("%d %g\n",a,b);*
- *scanf("%d",&a);*

Zu beachten ist, dass *scanf* eine Adresse benötigt (deshalb das & vor der Variablen), um den Wert der Variablen zu ändern. Tab. B.1 zeigt die möglichen Formatierungen von *printf/scanf*.

Die *printf*-Formatierungen für Gleitkommazahlen bedeuten dabei %f – Dezimalnotation, %e – wissenschaftliche Notation und %g – (%f oder %e, je nach Wert). Die Anzahl der ausgegebenen Stellen kann man dabei z. B. mit %4.2f angeben. Dabei bedeutet die Zahl vor dem Punkt die Vorkomma- und die Zahl nach dem Punkt die Nachkommastellen. Auch lassen sich bei *printf* Sonderzeichen wie das Zeilenende ("\n"), Tabulator ("\t") und ein hörbares Signal ("\a") ausgeben.

© Springer-Verlag GmbH Deutschland, ein Teil von Springer Nature 2019
S. Gerlach, *Computerphysik*, https://doi.org/10.1007/978-3-662-59246-5

Tab. B.1 Formatierungen von *printf/scanf*

Variablentyp	printf	scanf
ganzzahlig	%d oder %i	%d (*int*), %ld (*long*)
float, double	%f, %e, %g	%f (*float*), %lf (*double*)
long double	%Lf, %Le, %Lg	%Lf
Zeichen	%c	%c
Zeichenkette	%s	%s
Hexadezimalwert	%x	%x
Zeiger	%p	–

Listing B.1 Arbeiten mit Dateien in C

```c
#include <stdio.h>

int main() {
    FILE *f;
    // Modus: "r"-Lesen, "w"-Schreiben,"a"-Anhaengen
    f = fopen("daten.dat","r");
    if(f==0) {...}  // Fehler abfangen

    fprintf(f,"%d %g\n",a,b);
    fscanf(f,"%d %g",&a,&b);
    fclose(f);
}
```

In *stdio.h* sind außerdem Funktionen definiert, mit denen man Dateien bearbeiten kann. In Listing B.1 gibt es dazu ein Beispiel.

Die Funktionen *fprintf* und *fscanf* verhalten sich wie die „normalen" Funktionen *printf* und *scanf*. Mit den speziellen Dateiobjekten *stdin*, *stdout* und *stderr*, die die Standardeingabe, -ausgabe und -fehlerausgabe repräsentieren sind sie Verallgemeinerungen dieser Funktionen. Auch analoge Funktionen für das Arbeiten mit Zeichenketten sind in *stdio.h* definiert. Hiermit kann man z. B. beliebige Dateinamen generieren:

```c
char text[20];
sprintf(text,"%d",i);
sscanf(text,"%d",&a);
```

B.2   <stdlib.h>

In diesem Header sind allgemeine Funktionen definiert, z. B.

- Zahlen/Zeichen Umwandlung: *int atoi(char *)*, *double atof(char *)*,
- dynamische Speicherverwaltung: *void *malloc(int)*, *void *realloc(void *, int)*, *free(void *)*,
- Systemkommandos: *system("pwd")*, *exit(int)*,
- Zufallszahlenerzeugung: *void srand(int)*, *int rand()*, *RAND_MAX* (s. Listing 6.16),
- Sortieren: *void qsort(. . .)*.

B.3   <string.h>

Diese Header-Datei enthält Funktionen zum Arbeiten mit Zeichenketten. Als Beispiel zeigt Listing B.2 die Funktionen *strcpy* zum Kopieren, *strcmp* zum Vergleichen von Zeichenketten und *strlen*, um die Länge einer Zeichenkette zu bestimmen.

Listing B.2 Anwendung von *strcpy*, *strcmp* und *strlen*

```
char text[10];
// Kopiere den Text "Hallo" in die Variable text
strcpy(text,"Hallo");
// Gibt 0 ( == FALSE!) zur"uck, wenn gleich
strcmp(text1,text2);
// Laenge einer Zeichenkette
int len = strlen(text);
```

B.4   <math.h>

Diese Header-Datei enthält eine große Anzahl von mathematischen Funktionen. In Tab. B.2 gibt es dazu eine übersicht. Alle Funktionen verwenden den Datentyp *double*. Es existieren aber auch noch *float*- und *long double*-Versionen, bei denen ein f oder l an den Namen angehängt ist.

In *math.h* sind außerdem einige mathematische Konstanten wie *M_PI* (π), *M_E* (e) und *M_SQRT2* ($\sqrt{2}$) definiert. Zu beachten ist, dass man die Mathematikbibliothek explizit beim Linken angibt, d. h. *-lm* verwendet.

Tab. B.2 Mathematische Funktionen aus *math.h*

Funktionen	Beschreibung
sqrt(x), *cbrt(x)*, *fmod(x,y)*	Wurzelfunktionen, Modulo
pow(x,y), *hypot(x,y)*, *fabs(x)*	x^y, $\sqrt{x^2 + y^2}$, $|x|$
sin(x), *cos(x)*, *tan(x)*	Winkelfunktionen
sinh(x), *cosh(x)*, *tanh(x)*	Hyperbelfunktionen
asin(x), *acos(x)*, *atan(x)*, *atan2(y,x)*	Arkusfunktionen
exp(x), *exp2(x)*, *exp10(x)*	Exponentialfunktionen (e^x, 2^x, 10^x)
log(x), *log2(x)*, *log10(x)*	Logarithmusfunktionen ($\ln$, $\log_2$, $\lg$)
erf(x), *erfc(x)*, *tgamma(x)*	Fehlerfunktionen, $\Gamma(x)$
j0(x), *j1(x)*, *jn(n,x)*	Bessel-Funktionen erster Art
y0(x), *y1(x)*, *yn(n,x)*	Bessel-Funktionen zweiter Art
fmax(x,y), *fmin(x,y)*	Maximum, Minimum
ceil(x), *floor(x)*, *trunc(x)*	Rundungsfunktionen
log1p(x), *expm1(x)*	$\log(1 + x)$, $e^x - 1$
isfinite(x), *isinf(x)*, *isnan(x)*, ...	Wertüberprüfung
isgreater(x,y), *isless(x,y)*, ...	Vergleich von Fließkommazahlen

B.5   <complex.h>

Dieser Header wird zum Umgang mit komplexen Zahlen benötigt (s. Abschn. 6.1.1). Zum Rechnen mit komplexen Zahlen gibt es die Funktionen *creal(z)* ($\Re(z)$), *cimag(c)* ($\Im(z)$), *conj(c)* (z^*). Außerdem enthält *complex.h* die komplexen Versionen der bekannten *math.h*-Funktionen, also z. B. *csqrt(z)* ($\sqrt{z}$), *cabs(z)* ($|z|$), *cexp(z)* (e^z) und *cpow(x,z)* (x^z). Auch trigonometrische Funktionen sind für komplexe Zahlen verfügbar: *csin()*, *ccos()*, *ctan()* etc.

Stichwortverzeichnis

🐎 Springer

springer.com

Willkommen zu den Springer Alerts

Jetzt anmelden!

- Unser Neuerscheinungs-Service für Sie:
  aktuell *** kostenlos *** passgenau *** flexibel

Springer veröffentlicht mehr als 5.500 wissenschaftliche Bücher jährlich in gedruckter Form. Mehr als 2.200 englischsprachige Zeitschriften und mehr als 120.000 eBooks und Referenzwerke sind auf unserer Online Plattform SpringerLink verfügbar. Seit seiner Gründung 1842 arbeitet Springer weltweit mit den hervorragendsten und anerkanntesten Wissenschaftlern zusammen, eine Partnerschaft, die auf Offenheit und gegenseitigem Vertrauen beruht.

Die SpringerAlerts sind der beste Weg, um über Neuentwicklungen im eigenen Fachgebiet auf dem Laufenden zu sein. Sie sind der/die Erste, der/die über neu erschienene Bücher informiert ist oder das Inhalts-verzeichnis des neuesten Zeitschriftenheftes erhält. Unser Service ist kostenlos, schnell und vor allem flexibel. Passen Sie die SpringerAlerts genau an Ihre Interessen und Ihren Bedarf an, um nur diejenigen Informa-tion zu erhalten, die Sie wirklich benötigen.

Mehr Infos unter: springer.com/alert

A14445 | Image: Tashatuvango/iStock

Printed in the United States
By Bookmasters